国家自然科学基金
理论物理专款资助

中国科学院大学本科生教材系列

量子力学基础

郑伟谋　著

科学出版社
北京

内 容 简 介

本书介绍了量子力学的基础知识。第 1 章波动力学，在简单介绍历史背景后着重讲解量子力学的基本原理。在这一章作为狄拉克记号的用例，讲述不确定性关系和概率流。学生必须通过典型例子或问题，理解量子力学基本原理。以此为目的，第 2 章讲定态问题。在这一章，尝试不用张量分析给出球坐标中拉氏算子表示的推导，并在最后简要讨论了薛定谔方程的普遍性质及本征解零点数定理。第 3 章矩阵力学，介绍量子力学的海森伯表述。本章的重点还在于讨论各种幺正变换，包括不同的绘景和表象，介绍量子力学的数学表述。第 4 章集中讲述各种近似方法。第 5 章选择几个深入问题，从应用的层面入手，加深对量子力学的理解。第 6 章简要介绍量子路径积分。

本书适合物理专业的研究生和高年级本科生学习，也适合物理领域的广大科研工作者阅读。

图书在版编目(CIP)数据

量子力学基础/郑伟谋著. —北京：科学出版社, 2019.11
中国科学院大学本科生教材系列
ISBN 978-7-03-063294-4

Ⅰ. ①量…　Ⅱ. ①郑…　Ⅲ. ①量子力学—高等学校—教材　Ⅳ. ①O413.1

中国版本图书馆 CIP 数据核字(2019) 第 255514 号

责任编辑：钱　俊　陈艳峰 / 责任校对：杨　然
责任印制：吴兆东 / 封面设计：十样花

科学出版社 出版
北京东黄城根北街 16 号
邮政编码：100717
http://www.sciencep.com

北京建宏印刷有限公司 印刷
科学出版社发行　各地新华书店经销
*
2019 年 11 月第 一 版　开本：720 × 1000 B5
2021 年 7 月第二次印刷　印张：11 3/4
字数：236 000

定价：68.00 元
(如有印装质量问题，我社负责调换)

前　　言

2017 年夏，中国科学院大学邀请我在秋季学期给本科生讲量子力学。接受邀请后的第一件事，自然是考虑讲义。由于历史原因，我自己的量子力学知识主要是自学的。1965 年秋，量子力学刚开课不久学校就停课了。学校当时指定的参考书，好像是布洛欣采夫的《量子力学原理》中译本，很容易从图书馆借到。1968 年离开学校后，在旧书店花 0.48 元买到上海科学技术出版社 1961 年出版的周世勋的《量子力学》，靠它第一次自学了量子力学，后来又在外文书店花 1.02 元买到特价的朗道、栗弗席兹的 1958 年版英文《量子力学》，还买到狄拉克的《量子力学原理》中译本，都算是读了。1981 年我的太太在美国德州大学奥斯汀分校修量子力学课，用的是 Merzbacher 的*Quantum Mechanics*，因而我也读了这本书的大部分。

大概研究院所出来的人讲课，易患的职业病是总想“标新立异”，绝对不肯选一本教科书然后“照本宣科”。量子力学的优秀教科书实在不少。据说国内很多高校物理系用曾谨言的《量子力学 I》作为教科书或主要参考书。曾谨言的《量子力学 I》书后列的参考书目中就有 Schiff, Sakurai, Feynman 和 Cohen-Tannoudji 的书，但未列 Griffiths 的。这几本包括曾谨言的书，我都没读过。看了曾谨言的书的目录，觉得大家选曾谨言的书作为参考书也有道理，至少内容丰富。就书的逻辑结构而言，如曾谨言书的最后一章 (即第 14 章) 是“其他近似方法”，我更倾向于周世勋的书。我对翻看过的各种量子力学书目录的印象是似乎分章过多，主线不够清晰。

量子力学的主线是什么？大概可以归纳为三种等价表述：薛定谔的微分表述、海森伯的代数表述和费曼的积分表述，以及三种近似方法：微扰论、变分法和半经典近似。大致说，本书按这个主线安排。第 1 章波动力学，在简单介绍历史背景后着重讲解量子力学的基本原理。该章的 1.3.1 节关于经典物理学的回顾，应该有助于学生理解量子力学基本原理，希望学生仔细阅读。我认为有可能也有必要尽早介绍狄拉克记号。在这一章作为狄拉克记号的用例，讲述不确定性关系和概率流。学生必须通过典型例子或问题，理解量子力学基本原理。以此为目的，第 2 章讲定态问题。在这一章，尝试不用张量分析给出球坐标中拉氏算子表示的推导，并在最后简要讨论了薛定谔方程的普遍性质及本征解零点数定理。第 3 章矩阵力学，介绍量子力学的海森伯表述。其实，本章的重点还在于讨论各种幺正变换，包括不同的绘景和表象，介绍量子力学的数学表述。第 4 章集中讲述各种近似方法。一般教科书未必提到的内容，至少有 4.1.2 节关于微扰展开的收敛性，及 4.2.2 节关于扩张希尔伯特空间精确处理时间周期哈密顿算符的问题。第 5 章选择几个深入问题，从应用的层面入手，加深对量子力学的理解，包括该章的“分子轨道法”一节。绝大多数优秀教科书都不讲量子路径积分，不能不说是一个缺憾。量子路径积分是理解量子与经典关系的最佳途径，也是理解量子相位意义的必不可少的手段。第 6 章简要介绍量子路径积分。

本书只在于描绘量子力学的粗线条，绝对不替代任何教科书，只是教科书的补充，充当一种导读的角色。网上有很多量子力学的教学资源，包括各种公共课件。本书的许多素材取自美国麻省理工学院的公共课件。在讲完第一轮课后继续修改讲义时，读了 Griffiths 的《量子力学引论》，认为该书最适合作为物理系本科生的教科书。本书适合学生在读过 Griffiths 的《量子力学引论》后阅读。

本书写作得到孙昌璞博士的支持和鼓励，出版过程中钱俊编辑给予不少帮助。本书出版得到国家自然科学基金理论物理专款及中国科学院大学教材出版中心 (本科生教材系列) 的资助，在此一并致谢。

郑伟谋

中国科学院理论物理研究所

目　　录

第 1 章　波动力学

1.1　量子力学的出现

何谓量子力学？量子力学是在经典力学的基础上发展起来的，以微观世界为主要对象。“量子”说的是离散性，20 世纪前后有一系列直接的实验证据显示微观世界的量子性。

1.1.1　光辐射的量子性

热辐射是构成物质的电荷振荡发出的电磁波。热辐射的吸收与物质构成有关：玻璃透过可见光，金属反射光，而炭黑吸收光。在玻璃中，电子基本束缚在原子里，可见光区缺吸收线，但红外、紫外仍有吸收，详细的解释需要量子力学。在金属中，存在自由电子，它们受入射场驱动而振荡，又再发射电磁波，形成金属表面反射。在炭黑的情形中，虽也有可迁移电子，但它们的自由程小，碰撞过程中动能转化为热导致吸收。基尔霍夫由热力学第二定律得出：在给定温度下物体的发射与吸收的本领应相同。设想与周围环境处于热平衡的一物体，其吸收本领强于发射，它将因吸热而升温，导致热自发从低温传至高温，违背第二定律。最简单理想的对象是黑体，它完全吸收一切入射的辐射，其辐射谱与物质构成无关。

由黑体辐射谱可洞察物质与电磁辐射间的关系。带辐射孔的腔体是黑体的理想模型，在热平衡下腔内辐射与腔体材料和形状无关，有最大的表面热辐射本领。1789 年斯特藩实验得出斯特藩–玻尔兹曼定律：辐射功率正比于温度的四次方，$u=\sigma T^4$。1884 年玻尔兹曼给出了热力学推导。基尔霍夫认为，既然黑体对所有波长具有理想的吸收率，那么辐射谱只依赖于波长和温度。关于黑体辐射谱，1896 年维恩推导了谱函数的一般标度形式，即维恩位移律，并提出谱函数的半经验公式。维恩位移律可用于测量辐射体的温度。维恩获 1911 年诺贝尔物理学奖。1900 年瑞利提出辐射谱的 λ^{-4} 依赖性即瑞利–金斯定律，1905 年由金斯和瑞利推导。平衡态腔内电磁波为驻波，满足波动方程 $\nabla^2\boldsymbol{E}=c^{-2}\partial^2\boldsymbol{E}/\partial t^2$，有解 $\boldsymbol{E}=\boldsymbol{E}_0\sin(\pi\boldsymbol{n}\cdot\boldsymbol{r}/L)\cdot\sin(2\pi ct/\lambda)$，此处 L 为腔的线度，$\boldsymbol{n}$ 为波矢，λ 为波长，由边条件得 $n^2=4L^2/\lambda^2$。

波矢空间 $\boldsymbol{n}$ 到 $\boldsymbol{n}+\mathrm{d}\boldsymbol{n}$ 的球壳内的模数为 $4\pi n^2\mathrm{d}n=-32\pi(L^3/\lambda^4)\mathrm{d}\lambda$，但仔细检查则发现上述估计有两个问题：驻波的 $\boldsymbol{n}$ 只取正值，应乘因子 1/8，考虑到两种偏振，又应再乘因子 2。最终得 $-8\pi(L^3/\lambda^4)\mathrm{d}\lambda$。根据能量均分原理，每个模的能量为 kT，因而，单位体积单位波长的能量为 $u(\lambda,T)=\mathrm{d}u/\mathrm{d}\lambda=8\pi kT/\lambda^4$。值得注意，以上推导中用到连续近似：波长比腔体线度小许多，即 $\lambda/L\ll 1$。当 $\lambda\to 0$ 时，$u(\lambda,T)$ 发散，此即黑体辐射谱紫外灾难。

历史事实往往与历史的故事陈说不一样。普朗克发现量子的历史与紫外灾难无关。维恩公式在黑体辐射谱的短波段与实验符合得很好，但在长波段与实验的符合不如瑞利–金斯公式。为使前者与后者一致，普朗克修正了维恩定律，得到精确的拟合。然而，普朗克还从熵的角度看问题。1900 年底，普朗克由热力学和统计力学给出了理论推导，他的统计力学解释显示存在“作用量量子” h，它决定辐射场振子能量的最小单位 $h\nu$，这成为量子论诞生的标志。1911 年第一次索尔维会议上，洛伦兹评论说，普朗克的“能量基元假说对我们就像是一束奇妙的光线，给我们展现了意想不到的景色；即使对它有某种怀疑的那些人也必定会承认它的重要性和富有成果”。他提出“新力学”一词，会议文集的德文版编辑叫它“量子力学”。

1887 年赫兹发现光电子发射现象：金属表面在光照下发射电子。该光电效应(photoelectric effect) 存在极限频率，即光频率高于某一临界值时方有电子发射，临界值取决于金属材料。光电流的大小正比于光辐照的强度，但出射电子的能量取决于光频率而与光强度无关，无法用经典电磁场解释。另外，光电效应有瞬时性，也与经典理论矛盾。按经典理论，如果入射光较弱，金属中的电子需要长时间的辐照，才能积聚足够的能量脱离金属表面。可是，只要光频率高于极限值，光电子几乎瞬时产生，与光亮度无关。

普朗克理论是关于辐射场在发射过程中的量子性。爱因斯坦将普朗克理论推广到辐射场在与物质发生相互作用的吸收过程中的量子性。1905 年他发表论文《关于光的产生和转化的一个试探性观点》，用“光量子”解释了光电子发射的斯托克斯规则：$K=h\nu-W$，此处 K 为光电子的动能，$h\nu$ 为入射光的量子能量，而 W 为金属表面的特征势，即功函数。根据此解释，他预言光电子的动能应正比于光频率。1915 年密立根仔细测量了光电子的动能，验证了爱因斯坦的预言，并以 1% 的精度测得了普朗克常数值。爱因斯坦的论述极具想象力与说服力，但当时并不被普遍接受，直至 1921 年他因为“对理论物理学的成就，特别是光电效应定律的发现”获诺贝尔奖。

康普顿效应被认为是光的粒子性或光子的直接实验验证。1922 年康普顿发现，投射到石墨上的 X 射线，散射后的射线中含有两种不同频率的成分，一种频率和原来入射频率相同，而另一种则频率较低，且频率的改变和散射角有关。实验中出现的第二种频率成分，无法用经典波动理论解释，必须引入光的粒子性。经典理论是电磁波汤姆孙散射理论，认为电子受入射波电场激发以同频率振荡，然后发射同频率的辐射。经典汤姆孙散射微分截面为 $\mathrm{d}\sigma/\mathrm{d}\Omega=\dfrac{1}{2}(1+\cos^2\theta)(k_e e^2/mc^2)^2$，此处 θ 为散射波与入射方向间的夹角，$k_e e^2/mc^2$ 是电子经典半径，$k_e=1/4\pi\epsilon_0$ 为库仑常数。经典散射波不改变频率。

当光子射入金属等散射物质时，主要与电子发生相互作用。如果光子的能量相当低，与电子束缚能同数量级，则原子吸收光子而产生电离，发生光电效应。如果光子的能量相当大，远超过电子的束缚能，则可认为光子与自由电子发生散射，而产生康普顿效应。光子因散射损失能量，波长将变大。康普顿假设波长为 λ 的入射光子与原子中电子碰撞，后者视作静止，碰撞后光子出现在与入射路径成角 θ 的方向上，波长变为 λ'，电子因碰撞获得的速度可以很大，适宜用相对论公式。光子的能量为 $\epsilon=h\nu$，依相对论，$E=\eta m_0c^2=\sqrt{p^2c^2+m_0^2c^4}$，此处 η 为洛伦兹因子，满足 $\eta^2=c^2/(c^2-v^2)$，考虑到光子的 $m_0=0$，光子动量为 $\pi=\epsilon/c=h/\lambda$。记电子的静质量为 m，速度为 $\boldsymbol{v}$，弹性碰撞前后能量守恒和动量守恒关系为

$$\epsilon+mc^2=\epsilon'+\eta mc^2,\quad \boldsymbol{\pi}=\boldsymbol{\pi}'+\eta m\boldsymbol{v},$$

第一方程等价于 $\pi+mc=\pi'+\eta mc$。由此二方程可得

$$\begin{aligned}\pi^2+\pi'^2-2\pi\pi'\cos\theta&=(\boldsymbol{\pi}-\boldsymbol{\pi}')^2=\eta^2m^2v^2=(\eta mc)^2-(mc)^2\\&=(\pi+mc-\pi')^2-(mc)^2=\pi^2+\pi'^2-2\pi\pi'+2mc(\pi-\pi'),\end{aligned}$$

最终有 $\lambda'-\lambda=h(\pi'-\pi)/(\pi\pi')=(h/mc)(1-\cos\theta)$，为实验所证实。此处出现的长度量纲量 $\lambda_c=h/mc$ 称为电子的康普顿波长，它是能量等于电子静能量的光子的波长。如果光波长 $\lambda<\lambda_c$，则光子能量足够高，需要量子场论处理可能发生的粒子产生和湮灭。电子康普顿波长比电子玻尔半径大致小一个量级。

1.1.2 原子结构和光谱线

1885 年，瑞士数学教师巴耳末将氢原子的谱线表示成巴耳末公式，1888 年瑞典物理学家里德伯总结出更为普遍的光谱线里德伯公式：

$$\frac{1}{\lambda}=R\left(\frac{1}{n^2}-\frac{1}{n'^2}\right),\qquad n'=n+k,\quad n,k=1,2,\cdots \tag{1-1}$$

此处 λ 为氢原子光谱波长；R 为里德伯常数。普朗克 1902 年说，“光谱线中光的本性问题算得上是最困难和最复杂的。”1911 年卢瑟福根据 α-粒子散射实验，提出了原子结构的行星模型。在这个模型里，电子像太阳系的行星围绕太阳转一样围绕着原子核旋转。但是根据经典电磁理论，这样的电子会因加速运动而发射电磁辐射损失能量，以至坠落到原子核上。这个模型不能稳定存在，出现矛盾。受普朗克解释黑体辐射现象提出的量子论的影响，1912 年玻尔考虑在行星模型的基础上引入普朗克的量子概念，认为原子中的电子处在一系列分立的稳态上，写下了后人称作《卢瑟福备忘录》的提纲交给他的导师卢瑟福，但随后的进展不大。1913 年 2 月的某一天，玻尔的访客告诉他巴耳末的工作，玻尔茅塞顿开。这件事被称为玻尔的“二月转变”。1913 年经由卢瑟福推荐，玻尔接连发表了三篇论文，即他的“三部曲”，玻尔模型正式提出。玻尔在卢瑟福原子模型的经典动力学中加了角动量量子条件，导致原子中的电子具有量子数为 n 的能量为 E_n 的定态，电子在定态轨道上不辐射，原子辐射发生于两个定态轨道间的跃迁，其频率为 $h\nu_{mn}=|E_m-E_n|$。玻尔的原子模型量子假设立即给出光谱学中的里德伯常数，并预言了氢原子的新光谱系。索末菲 1915 年将玻尔电子的圆周运动换成普遍的椭圆运动，引入两个量子数，极大地推进了玻尔理论。关于玻尔的氢原子模型，将在“旧量子理论”一节中进一步讨论。

1.1.3 波粒二象性

微观粒子有时会显示出波动性，有时又会显示出粒子性，在不同条件下分别表现出波动或粒子的性质，称为波粒二象性 (wave-particle duality)。这是微观粒子量子行为的基本属性之一。经典力学中，研究对象总是被明确区分为“纯”粒子和“纯”波动。简单而言，物质的粒子性由能量 E 和动量 p 刻画，波的特征则由频率 ν 和波长 λ 表达。(应当提到，电磁场的能量和动量很早就用于讨论辐射场的热力学，但那里不强调波或波动性。另外，当边界的几何线度远大于波长时，波动特性不太显现，但波粒二象性是指微观粒子的内在二重性。)

前面主要提到光辐射的粒子性，即光波的频率 ν 和波长 λ 通过普朗克常数 h 与光粒子即光子的能量和动量联系在一起：$E=h\nu$，$p=h/\lambda$。爱因斯坦说过，“我们面对着新的一类困难。我们有两个矛盾的现实图像，二者之一都不能单独完全解释光现象，但二者一起可以。”

在光具有波粒二象性的启发下，德布罗意认为，既然在 X 射线的情形下既有波又有粒子，人们必须把这种二象性推广到物质粒子，特别是电子。他也注意到，量子现象中的量子数在力学中很少见，而在波动现象和所有涉及波动的问题中却经常出现。1923 年秋德布罗意在他提交给巴黎科学院的三篇短文中提出假说，声称所有物质都拥有类波动属性。根据相对论量子原理 $h\nu_0=m_0c^2$，他认为每个粒子都有频率 ν_0，玻尔原子定态是 n 个结点的驻波，像光波引导光子一样，物质相位波引导粒子运动。相应地，德布罗意物质波的波长为 $\lambda=h/p$。如果问题中的线度远大于德布罗意波长，则量子效应不重要。(值得指出，康普顿波长为 h/mc，不同于德布罗意波长。) 1927 年达维孙和革末观察到电子在镍单晶上的衍射，汤姆孙和雷德不久后也发表了另一个独立实验：几万电子伏的电子通过赛璐珞薄箔时产生德拜–谢乐环，与在 X 射线散射中观测到的相似。

1.2 旧量子理论

1.2.1 氢原子的经典模型

考虑单电子绕氢原子核在以核为中心，半径为 r 的圆轨道上运动。由向心力和库仑力的平衡条件，得

$$\frac{k_\mathrm{e}e^2}{r^2}=\frac{m_\mathrm{e}v^2}{r},\quad v=\frac{\hbar}{m_\mathrm{e}\sqrt{a_0r}},\quad a_0\equiv\frac{\hbar^2}{k_\mathrm{e}e^2m_\mathrm{e}},$$

此处 m_e 为电子质量；v 为速度；长度量纲的量 a_0 称为玻尔半径。设 $r=5\times10^{-9}$ cm，则 $v=2\times10^8$ cm/s $\approx0.01c$，仍在非相对论性范围，但向心加速度为 $a=v^2/r=10^{25}$ cm/s^2，十分巨大。电子作为带电粒子，加速运动的韧致辐射的功率为 $P=\dfrac{2}{3}k_\mathrm{e}(ea)^2/c^3\approx6\times10^{-8}$ W，初始动能为 $E_K=\dfrac{1}{2}m_\mathrm{e}v^2=2\times10^{-15}$ J，将在 3×10^{-8} 秒内耗尽。(辐射功率应与电荷符号及加速度方向无关并随它们递增，所以 $(ea)^2$ 出现在分子上，光速 c 是度量 a 的参数，它出现在分母上，且 c^3 给出功率的正确量纲。) 原子的行星模型即刻崩溃，且不说谱线的发射和吸收。

玻尔提出，电子只能稳定地存在于一系列的离散的公转能量状态中，称为定态，电子在定态上不产生电磁辐射。光谱中的辐射频率不等于电子的公转频率，原子的任何能量改变，只发生在两个定态之间以跃迁的方式进行。电子的定态决定于如下的角动量量子化条件：$L = nh/(2\pi) \equiv n\hbar$，此处 $n = 1, 2, \cdots$，称为主量子数。记电子在该轨道上的能量为 E_n，则能量改变 $\Delta E = |E_n - E_m| = h\nu$ 决定电子吸收或发射辐射的频率 ν。考虑以上的圆轨道，则量子化轨道满足

$$L_n = m_e rv = \hbar\sqrt{\frac{r}{a_0}} = n\hbar,$$

$$E_n = \frac{1}{2}m_e v^2 - \frac{k_e e^2}{r} = -\frac{1}{2}m_e v^2 = -\frac{\hbar^2}{2m_e a_0 r} = -\frac{k_e^2 e^4 m_e}{2\hbar^2}\frac{1}{n^2}. \tag{1-2}$$

此式给出式 (1-1) 中的里德伯常数 $R = k_e^2 e^4 m_e/(4\pi\hbar^3 c)$，以及里德伯公式要求的 $1/n^2$ 项。以下将讨论一般的轨道。

1.2.2 氢原子的经典解

经典氢原子用行星模型，属于开普勒问题。在任意保守的有心力的作用下，一个粒子的运动拥有至少四个运动常数：能量与角动量的三个分量。粒子的轨道被限制于一个平面。取 $U(r) = -\alpha/r$，记角动量为 L，轨道解为圆锥截线，即椭圆 (偏心率 $e < 1$)、抛物线 ($e = 1$) 和双曲线 ($e > 1$)，分别对应于 E 为负、零及正：

$$\mathrm{d}\phi = \frac{L}{\sqrt{2m}}\frac{\mathrm{d}r}{r^2\sqrt{E - U(r) - L^2/2mr^2}}, \quad r = \frac{p}{1 + e\cos\phi}, \quad p = \frac{L^2}{m\alpha}, \quad e^2 = 1 + \frac{2EL^2}{m\alpha^2}. \tag{1-3}$$

因而，对于非圆轨道仍有 $E \propto L^{-2}$ 或 $E_n = E_1/n^2$，但比例因子依赖于偏心率 e。

以下用矢量公式 $\boldsymbol{a}\times(\boldsymbol{b}\times\boldsymbol{c}) = \boldsymbol{b}(\boldsymbol{a}\cdot\boldsymbol{c}) - \boldsymbol{c}(\boldsymbol{a}\cdot\boldsymbol{b})$, $\boldsymbol{a}\cdot(\boldsymbol{b}\times\boldsymbol{c}) = \boldsymbol{b}\cdot(\boldsymbol{c}\times\boldsymbol{a}) = \boldsymbol{c}\cdot(\boldsymbol{a}\times\boldsymbol{b})$，给出开普勒问题的一个简捷推导。记 $\boldsymbol{e}_r$ 为径向的单位矢，所以 $\boldsymbol{r} = r\boldsymbol{e}_r$，

$$\boldsymbol{L} = \boldsymbol{r}\times\boldsymbol{p} = m\boldsymbol{r}\times\boldsymbol{v}, \ \boldsymbol{v} = \dot{r}\boldsymbol{e}_r + r\dot{\boldsymbol{e}}_r, \quad \rightarrow \ \boldsymbol{L} = mr^2(\boldsymbol{e}_r\times\dot{\boldsymbol{e}}_r),$$

利用 $m\ddot{\boldsymbol{r}} = -\nabla U(r)$，写 $(mr^2/\alpha)\ddot{\boldsymbol{r}} = -\boldsymbol{e}_r$，得

$$(mr^2/\alpha)\ddot{\boldsymbol{r}}\times\boldsymbol{L} = -\boldsymbol{e}_r\times\boldsymbol{L} = -mr^2\,\boldsymbol{e}_r\times(\boldsymbol{e}_r\times\dot{\boldsymbol{e}}_r) = mr^2\dot{\boldsymbol{e}}_r, \quad \rightarrow \ \boldsymbol{e}_r = (\boldsymbol{v}\times\boldsymbol{L})/\alpha + \boldsymbol{A}.$$

此处 $\boldsymbol{A}=\boldsymbol{e}_r-(\boldsymbol{v}\times\boldsymbol{L})/\alpha$ 为常矢量，是所谓拉普拉斯–龙格–楞次矢量的一种表述。在轨道的顶点处，$\boldsymbol{v}\perp\boldsymbol{r}$，$\boldsymbol{v}\times\boldsymbol{L}\|\boldsymbol{r}$，可取 $\boldsymbol{A}$ 沿轨道的长轴。

$$A^2=\boldsymbol{e}_r\cdot\boldsymbol{e}_r-\frac{2}{\alpha}\boldsymbol{e}_r\cdot(\boldsymbol{v}\times\boldsymbol{L})+\frac{1}{\alpha^2}(\boldsymbol{v}\times\boldsymbol{L})\cdot(\boldsymbol{v}\times\boldsymbol{L})=1-\frac{2}{\alpha r}\boldsymbol{L}\cdot(\boldsymbol{r}\times\boldsymbol{v})+\frac{1}{\alpha^2}\boldsymbol{v}\cdot[\boldsymbol{L}\times(\boldsymbol{v}\times\boldsymbol{L})]$$

$$=1-\frac{2L^2}{\alpha m}\frac{1}{r}+\frac{L^2}{\alpha^2}v^2=1+\frac{2L^2}{\alpha^2 m}\left(\frac{1}{2}mv^2-\frac{\alpha}{r}\right)=1+\frac{2L^2E}{\alpha^2 m}\equiv e^2.$$

此处常数 e 为偏心率。再计算

$$\boldsymbol{A}\cdot\boldsymbol{r}=Ar\cos\phi=r-\boldsymbol{r}\cdot(\boldsymbol{v}\times\boldsymbol{L})/\alpha=r-L^2/(\alpha m),$$

引入 $p\equiv L^2/(\alpha m)$，得轨道极坐标方程 $r=p/(1-e\cos\phi)$。(分母中负号非实质，只是 ϕ 相差 π 而已。)

1.2.3 玻尔模型的成功与困难

1897 年，美国天文学家皮克林在恒星光谱中发现了一组独特的线系，称为皮克林线系。皮克林线系中有一些谱线靠近巴耳末线系，但又不完全重合，另外有一些谱线位于巴耳末线系两临近谱线之间。起初皮克林线系被认为是氢的谱线，然而玻尔提出皮克林线系是类氢离子 He^+ 发出的谱线。随后英国物理学家埃万斯在实验室中观察了 He^+ 的光谱，证实玻尔的判断完全正确。几乎与玻尔提出玻尔模型在同一时期，英国物理学家莫塞莱测定了多种元素的 X 射线标识谱线，发现谱线的经验公式，即莫塞莱定律。莫塞莱看到玻尔的论文，立刻发现这个经验公式可以由玻尔模型导出，为玻尔模型提供了有力的证据。1914 年，弗兰克和赫兹用电子轰击汞蒸汽，测定汞原子内的量子态。20 世纪 20 年代，他们继续改进实验装置，发现了汞原子内部更多的量子态，有力地证实了玻尔模型的正确性。玻尔模型计算出的里德伯常数值比英国光谱学家福勒的实验值约大万分之五。1914 年，玻尔提出，这是因为原来的模型假设原子核静止不动而引起的，用原子核和电子的折合质量代替电子质量，修正其理论解释了该偏差。1932 年，尤里观察到了氢的同位素氘的光谱，测量到了氘的里德伯常数，和玻尔模型的预言符合得很好。

玻尔模型将经典力学的规律应用于微观的电子，不可避免地存在一系列困难。玻尔模型无法解释为什么处于定态中的电子不发出电磁辐射。因此玻尔模型提出后并不被物理学界所欢迎，还遭到了包括卢瑟福、薛定谔在内的诸多物理学家的质疑。实验测定的氢原子基态电子轨道角动量为零，而不是玻尔模型的 $L=\hbar$。“旧量子论”不仅对氦原子和氢分子等复杂原子系统失效，而且无法揭示氢原子光谱的强度和精细结构，甚至不能解释氢原子在外场中的行为，在处理发射谱线的偏振和强度时能力尤其有限。因此，1922 年玻尔在领取诺贝尔物理学奖时称:“这一理论还是十分初步的，许多基本问题还有待解决。”

尽管玻尔模型遇到了诸多困难，然而它显示出量子假说的生命力，推动经典物理学向量子物理学的发展。爱因斯坦在 1949 年回忆道，玻尔能用不可靠且自相矛盾的理论得出光谱线、原子的电子壳层及其化学意义，简直像是奇迹。特别要提到，1917 年爱因斯坦发表关于经典不可积体系的量子化的论文，[1]指出对于经典不可积体系玻尔量子化方案不可行，但该重要论文 50 年里几乎未被引用。玻尔模型引入了量子化的条件，但它仍然是一个“半经典半量子”的模型。完全解决原子光谱的问题必须彻底抛弃经典的轨道概念。

1.3 薛定谔方程

经典电磁学过程涉及的能量很大，能量量子性不重要，而在辐射场与微观粒子相互作用的过程中能量量子性可起决定性的作用。1911 年庞卡莱在他的最后科学工作中指出，普朗克定律含有一个不连续的实质要素。1925 年夏出现了包含真正不连续的逻辑一贯的量子力学，半年后，薛定谔在看起来完全不同的德布罗意物质波基础上，用微分方程这样的连续数学工具，建立了自己的量子理论。其实，在波动现象和所有涉及波动的问题中经常出现离散本征谱。

1.3.1 经典物理学回顾

任何物理理论都不仅仅描绘事实，它们包含由经验延伸出的假设和观念。经典物理学大致包含四个分支：力学、电磁学、热力学和统计力学。经典力学处理的对象以质点系为代表，经典力学的状态是质点系所有质点的位置和速度。经典力学中隐含三条假设：(1) 无限精细的经验可能性；(2) 计算要素与观察要素等同；(3) 确定论的预言。电磁学的对象是电磁场，电磁场状态需要用连续的空间函数，即每一点的场强描述，特别地，电磁场能量是连续空间函数能量密度的空间积分。连续空间函数处理的光的波动理论，曾经代表经典物理学的辉煌。连续区物理学中最重要的概念是场，特别是势场。

[1] A Einstein, Zum Quantensatz von Sommerfeld und Epstein, Verh. Dtsch. Phys. Ges. **19** 82-92.

在关于热力学现象的描述中，体系各组成质点的位置和速度已失去直接经验的意义。热力学的对象是由大量粒子组成的宏观物体。热力学状态用压强、体积等宏观变量定义更为自然，变量间的关系也变得简单。热力学状态的这种描述，原则上只对所谓的平衡态有效。热力学关心的是建立宏观可观察量间的必要关系，而不问任何详细解释，是一种唯象的理论。统计力学根据物质的微观组成和相互作用，研究宏观物体的性质和行为的统计规律，即解释热力学。统计力学的成功，以吉布斯的平衡统计系综理论为标志。多姆曾评论，吉布斯从玻尔兹曼的概念出发所构建的统计力学一般理论，"已被看作是二十世纪里该领域中一切工作的基础。因而，将他看作现代物理学的一个伟大先驱是恰当的。"宏观物体的"力学状态"是其 N 个组成粒子的坐标和动量：$(\boldsymbol{q}^N, \boldsymbol{p}^N)$，即微观组态或构象态，是 $6N$-维相空间中的一点。在吉布斯的系综理论里的统计力学状态是什么？是指在这 $6N$-维相空间上的一个分布 $P(\boldsymbol{q}^N, \boldsymbol{p}^N)$。宏观体系的哈密顿量 $H(\boldsymbol{q}^N, \boldsymbol{p}^N)$ 可以凭借力学得到，吉布斯理论给出如何由 H 确定统计力学状态，即分布 P，以及如何再由 P 计算热力学量的规则，并且导出热力学关系。这里的统计力学状态显然是由经验延伸出的观念。氢原子光谱等实验观测及其规律总结，角色与热力学相近。如何构造适当的状态并给出状态演化及由之计算实验观测的规则，相当于统计力学，是量子力学的任务。

1.3.2 薛定谔的波动方程

1925 年 11 月，薛定谔在阅读爱因斯坦关于玻色–爱因斯坦统计的论文时，得知德布罗意的博士论文，深有感触。在一次研讨会上，德拜指出，既然粒子具有波动性，应该有一种能够正确描述这种量子性质的波动方程。他的意见给予薛定谔极大的启发与鼓舞，他开始寻找这种波动方程。

"哈密顿类比"又称"光学–力学类比"，是哈密顿在研究经典力学时给出的理论。哈密顿指出，在经典力学里，粒子的运动轨道就如同在几何光学里光线的传播路径；垂直于该轨道的等作用量曲面就如同垂直于路径的等传播时间曲面；描述粒子运动的最小作用量原理就如同描述光线传播的费马原理。哈密顿发现，使用哈密顿–雅可比方程，可以推导出最小作用量原理与费马原理；遵守费马原理的光线"粒子"等同于遵守最小作用量原理的粒子。很多光的性质，例如衍射、干涉等，无法用几何光学的理论来作解释，必须用波动光学的理论分析。这意味着几何光学不等价于波动光学，几何光学是波动光学的波长远短于空间参考线度的极限情形。哈密顿–雅可比方程也有可能描述波动光学里遵守惠更斯原理的光波，只要将光线的等传播时间曲面改为光波的波前。

薛定谔寻思，经典力学与量子力学之间的关系，就如同几何光学与波动光学之间的关系；哈密顿–雅可比方程应该对应于量子力学的波动方程的某种极限。按照先前哈密顿类比的模式，依样画葫芦，应该可以找到正确形式的波动方程。设函数 $S(\boldsymbol{q},t)$ 的等值面的运动作为时间 t 的函数，由初始位置在 S-等值面上 $\boldsymbol{q}$ 点处的粒子的运动来定义。这种等值面的运动可想象为 $\boldsymbol{q}$ 空间中波的运动，虽然它并不恰好满足波动方程。为演示此点，让 S 表示波的相位：$\psi=\psi_0\mathrm{e}^{\mathrm{i}S/\hbar}$，或者写 $S=-\mathrm{i}\hbar\log\psi$，此处引入常数 $\hbar$，以无量纲化指数宗量；波的振幅变化可让 S 取复数来表示。于是，可写下哈密顿–雅可比方程

$$-\frac{\hbar^2}{2m\psi}(\nabla\psi)^2+U\psi=\mathrm{i}\hbar\frac{\partial\psi}{\partial t}, \tag{1-4}$$

它是非线性版的薛定谔方程。这想法很正确，经过一番努力，他成功地构思出薛定谔方程。检试方程成败的最简单问题应该是氢原子，必须能得出玻尔模型的理论结果。他写下相对论波动方程，但不成功，然而很快在 1925 年圣诞节前后发现非相对论的方程给出正确的巴耳末光谱系。1926 年，他正式发表了非相对论性波动方程与氢原子光谱分析结果。这篇论文迅速在量子学术界引起震撼。普朗克表示“他已阅读完毕整篇论文，就像被一个谜语困惑多年渴慕知道答案的孩童，现在终于听到了解答”。爱因斯坦称赞薛定谔作出决定性的贡献，称其著作的灵感如同泉水般源自一位真正的天才。

关于薛定谔，戴荪[2]评论道，大自然开的最大玩笑是 -1 的平方根。薛定谔 1926 年发明波动力学时将之加在他的波动方程中。薛定谔从统一力学和光学的想法出发。先此百年，哈密顿用同样的数学描述光线和经典粒子轨道，统一了经典力学和射线光学。薛定谔的想法是将之推广到波动光学与波动力学的统一。波动光学已经有了，但波动力学还没有。薛定谔必须发明波动力学以完成统一。以波动光学为模型出发，他写下力学粒子的微分方程，但方程没有意义。这个方程看起来像连续介质热传导方程。热传导与粒子力学没有明显联系。薛定谔的想法似乎无路可走。然而，意外发生了。薛定谔将 -1 的平方根加在方程中，方程一下子就有意义了。它一下子变成波动方程而不是热传导方程。并且，薛定谔高兴地看到方程有对应于玻

[2]Dyson, Birds and Flogs, Notices of the AMS **56** (2009) 212-223.

尔原子模型的量子化轨道的解。薛定谔方程原来可以正确描述我们所知道的原子所有行为！它是所有化学和大部分物理的基础。-1 的平方根意味着自然界依复数而非依实数运行。这个发现让薛定谔也让所有人大吃一惊。整个 19 世纪数学家们大大发展了复变函数论，但只是认为复数不过是人类作为实际生活中来的一种有用且精致的抽象而发明的作品。他们没有料到自然界早已走在前头。

黄克孙的 2000 年《杨振宁访谈录》[3]中关于薛定谔有一段生动的描述：薛定谔不喜欢 i。经典图像里，波就是波，与 i 不搭界。用 i 只是数学花招。薛定谔写了

$$H\psi = E\psi, \qquad H = -\frac{\hbar^2}{2m}\nabla^2 + \cdots$$

没有 i。他把手稿寄给洛伦兹，洛伦兹回信说，文章很有意思，但我有几个问题。他列了十五个。其中一个说，你的公式不该用 E。你有 E 没有 t，但应该像经典力学一样有 t 无 E，由 t 得出 E。薛定谔想了想，当然最后 E 变成了 $\mathrm{i}\hbar(\partial/\partial t)$。但是，他并不喜欢，因为他不喜欢 i。那么，他做了什么呢？他折腾了几周，一天兴高采烈：做了两次，行了！从 $\mathrm{i}\hbar(\partial\psi/\partial t)$ 出发，再次取 $\mathrm{i}\hbar(\partial/\partial t)$，于是，$-\hbar^2(\partial^2\psi/\partial t^2) = H^2\psi$，不再有 i 了。他十分高兴。怎么知道他高兴？因为他写信告诉一个朋友说“我如释重负”。然而，一周之后他写信说，还是不管用，因为如果 H 显含时间，你再次微分时还会有附加项。只是这时候他才写下 i。接受 i 并不容易，只是慢慢接受了。[4]

要理解量子力学，实在必须理解这个 i！所有物理测量的结果是实的，量子力学之前的物理理论本质上是实的。但是，量子力学必须是复的，首先波函数必须在复空间定义。量子力学将实时间指数衰减替换为虚时间的相位。通过对复的波函数取模数，到玻恩解释的实概率，既自然又看似简单，但相位的角色似乎不那么简单。薛定谔波动力学只含时间的一阶导数且带因子 $\mathrm{i} = \sqrt{-1}$，此因子 i 导致波函数必须是复的。通常的波动方程 $\partial^2\phi/\partial x^2 - u^{-2}\partial^2\phi/\partial t^2 = 0$ 只含时间的二阶导数，通

[3] KS Huang, Interview of CN Yang for the CN Yang Archive, the Chinese University of Hong Kong,http://www.mit.edu/people/kerson/Articlestuff/Yang_interview_2001.pdf.

[4] 谢惠民的《数学史赏析》(高等教育出版社，2014) 曾指出：从三次方程的根式求解意外地引发出一个重要事件，这就是与复数的不期而遇。也许会使人奇怪的是，在历史上复数的出现并不是和 $x^2 + 1 = 0$ 这类二次方程求解相联系的。因为在遇到有一对共轭复根的二次方程时，当时数学家的一般做法是不加理睬，认为该方程没有解，或者说它根本没有意义就完了。但这种弃之不论的做法在三次方程的求解中却遇到了麻烦。例如，求解 $x^3 - 63x - 162 = 0$。这个方程不难因式分解求解，但如果用卡尔丹公式，则 $x_1 = \sqrt[3]{81 + \sqrt{-2700}} + \sqrt[3]{81 - \sqrt{-2700}} = (-3 + \mathrm{i}2\sqrt{3}) + (-3 - \mathrm{i}2\sqrt{3}) = -6$。不承认虚数 $\sqrt{-2700}$ 有意义，做不了上述运算。

解 $f(x \pm ut)$ 为实的，显著不同。

1.3.3　量子力学基本原理

费曼在他的物理学讲义中讲过，薛定谔方程不可能从你知道的任何东西中导出来，它只能从薛定谔的头脑中冒出来。薛定谔从单电子经典力学的哈密顿–雅可比方程出发，作变量代换 $S = -\mathrm{i}\hbar \log \psi$，得 $H(q, -\mathrm{i}\hbar\partial \log \psi/\partial q) = E$，并最终写下他的波动方程。1926 年 3 月他注意到将动量 p 换成算符 $-\mathrm{i}\hbar\partial/\partial q$，改写哈密顿量为算符 $H(q, -\mathrm{i}\hbar\partial/\partial q)$，可得氢原子波函数的方程

$$\left(-\frac{\hbar^2}{2m}\nabla^2 - \frac{k_{\mathrm{e}}e^2}{r}\right)\psi(\boldsymbol{r}) = E\psi(\boldsymbol{r}). \tag{1-5}$$

通过将能量 E 换成 $\mathrm{i}\hbar\partial/\partial t$ 还可得到时间演化方程

$$\left(-\frac{\hbar^2}{2m}\nabla^2 - \frac{k_{\mathrm{e}}e^2}{r}\right)\psi(\boldsymbol{r}, t) = \mathrm{i}\hbar\frac{\partial}{\partial t}\psi(\boldsymbol{r}, t). \tag{1-6}$$

薛定谔提出的量子力学基本方程，是将物质波的概念和波动方程相结合而建立的偏微分方程，可描述微观粒子的运动，但也是量子力学的一个基本假定，其正确性只能靠实验来检验。波函数 $\psi(\boldsymbol{r}, t)$ 必定是复的，因为方程 (1-6) 右边有 i，实波函数将导致矛盾。方程只含一阶时间微分，如果初始值 $\psi(\boldsymbol{r}, t_0)$ 给定，则所有时间的 $\psi(\boldsymbol{r}, t)$ 也定了。方程是线性的，因而有叠加性：如果 $\psi_1(\boldsymbol{r}, t)$ 和 $\psi_2(\boldsymbol{r}, t)$ 为解，则 $a_1\psi_1(\boldsymbol{r}, t) + a_2\psi_2(\boldsymbol{r}, t)$ 也是解，此处 a_1, a_2 为任意复常数。

量子力学的基本概念是可观察量、观测值和量子状态。空间中一个粒子的量子状态由波函数 ψ 定义，它还须满足两个基本要求。(1) 可积性：$\int \psi^*\psi\,\mathrm{d}\tau$ 存在，这里积分范围是 ψ 独立变量的取值范围。如果积分常数为 1，则称 ψ 为归一的。(2) 单值性：ψ 对于其独立变量为单值的，单值性对于角度变量尤为重要。

以粒子的一维随机行走作为简单的经典统计实验例子，在同样的条件下多次测量同样时间间隔内粒子的位移，仍旧不可能获得同样的结果，但是，多次重复测量出现特定结果的频度会趋于固定值。量子力学也具有类似特性。虽然每次测量的结果为确定值，但结果一般不唯一，不能预测单次测量的结果，只能给出各种可能值及其出现概率。可能值取决于相应算符的本征方程，而其概率可从量子态波函数计算。量子态决定了量子系统所有可观察量的观测值的概率分布。反过来说，量子态也可由可观察量观测值的概率分布确定，但所有可观察量间并不独立，可只关注特定的某些可观察量。

量子力学的基本原理可表述为:

(1) 量子力学中，状态由满足可积性和单值性的波函数 ψ 定义。例如，氢原子中电子的状态波函数 $\psi(\boldsymbol{r})$ 或者更一般的含时间的波函数 $\psi(\boldsymbol{r},t)$。

(2) 每个可观察量 p 对应于一个线性算符 $\hat{p}$。例如，坐标、动量和能量分别有算符对应:

$$x \to \hat{x} = x, \quad p_x \to \hat{p}_x = -\mathrm{i}\hbar\frac{\partial}{\partial x}, \quad E \to \hat{E} = \mathrm{i}\hbar\frac{\partial}{\partial t}. \tag{1-7}$$

对应于一个可观察量的算符如何取是后验的，即其正确性只能靠实验来验证。算符 $\hat{p}$ 为线性，意味着它作用于线性组合状态 $a\phi+b\psi$ 的结果为 $\hat{p}(a\phi+b\psi)=a\,\hat{p}\phi+b\,\hat{p}\psi$，即为分别作用结果的叠加，此处 a 和 b 为任意复常数。量子力学为线性理论，麦克斯韦的电磁理论也是线性的，但牛顿力学不是。仅就线性而言，量子力学比经典力学简单得多。

(3) 可观察量有且仅有的观测值 p_λ，由算符 $\hat{p}$ 的如下本征方程给出:

$$\hat{p}\psi_\lambda = p_\lambda\psi_\lambda. \tag{1-8}$$

这里本征方程的解 ψ_λ 称为本征函数，以之为波函数的量子态称为算符 $\hat{p}$ 的一个本征态，而 p_λ 称为本征值。算符 $\hat{p}$ 的本征值的全体，称为它的谱。显然，ψ_λ 乘以任意常数 c 后得到的 $c\psi_\lambda$，也为同本征值的本征函数，它们看作是等价的。在获得观测值 p_λ 的同时，体系状态也变到本征态 ψ_λ。

(4) 在状态 ψ 下可观察量 p 的一系列观测值的期望值或平均值为

$$\langle p\rangle = \int \psi^*\hat{p}\psi\,\mathrm{d}\tau \Big/ \int \psi^*\psi\,\mathrm{d}\tau. \tag{1-9}$$

正是这条性质导致玻恩关于波函数的概率解释。如果状态 ψ 正好是算符 $\hat{p}$ 的本征态，则有 $\langle p\rangle = p_\lambda$，即观测值的期望值等同于观测值，表明此时观测到 p_λ 是必然事件。

关于经典算符的一个简单例子是位移算符 D_a，它作用在任意函数 $f(x)$ 上得 $D_a f(x) = f(x+a) = \mathrm{e}^{a(\mathrm{d}/\mathrm{d}x)}f(x)$，因而可写 $D_a = \mathrm{e}^{a(\mathrm{d}/\mathrm{d}x)}$。离散本征值的一个简单例子是以试探解 $A(x,t) = C\mathrm{e}^{\mathrm{i}(kx-\nu t)}$ 求解一维波动方程

$$\frac{\mathrm{d}^2A}{\mathrm{d}x^2} - \frac{1}{v^2}\frac{\mathrm{d}^2A}{\mathrm{d}t^2} = 0.$$

此处 C 为常数，除试探解须满足约束 $kv=\nu$ 外，k 和 ν 可取连续值。考虑波限定在 $x=0$ 到 L 的腔内，在腔驻波边条件 $A(0,t)=A(L,t)=0$ 下，解限制为 $A(x,t)=C\sin(n\pi x/L)\mathrm{e}^{\mathrm{i}\nu t}$，频率取离散值 $\nu_n=n\pi v/L$，此处 n 为整数。

坐标算符 $\hat{x}=x$ 的本征方程为 $x\psi_\xi=\xi\psi_\xi$，可写成 $(x-\xi)\psi_\xi=0$。记 $\psi_\xi=\delta(x-\xi)$，则函数 $\delta(x)$ 满足

$$\delta(x)=0,\ \text{for}\ x\neq 0,\quad \int_{-\infty}^{\infty}\mathrm{d}x\,\delta(x)=1. \tag{1-10}$$

函数 $\delta(x)$ 由狄拉克引入。在科学和数学中，δ-函数是在实数线上定义的一个广义函数或分布。它在除零以外的点上都等于零，且其在整个定义域上的积分等于 1。δ-函数有时可看作是在原点处无限高、无限细，但是总面积为 1 的一个尖峰，在物理上代表了理想化的质点或点电荷的密度。从纯数学的观点来看，狄拉克 δ-函数并非严格意义上的函数，因为任何在扩展实数线上定义的函数，如果在一个点以外的地方都等于零，其总积分必须为零。δ-函数只有在出现在积分以内的时候才有实质的意义。根据这一点，δ-函数一般可以当作普通函数一样使用。它形式上所遵守的规则属于运算微积分的一部分，是物理学和工程学的标准工具。包括 δ-函数在内的运算微积分方法，在 20 世纪初受到数学家的质疑，直到 20 世纪 50 年代施瓦茨才通过定义一个分布，对应于支撑集为原点的概率测度，发展出一套令人满意的严谨理论。在许多应用中，均将 $\delta(x)$ 视为由在原点处有尖峰的函数所组成的序列的极限 (弱极限)，而序列中的函数则可作为对 δ-函数的近似。在信号处理上，δ-函数常称为单位脉冲符号或单位脉冲函数。克罗内克 δ-函数是对应于狄拉克 δ-函数的离散函数，其定义域为离散集，值可以是 0 或 1。虽然称为函数，但 δ-函数并非真正的函数，至少它的值域不在实数以内。狄拉克 δ-函数的抽象化，带来简化。例如，讨论球杆击球的动力学时，可以用 δ-函数描述击球那一刻的力，方程大大简化，而且不须考虑球杆向球传递能量的复杂具体细节。

函数 $\delta(x)$ 可由如下的函数 $K_h(x)$ 取极限得到，$K_h(x)$ 具有一些性质，如

$$K(x)\equiv K_1(x),\ K(x)\geqslant 0,\ K_h(x)=\frac{1}{h}K\left(\frac{x}{h}\right),$$

$$\int_{-\infty}^{\infty}\mathrm{d}x\,K_h(x)=\int_{-\infty}^{\infty}\mathrm{d}x\,K(x)=1,\quad \lim_{x\to\infty}xK(x)=0,$$

特别取 $K(x)$ 为方波函数 $S(x)$：如果 $|x|\leqslant\dfrac{1}{2}$，$S(x)=1$，否则 $S(x)=0$，则

$\delta(x)=\lim_{h\to 0}S_h(x)$。可以证明

$$\int_{-\infty}^{\infty}\mathrm{d}x\,f(x)\delta(x)=f(0). \tag{1-11}$$

坐标算符 x 有连续本征值。动量算符 $\hat{p}_x=-\mathrm{i}\hbar\mathrm{d}/\mathrm{d}x$ 的本征方程为 $\hat{p}\psi_k=k\psi_k$，有本征解 $\psi_k=C\mathrm{e}^{\mathrm{i}kx/\hbar}$，本征值的可能取值进一步由边条件确定，可以是连续值，也可以是分立值。考虑算符 $-\mathrm{i}\hbar\mathrm{d}/\mathrm{d}\theta$，此处 θ 为角度，其本征方程为 $-\mathrm{i}\hbar\mathrm{d}\psi/\mathrm{d}\theta=m\psi$，有本征解 $\psi=C\mathrm{e}^{\mathrm{i}m\theta/\hbar}$。波函数的单值性要求 $\psi(\theta)=\psi(\theta+2\pi)$，得 $\mathrm{e}^{-2\mathrm{i}\pi m/\hbar}=1$。因而，本征值 $m=k\hbar$，此处 k 为整数，即本征值取分立值。最后看一个不太平庸的算符乘积的例子。考虑坐标算符 $\hat{x}=x$ 和动量算符 $\hat{p}=-\mathrm{i}\hbar\mathrm{d}/\mathrm{d}x$ 的乘积，并将之作用在 x 的任意函数 $f(x)$ 上，则

$$\begin{aligned}\hat{x}\hat{p}f(x)&=-\mathrm{i}\hbar x\frac{\mathrm{d}}{\mathrm{d}x}f(x)=-\mathrm{i}\hbar xf'(x),\\ \hat{p}\hat{x}f(x)&=-\mathrm{i}\hbar\frac{\mathrm{d}}{\mathrm{d}x}xf(x)=-\mathrm{i}\hbar[xf'(x)+f(x)],\end{aligned}$$

表明算符乘积作用的结果可与算符因子的顺序有关，可写为

$$[\hat{x},\hat{p}]\equiv\hat{x}\hat{p}-\hat{p}\hat{x}=\mathrm{i}\hbar. \tag{1-12}$$

一般地，$[\hat{u},\hat{v}]\equiv\hat{u}\hat{v}-\hat{v}\hat{u}$ 称为算符 $\hat{u}$ 和 $\hat{v}$ 的对易子，如果这个对易子为零，则称二算符对易，否则称非对易。根据对易子的定义可以验证对易子满足的关系，如

$$[\hat{u},\hat{v}]=-[\hat{v},\hat{u}],\quad [c_1\hat{u}_1+c_2\hat{u}_2,\hat{v}]=c_1[\hat{u}_1,\hat{v}]+c_2[\hat{u}_2,\hat{v}],$$

$$[\hat{u},\hat{v}\hat{w}]=[\hat{u},\hat{v}]\hat{w}+\hat{v}[\hat{u},\hat{w}],\quad [\hat{u},[\hat{v},\hat{w}]]+[\hat{v},[\hat{w},\hat{u}]]+[\hat{w},[\hat{u},\hat{v}]]=0.$$

考察一个坐标的指示函数或特征算符 $\chi_\xi(x)$，它在 $x=\xi$ 时取值 1，否则取 0。假定一维问题的量子态波函数为 $\psi(x)$，不妨设 $\psi(x)$ 是归一的。根据原理 (4)，在状态 ψ 下可观察量 $\chi_\xi(x)$ 的观测值的期望为

$$\langle\chi_\xi\rangle=\int\psi^*(x)\chi_\xi(x)\psi(x)\,\mathrm{d}x=\psi^*(\xi)\psi(\xi)=|\psi(\xi)|^2, \tag{1-13}$$

此式表明 $|\psi(\xi)|^2$ 可解释作粒子位置处于 $x=\xi$ 的概率。(稍严格些，应考虑 $x=\xi$ 附近的小区间，说位置观测值落入该区间的概率。) 一般地，波函数模的平方 $|\Psi(\boldsymbol{r})|^2$ 对应于粒子位置观测值处在 $\boldsymbol{r}$ 的概率。这是波函数的量子力学概率解释。

最后以许多教科书均会提到的双缝实验为例，加深对波函数意义的认识。双缝实验如图 1.1 所示，观测屏上观测到的亮度 $I(\boldsymbol{r},t)$ 为大量独立粒子打到屏上所得亮斑的统计结果。明暗条纹不必是大量粒子同时穿过窄缝投射到屏上的结果，而可以是单个粒子分别随机打到屏上不同位置的长时间的累积结果。单粒子的行为由波函数 $\Psi(\boldsymbol{r},t)$ 描述，观测屏处观测到的亮度 $I(\boldsymbol{r},t)=|\Psi(\boldsymbol{r},t)|^2$，所以 $\Psi(\boldsymbol{r},t)$ 称为几率幅。注意这里的“幅度”并非只指极大和极小，而指所有的时空点。波动性和粒子性是一枚硬币的两面。

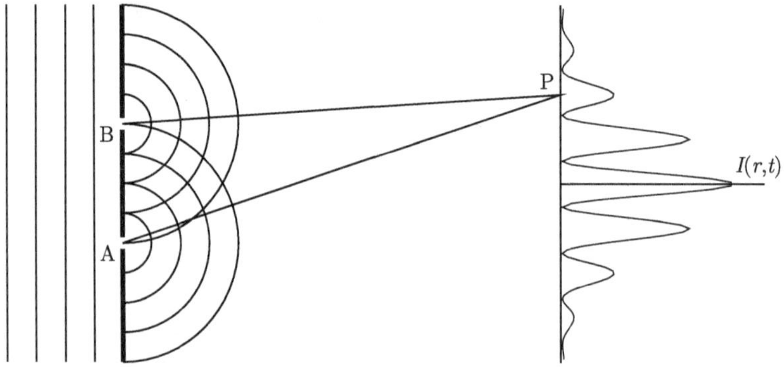

图 1.1　双缝实验示意图：左方遮板开了窄缝 A 和 B，右方观测屏过 P 点。平面波由遮板左侧入射，穿过窄缝投射到右方观测屏上。屏上观测到的亮度为 $I(\boldsymbol{r},t)$，形成亮暗条纹。P 点处因 AP 和 BP 的距离差为波长的整数倍，对应于亮纹

1.4　狄拉克记号

狄拉克记号是狄拉克专门为量子理论的表述而设计的。它简洁方便，有必要在一开始学习量子力学时就尽快掌握。其实，它在许多方面可以类比于三维欧氏空间中的矢量。

1.4.1　三维矢量类比

考虑三维欧氏空间中的两个矢量 $\boldsymbol{a}$ 和 $\boldsymbol{b}$，其三个分量分别为 (a_x,a_y,a_z) 和 (b_x,b_y,b_z)。它们之间的内积或点乘 $\boldsymbol{a}\cdot\boldsymbol{b}=a_xb_x+a_yb_y+a_zb_z$，可用矩阵记号写成行矢量和列矢量作为 1×3 矩阵和 3×1 矩阵的乘积：

$$\boldsymbol{a}\cdot\boldsymbol{b}=(a_x\ a_y\ a_z)\cdot\begin{pmatrix}b_x\\b_y\\b_z\end{pmatrix}.$$

像 $\boldsymbol{a}$ 这样的矢量记号不能区分行矢量和列矢量，直接的行矢量和列矢量的矩阵记号又太笨重，引入如下的记号比较方便：约定 $\langle a|$ 记行矢量，$|b\rangle$ 记列矢量，也分别称为左、右矢。内积 $\boldsymbol{a}\cdot\boldsymbol{b}$ 自然地记为 $\langle a|b\rangle$。先作一个扩充，不再限于实矢量，而考虑一般的复矢量，相应地，将行矢量替换为其共轭：$(a_x\ a_y\ a_z)\to(a_x\ a_y\ a_z)^*=(a_x^*\ a_y^*\ a_z^*)$。内积是对左、右矢 $\langle a|$ 和 $|b\rangle$ 定义的一个标量。正式地说，左、右矢空间构成一对对偶空间，内积是定义在这样的对偶空间上的一个正定、非退化的共轭双线性形式，满足以下规则：

(1) 共轭对称：$\langle a|b\rangle=\langle b|a\rangle^*$，此处 a^* 记 a 的复共轭。这蕴含 $\langle a|a\rangle$ 为实的。

(2) 双线性：$\langle a|(\alpha|b\rangle+\beta|c\rangle)=\alpha\langle a|b\rangle+\beta\langle a|c\rangle$，此处 α 和 β 为任意复数。对之运用共轭对称，可证 $(\alpha\langle a|+\beta\langle b|)|c\rangle=\alpha\langle a|c\rangle+\beta\langle b|c\rangle$。

(3) 非退化：对于任意的 $|b\rangle$，$\langle a|b\rangle=0$，则当且仅当 $\langle a|=0$。左、右矢 $\langle a|$ 和 $|a\rangle$ 一一对应。上面将此对应关系以显式表作行列转置并取共轭。可据 $\langle a|b\rangle=0$ 称 $|a\rangle$ 与 $|b\rangle$ 正交。

(4) 非负性：对于任意的 $|a\rangle$，$\langle a|a\rangle\geqslant 0$，可用 $\langle a|a\rangle$ 定义 $|a\rangle$ 或 $\langle a|$ 的长度。

三维欧氏空间中的线性算符 R 对应于一个 3×3 矩阵，它作用于列矢量的运算 $R\cdot\boldsymbol{a}=\boldsymbol{b}$，相当于 $\sum_j R_{ij}a_j=b_i$，可自然地记作 $R|a\rangle=|b\rangle$。类似地，它作用于行矢量的运算 $\boldsymbol{a}\cdot R=\boldsymbol{b}$，相当于 $\sum_j a_i^*R_{ij}=b_j^*$，记作 $\langle a|R=\langle b|$。含算符 R 的内积满足结合律：$(\langle a|R)|b\rangle=\langle a|(R|b\rangle)=\langle a|R|b\rangle$。如果记 R 的转置共轭为 $R^\dagger$，即 $(R^\dagger)_{ij}=R_{ji}^*$，$R^\dagger$ 称为 R 的伴算符，则可证明

$$\langle a|R|b\rangle=\langle b|R^\dagger|a\rangle^*,\tag{1-14}$$

都对应于 $\sum_{i,j}a_i^*R_{ij}b_j$，表明 $R|a\rangle$ 和 $\langle a|R^\dagger$ 对偶。

容易看出，依矩阵乘法 $|a\rangle\langle b|$ 是方阵，相当于算符。特别地，

$$P_a\equiv|a\rangle\langle a|/\langle a|a\rangle\tag{1-15}$$

定义了一个投影算符，满足 $P_a^2=P_a$，它可将任意矢量 $|b\rangle$ 分解为与 $|a\rangle$ 平行和垂

直的两个分量:

$$|b\rangle = P_a|b\rangle + (1-P_a)|b\rangle, \quad P_a|b\rangle = |a\rangle\langle a|b\rangle/\langle a|a\rangle, \quad \langle a|(1-P_a)|b\rangle = 0.$$

内积将对偶空间的一对矢量与一个标量联系，允许谈论矢量的“夹角”、“长度”和“正交性”。

1.4.2 狄拉克矢量记号

狄拉克记号是量子力学中广泛应用的一套标准符号系统。将三维矢量 (f_x, f_y, f_z) 扩充为一般高维矢量 $(f_1, f_2, \cdots, f_n)$，再进一步扩充为 $(\{f(r)\})$。这最后一步将 f_k 的离散指标 k 扩充为 $f(r)$ 的连续指标 r。从 r 还可直接扩充到三维的 $\boldsymbol{r}$。可以看出，求和 $\sum_k$ 将相应地扩充为积分 $\int \mathrm{d}r$。现在，量子态波函数可以看作“态矢量”，将波函数 ψ 记为右矢$|\psi\rangle$，其共轭转置 ψ^* 记为左矢 $\langle\psi|$，则内积 $\langle\psi|\psi\rangle$ 对应于积分，即

$$\psi \to |\psi\rangle, \quad \psi^* \to \langle\psi|, \qquad \langle\psi|\phi\rangle = \int \psi^*\phi\,\mathrm{d}\tau. \tag{1-16}$$

其他关系如共轭对称仍保持: $\langle\phi|\psi\rangle = \langle\psi|\phi\rangle^*$。在这套符号系统里，前述的量子力学原理 (4) 可表成

$$\bar{p} = \langle\psi|\hat{p}|\psi\rangle/\langle\psi|\psi\rangle.$$

相应地，本征方程表成

$$\hat{p}|\psi_\lambda\rangle = p_\lambda|\psi_\lambda\rangle, \quad \langle\psi_\lambda|\hat{p}^\dagger = p_\lambda^*\langle\psi_\lambda|.$$

此处 $\hat{p}^\dagger$ 为 $\hat{p}$ 的伴算符，其定义基于一般关系式 $\langle\phi|\hat{p}|\psi\rangle = \langle\psi|\hat{p}^\dagger|\phi\rangle^*$。如果 $\hat{p} = \hat{p}^\dagger$，则称 $\hat{p}$ 为自伴的或厄米的。考虑厄米算符的本征值，由

$$p_\lambda\langle\psi_\lambda|\psi_\lambda\rangle = \langle\psi_\lambda|\hat{p}|\psi_\lambda\rangle = \langle\psi_\lambda|\hat{p}^\dagger|\psi_\lambda\rangle = \langle\psi_\lambda|\hat{p}|\psi_\lambda\rangle^* = p_\lambda^*\langle\psi_\lambda|\psi_\lambda\rangle,$$

知 $p_\lambda = p_\lambda^*$，即厄米算符的本征值为实的。实际上，每个可观察量所对应的量子力学算符都是厄米算符。两个厄米算符之和或两个对易的厄米算符之积仍为厄米算符，但两个不对易的厄米算符之积不再为厄米算符。值得指出，关于一个算符是否为厄米算符的证明，涉及内积计算，因而也往往涉及边界条件。

属于一个厄米算符 $\hat{p}$ 的不同本征值的本征态正交。设

$$\hat{p}|\psi_l\rangle = p_l|\psi_l\rangle, \quad \hat{p}|\psi_k\rangle = p_k|\psi_k\rangle, \quad p_k \neq p_l,$$

则

$$\langle\psi_k|(\hat{p}|\psi_l\rangle)=p_l\langle\psi_k|\psi_l\rangle=(\langle\psi_k|\hat{p})|\psi_l\rangle=p_k\langle\psi_k|\psi_l\rangle,\rightarrow(p_k-p_l)\langle\psi_k|\psi_l\rangle=0,\rightarrow\langle\psi_k|\psi_l\rangle=0.$$

以上证明对 $p_k=p_l$ 的情形得不出结论。多个本征态 $\{|u_i\rangle\}_1^n$ 有相同的本征值且彼此线性无关，即不存在不全为零的 $\{c_i\}$ 满足 $\sum_i c_i|u_i\rangle=0$，则称为简并态，它们可通过如下的施密特手续正交化。特别加下标 0 记初始的本征态为 $\{|u_i\rangle_0\}$。令 $|u_1\rangle_1=|u_1\rangle_0$，以之构造投影算符 $P_1=|u_1\rangle_1\langle u_1|_1/\langle u_1|_1|u_1\rangle_1$。对于所有的 $i>1$，令 $|u_i\rangle_1=(1-P_1)|u_i\rangle_0$，可证它们与 $|u_1\rangle_1$ 正交。至此第一步完成。设如此进入第 k 步，对于 $i\leqslant k$，令 $|u_i\rangle_k=|u_i\rangle_{k-1}$，构造投影算符 $P_k=|u_k\rangle_k\langle u_k|_k/\langle u_k|_k|u_k\rangle_k$。对于所有的 $i>k$，令 $|u_i\rangle_k=(1-P_k)|u_i\rangle_{k-1}$，至第 $n-1$ 步完成，全部本征态的正交化也完成。显然，施密特正交化不唯一。

如果算符 $\hat{A},\hat{B}$ 对易，设它们分别有本征态 ψ_λ,ϕ_μ，则

$$\hat{A}|\psi_\lambda\rangle=p_\lambda|\psi_\lambda\rangle,\quad \hat{B}|\phi_\mu\rangle=q_\mu|\phi_\mu\rangle,\quad \hat{A}\hat{B}=\hat{B}\hat{A}.$$

考虑本征态 $|\psi_\lambda\rangle$ 中的一个 $|\psi_i\rangle$，则

$$\hat{A}(\hat{B}|\psi_i\rangle)=\hat{A}\hat{B}|\psi_i\rangle=\hat{B}\hat{A}|\psi_i\rangle=p_i\hat{B}|\psi_i\rangle=p_i(\hat{B}|\psi_i\rangle),$$

表明 $\hat{B}|\psi_i\rangle$ 也是算符 $\hat{A}$ 的属于本征值 p_i 的本征态。于是，如果 ψ_i 非简并，则 $\hat{B}|\psi_i\rangle=c|\psi_i\rangle$，但这又意味着 c 为算符 $\hat{B}$ 的本征值，即必为某个 q_j，且 $|\psi_i\rangle$ 为算符 $\hat{B}$ 的属于本征值 q_j 的本征态。因而，$\hat{A},\hat{B}$ 有共同的本征态。简并情形下，仍有类似结果，留待后面讨论。

1.5 不确定性关系和概率流

下面讨论量子力学的两个问题，演示狄拉克记号的用法。

1.5.1 不确定性关系

前面提到，坐标算符和动量算符不对易，即它们乘积的结果依赖于因子顺序。不对易算符对应的可观测量测量值之间存在“测量误差”(实为观测值涨落) 的关联。这是量子力学不确定性原理的结果。

对于两个矢量 $|x\rangle$ 和 $|y\rangle$，有如下的施瓦茨不等式：

$$|\langle x|y\rangle|^2 \leqslant \langle x|x\rangle\langle y|y\rangle. \tag{1-17}$$

施瓦茨不等式的一个证明，是通过构造线性组合 $|x\rangle - \lambda|y\rangle$，此处 λ 为复数。取 $\lambda = \langle y|x\rangle/\langle y|y\rangle$，则由

$$0\leqslant(\langle x|-\lambda^*\langle y|)(|x\rangle-\lambda|y\rangle) = \langle x|x\rangle-\lambda^*\langle y|x\rangle-\lambda\langle x|y\rangle+|\lambda|^2\langle y|y\rangle = \langle x|x\rangle-|\langle x|y\rangle|^2/\langle y|y\rangle,$$

式 (1-17) 得证。另外，还可给出一个较直观的证明。首先，当 $|y\rangle = c|x\rangle$ 时，或者说二者“平行”时，式 (1-17) 以等式成立。借助已在前面用过的投影算符，记 $|y\rangle_{\parallel} \equiv |x\rangle\langle x|y\rangle/\langle x|x\rangle \propto |x\rangle$，$|y\rangle_{\perp} \equiv |y\rangle - |y\rangle_{\parallel}$，容易证实 $\langle x|y\rangle_{\perp} = 0$。于是，

$$\langle y|y\rangle = \langle y|_{\parallel}|y\rangle_{\parallel} + \langle y|_{\perp}|y\rangle_{\perp}, \quad \rightarrow \ \langle x|x\rangle\,\langle y|y\rangle - |\langle x|y\rangle|^2 = \langle y|_{\perp}|y\rangle_{\perp}\cdot\langle x|x\rangle \geqslant 0.$$

考虑两个厄米算符 $\hat{A},\hat{B}$ 和两个实数 $a \equiv \langle\psi|\hat{A}|\psi\rangle = \langle A\rangle, b \equiv \langle\psi|\hat{B}|\psi\rangle = \langle B\rangle$，此处 $|\psi\rangle$ 归一。令

$$|x\rangle = (\hat{A}-a)|\psi\rangle \equiv (\Delta A)|\psi\rangle, \quad |y\rangle = (\hat{B}-b)|\psi\rangle \equiv (\Delta B)|\psi\rangle,$$

相对于投影算符 $|\psi\rangle\langle\psi|$，此处的 $|x\rangle$ 是 $\hat{A}|\psi\rangle$ 的“法向”分量，因为 $\hat{A}|\psi\rangle - |\psi\rangle\langle\psi|(\hat{A}|\psi\rangle) = |x\rangle$。

计算施瓦茨不等式的左边，有因子 $\langle x|x\rangle = \langle(\Delta A)^2\rangle$，$\langle y|y\rangle = \langle(\Delta B)^2\rangle$。右边须计算 $\langle x|y\rangle$：

$$\langle x|y\rangle = \langle\psi|(\hat{A}-a)(\hat{B}-b)|\psi\rangle = \langle\psi|\hat{A}\hat{B}|\psi\rangle - ab, \quad \langle y|x\rangle = \langle\psi|\hat{B}\hat{A}|\psi\rangle - ab.$$

考虑到 $|\langle x|y\rangle|^2 = (\mathrm{Re}\langle x|y\rangle)^2 + (\mathrm{Im}\langle x|y\rangle)^2$，计算

$$\mathrm{Im}\langle x|y\rangle = \frac{1}{2\mathrm{i}}(\langle x|y\rangle - \langle y|x\rangle) = \frac{1}{2\mathrm{i}}\langle\psi|[\hat{A},\hat{B}]|\psi\rangle,$$

$$\mathrm{Re}\langle x|y\rangle = \frac{1}{2}(\langle x|y\rangle + \langle y|x\rangle) = \frac{1}{2}\langle\psi|\{\hat{A},\hat{B}\}|\psi\rangle - ab,$$

此处反对易子 $\{\hat{A},\hat{B}\} \equiv \hat{A}\hat{B} + \hat{B}\hat{A}$。施瓦茨不等式最终给出的完整结果为

$$\langle(\Delta A)^2\rangle\cdot\langle(\Delta B)^2\rangle \geqslant \left(\frac{1}{2\mathrm{i}}\langle\psi|\,[\hat{A},\hat{B}]\,|\psi\rangle\right)^2 + \left(\frac{1}{2}\langle\psi|\,\{\hat{A},\hat{B}\}\,|\psi\rangle - ab\right)^2. \tag{1-18}$$

上式右边第二项即实部也非负，但通常难以计算而略去不问，得到常见的仅含对易子的不等式。可期望此实部为零时不确定性足够小。一个选择是 $|y\rangle = \mathrm{i}\beta|x\rangle$，此时 $\langle x|y\rangle$ 纯虚而无实部，$|\beta|^2 = \langle y|y\rangle/\langle x|x\rangle = \langle(\Delta B)^2\rangle/\langle(\Delta A)^2\rangle$，且 $|\psi\rangle$ 为算符 $\hat{B}-\mathrm{i}\beta\hat{A}$ 的本征态，将在第三章继续讨论。

注意到 $\langle\psi|(\hat{A}-a)^2|\psi\rangle = \langle\hat{A}^2\rangle-\langle A\rangle^2$，它可解释作算符 $\hat{A}$ 观测值的方差，可用传统记号记作 $\langle(\Delta A)^2\rangle$。于是，通常也略微随意地将之写成 $(\Delta A)\,(\Delta B) \geqslant \dfrac{1}{2}|\langle\,[\hat{A},\hat{B}]\,\rangle|$。特别地，对于坐标算符 $\hat{x}$ 和动量算符 $\hat{p}$，有

$$\langle(\Delta x)^2\rangle\cdot\langle(\Delta p)^2\rangle \geqslant \frac{1}{4}|\langle\psi|\,[\hat{x},\hat{p}]\,|\psi\rangle|^2 = \frac{1}{4}\hbar^2.$$

类似的不确定性关系式也存在于能量和时间、角动量和角度等物理量之间。不确定性关系很基本，时常出现，往往是定性分析的方便工具。关于不确定性关系的意义，往往会用习惯的经典语言去谈论一个对经典概念是陌生的问题，难免带来混乱。

运用不确定性关系有可能估计基态能的下限。以四次方势为例，此时哈密顿量为 $H = p^2/2m + kx^4$，所以基态能为 $\langle H\rangle_{\mathrm{gs}} = \langle p^2\rangle_{\mathrm{gs}}/2m + k\langle x^4\rangle_{\mathrm{gs}}$。由 $(\Delta p)^2 = \langle p^2\rangle - \langle p\rangle^2$，(其实任何束缚态有 $\langle p\rangle = 0$)

$$\langle p^2\rangle \geqslant (\Delta p)^2 \geqslant \hbar^2/[4(\Delta x)^2],$$

此处最后一步用了坐标–动量的不确定性关系。类似地，$\langle x^4\rangle \geqslant \langle x^2\rangle^2 \geqslant [(\Delta x)^2]^2$，所以

$$\langle H\rangle_{\mathrm{gs}} \geqslant \frac{\hbar^2}{8m(\Delta x)^2} + k[(\Delta x)^2]^2 \geqslant \frac{3}{8}\left(\frac{\hbar^2\sqrt{2k}}{m}\right)^{2/3},$$

该估计为真实值的 71%。

1.5.2 量子力学的概率流

波函数时间演化的薛定谔方程

$$\mathrm{i}\hbar\frac{\partial\psi}{\partial t} = -\frac{\hbar^2}{2m}\nabla^2\psi + U(\boldsymbol{r})\psi,$$

以狄拉克记号写出为

$$\mathrm{i}\hbar\frac{\partial|\psi\rangle}{\partial t} = -\frac{\hbar^2}{2m}\nabla^2|\psi\rangle + U(\boldsymbol{r})|\psi\rangle, \quad -\mathrm{i}\hbar\frac{\partial\langle\psi|}{\partial t} = -\frac{\hbar^2}{2m}\langle\psi|(\nabla^2)^\dagger + \langle\psi|U^\dagger(\boldsymbol{r}).$$

于是，$\langle\psi|\psi\rangle$ 的时间演化为

$$\begin{aligned}\frac{\partial}{\partial t}\langle\psi|\psi\rangle =&\langle\psi|\left[\frac{\mathrm{i}\hbar}{2m}\nabla^2|\psi\rangle-\frac{\mathrm{i}}{\hbar}U|\psi\rangle\right]+\left[-\frac{\mathrm{i}\hbar}{2m}\langle\psi|(\nabla^2)^\dagger+\frac{\mathrm{i}}{\hbar}\langle\psi|U^\dagger\right]|\psi\rangle\\ =&\frac{\mathrm{i}\hbar}{2m}\left[\langle\psi|\nabla^2|\psi\rangle-\langle\psi|\nabla^2|\psi\rangle^*\right]=\frac{\mathrm{i}\hbar}{2m}\nabla\cdot\left[\langle\psi|\nabla|\psi\rangle-\langle\psi|\nabla|\psi\rangle^*\right].\end{aligned}$$

以上推导中用到伴算符的定义，以及 $(\langle\psi|\nabla)\cdot(\nabla|\psi\rangle)$ 为实。引入流矢量

$$\boldsymbol{J}\equiv\frac{\hbar}{2m\mathrm{i}}\left[\langle\psi|\nabla|\psi\rangle-\langle\psi|\nabla|\psi\rangle^*\right]=\frac{\hbar}{m}\mathrm{Im}\,\langle\psi|\nabla|\psi\rangle, \tag{1-19}$$

则可得如下的概率守恒方程:

$$\frac{\partial}{\partial t}\langle\psi|\psi\rangle+\nabla\cdot\boldsymbol{J}=0,$$

形式上完全类似于流体力学里表明物质守恒的连续性方程

$$\frac{\partial\rho}{\partial t}+\nabla\cdot(\rho\boldsymbol{u})=0,$$

此处 ρ 是流体质量密度；$\boldsymbol{u}$ 是流体速度场；二者乘积为质量通量。上面的流矢量 $\boldsymbol{J}$ 也的确与 $\boldsymbol{v}=\boldsymbol{p}/m$ 对应。概率守恒是波函数概率解释的必要条件。

1.6 两个实验例

量子力学的目的是解释实验结果。本节以两个实验为例，加深对量子力学概念的认识。

1.6.1 偏振光实验

偏振光实验可以体现量子力学的基本原理。光具有偏振，偏振方向可取与光传播方向垂直的任意方向，类似于横波。设光沿 z 方向传播，偏振沿 y 方向，即竖直方向，如图 1.2 所示。在沿光路的 A 处垂直于光路放置一偏振片。如果偏振片的方向沿 y 方向，则光百分之百通过 (设偏振片本身不吸收光)；如果偏振片的方向沿 x，则光完全不通过。如果在 A 之前的光含各个方向的偏振，则通过 A 处的偏振片后只有沿 y 方向的偏振。现在在 B 处再放置方向沿 x 的另一偏振片，则在 B 后没有光。这是实验 1，如图 1.2 (a) 所示。

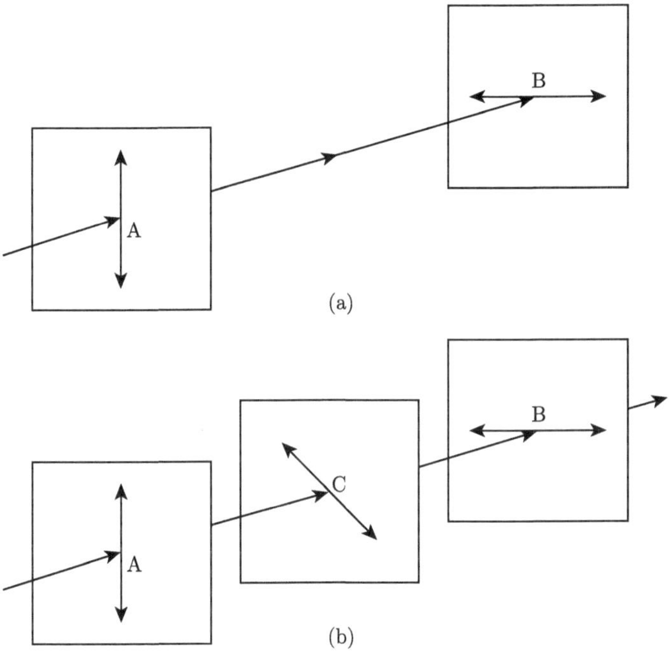

图 1.2 偏振光实验示意图

(a) 竖直方向和水平方向的两个偏振片垂直于光路前后放置在 A 和 B 处; (b) 在 A 和 B 之间的 C 处加放另一个对角方向的偏振片

实验 2 中第二偏振片的方向转了 135°，即沿对角向。此时有 50% 的光通过偏振片，这似乎也说得通，因为偏振片方向居中，既不是水平也不是竖直。实验 3 的布置如图 1.2 (b) 所示，在实验 2 的第二偏振片后再放置方向沿 x 的第三偏振片，此时有四分之一的光通过第三偏振片。这些实验结果指引如何建立量子力学描述。

首先，以 $|0\rangle$ 和 $|d\rangle$ 分别表示 x 和 y 方向的偏振光或说偏振态。令 $\langle 0|0\rangle = \langle d|d\rangle = 1$。偏振状态 $|0\rangle$ 和 $|d\rangle$ 是互不相容的，表明 $\langle 0|d\rangle = \langle d|0\rangle = 0$。光的偏振方向是可观测量，可用算符 $\hat{P}_x = |0\rangle\langle 0|$ 度量一个偏振光沿 x 方向偏振的程度。类似地，$\hat{P}_y = |d\rangle\langle d|$ 度量沿 y 方向偏振的程度。记沿与 x 轴成 θ 角方向的偏振态为 $|\theta\rangle$，其相应的算符为 $\hat{P}_\theta = |\theta\rangle\langle\theta|$。以上已用到 $d = \pi/2$。特别记对角方向为 $\theta_0 = 135°$。约定算符乘积如 $\hat{P}_{\theta_2}\hat{P}_{\theta_1}$ 作用于右矢 $|v\rangle$，为先操作 $\hat{P}_{\theta_1}$，得 $\hat{P}_{\theta_1}|v\rangle = |u\rangle$，然后操作 $\hat{P}_{\theta_2}$，得 $\hat{P}_{\theta_2}|u\rangle = |w\rangle$，即 $\hat{P}_{\theta_2}\hat{P}_{\theta_1}|v\rangle = \hat{P}_{\theta_2}(\hat{P}_{\theta_1}|v\rangle)$。算符乘积一般依赖于算符顺序，即 $\hat{P}_{\theta_2}\hat{P}_{\theta_1} \neq \hat{P}_{\theta_1}\hat{P}_{\theta_2}$，例如，$\hat{P}_x\hat{P}_{\theta_0}$ 的结果得水平偏振态，而 $\hat{P}_{\theta_0}\hat{P}_x$ 的结果得对角偏振态。

通常初始光的偏振方向不确定，即含各个方向的偏振。令

$$|\theta\rangle = \cos\theta|0\rangle + \sin\theta|d\rangle, \tag{1-20}$$

此处 $|\theta\rangle$ 是归一的，即 $\langle\theta|\theta\rangle = 1$。让 x 方向的偏振片作用于偏振态 $|\theta\rangle$，实验观察到有 $\cos^2\theta$ 的光通过偏振片，与计算结果 $\langle\theta|\hat{P}_x|\theta\rangle = \cos^2\theta$ 一致。同样地，让 y 方向的偏振片作用于 $|\theta\rangle$，此时有 $\sin^2\theta$ 的光通过偏振片，也与计算结果 $\langle\theta|\hat{P}_y|\theta\rangle$ 一致。实验事实表明表达式 (1-20) 是正确的。假设初始的偏振方向角度分布是均匀的，则角度平均的结果有 $\langle\cos^2\theta\rangle = 1/2$，即一半的光通过图 1.2 的偏振片 A，其偏振态为 $|d\rangle$。偏振态 $|d\rangle$ 经过图 1.2 (b) 的偏振片 C 和 B，以算符的语言描述，首先是 $|\theta_0\rangle = \cos\theta_0|0\rangle + \sin\theta_0|d\rangle = (1/\sqrt{2})(-|0\rangle + |d\rangle)$，然后

$$\hat{P}_x\hat{P}_{\theta_0}|d\rangle = \frac{1}{2}\hat{P}_x(-|0\rangle + |d\rangle) = -\frac{1}{2}|0\rangle, \quad (\langle d|P_{\theta_0}\hat{P}_x)(\hat{P}_x\hat{P}_{\theta_0}|d\rangle) = 1/4.$$

值得注意，上面算符乘积作用于左矢的先后顺序是自左至右，与作用于右矢时顺序相反。最终有 1/8 的光通过三个偏振片。

由 (1-20) 式描写的偏振态 $|\theta\rangle$，是“微观猫”的一个形象，可称 $|0\rangle$ 和 $|d\rangle$ 分别为猫的“死态”和“活态”。猫 $|\theta\rangle$ “既死又活”，但用偏振片看到的猫“或死或活”：能透过竖直方向偏振片的是“活态”，而能透过水平方向偏振片的是“死态”。测量消除了“死态”和“活态”间的叠加，状态退化为二者之一。

1.6.2　马赫–曾德尔干涉实验

马赫–曾德尔干涉实验如图 1.3 所示，实验装置由两个分束器、两面镜子和两个探测器组成。设分束器将入射光束均分为二。入射光束投射在分束器 BS1 上，分成向上的反射束和向下的透射束，反射束经过镜子 M1 反射后的上光束 t 到达第二个分束器 BS2，透射束经过镜子 M2 反射后的下光束 b 也到达分束器 BS2。分束器 BS2 将上光束的反射束和下光束的透射束合成后送入探测器 D1，而将上光束的透射束和下光束的反射束合成后送入探测器 D2。

以两个分束器的水平连线为界，上、下部光束分别记为 $|1\rangle$ 和 $|0\rangle$ 态。波片分束器在一侧镀有一层折射率在空气和玻璃之间的反射介质。当反射发生在从光疏到光密时，伴有相移 π，而从光密到光疏无相移。设分束器 BS1 的镀层在上，BS2 的镀层在下，它们的作用可分别表示为

$$\hat{p}_1 = \frac{1}{\sqrt{2}}(-|1\rangle\langle 1| + |0\rangle\langle 0| + |1\rangle\langle 0| + |0\rangle\langle 1|), \quad \hat{p}_2 = \frac{1}{\sqrt{2}}(|1\rangle\langle 1| - |0\rangle\langle 0| + |1\rangle\langle 0| + |0\rangle\langle 1|).$$

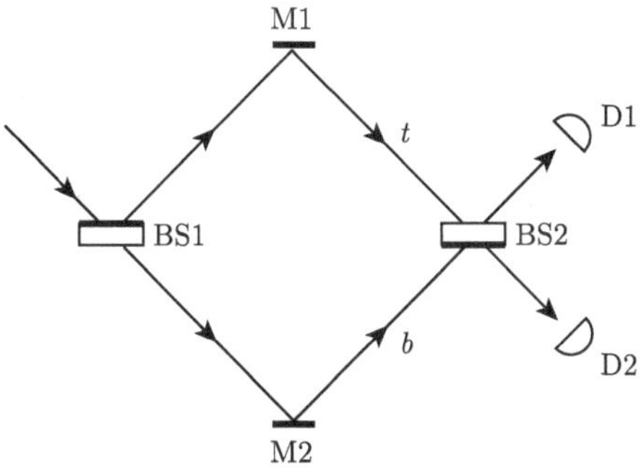

图 1.3 马赫–曾德尔干涉实验示意图

入射光束投射在分束器 BS1 上，分成向上的反射束和向下的透射束，反射束经过镜子 M1 反射后的上光束 t 到达第二个分束器 BS2，透射束经过镜子 M2 反射后的下光束 b 也到达分束器 BS2。分束器 BS2 将上光束的反射束和下光束的透射束合成后送入探测器 D1，而将上光束的透射束和下光束的反射束合成后送入探测器 D2。分束器 BS1 和 BS2 的反射镀层分别在上、下侧

如果入射光束为 $|0\rangle$ 态，则 $\hat{p}_1|0\rangle = \dfrac{1}{\sqrt{2}}(|0\rangle + |1\rangle)$，$\hat{p}_2\hat{p}_1|0\rangle = |1\rangle$，只有 D1 检测到信号。(假设镜子不改变光束状态。) 现在挡住 BS1 右边的下光束，BS2 的输入发生改变：$\hat{p}_1|0\rangle = (1/\sqrt{2})(|0\rangle + |1\rangle) \;\; \rightarrow (1/\sqrt{2})|1\rangle$，导致 BS2 的输出变为 $(1/\sqrt{2})\hat{p}_2|1\rangle = (1/2)(|0\rangle + |1\rangle)$，表明挡住右边的下光束之后探测器 D1 和 D2 各有 1/4 的概率检测到信号，但下光束未挡住时 D2 检测到信号的概率反而为零。

特拉维夫大学的艾立祖尔和外德曼 (EV) 提出一个“无相互作用”的测量方案。设想 EV 的炸弹钻了贯穿的孔道，引爆装置是放在孔道中央的光子探测器 D。如果 D 接收到光子，则炸弹起爆。设坏弹意味着 D 是坏的，所以下光路是通的。是否可能不拆开炸弹而判断它是好弹？让炸弹的孔道沿马赫–曾德尔干涉仪的 b 光束光路放置，然后向干涉仪送进下光束。如果 D 是坏的，则下光路通，炸弹不起爆，只有 D1 有信号。如果 D 是好的，则光子有 1/2 的概率被 D 检测到，炸弹起爆，但仍各有 1/4 的概率到达 D1 或 D2。到达 D1 的信号无助于判断，但 1/4 到达 D2 的信号指示好弹。

第2章　定态问题

波函数时间演化的薛定谔方程为

$$\mathrm{i}\hbar\frac{\partial\varPsi(\boldsymbol{r},t)}{\partial t}=\hat{H}\varPsi(\boldsymbol{r},t)=-\frac{\hbar^2}{2m}\nabla^2\varPsi(\boldsymbol{r},t)+U(\boldsymbol{r})\varPsi(\boldsymbol{r},t). \tag{2-1}$$

当哈密顿算符不显含时间时，波函数可写成空间部分和时间部分的乘积：$\varPsi(\boldsymbol{r},t)=\psi(\boldsymbol{r})T(t)$，有

$$\frac{\mathrm{i}\hbar}{T(t)}\frac{\mathrm{d}T(t)}{\mathrm{d}t}=\frac{1}{\psi(\boldsymbol{r})}\left[-\frac{\hbar^2}{2m}\nabla^2+U(\boldsymbol{r})\right]\psi(\boldsymbol{r}).$$

于是，可将空间和时间分离得

$$\mathrm{i}\hbar\frac{\mathrm{d}T(t)}{\mathrm{d}t}=ET(t),\quad \left[-\frac{\hbar^2}{2m}\nabla^2+U(\boldsymbol{r})\right]\psi_{\mathrm{e}}(\boldsymbol{r})=E\psi_{\mathrm{e}}(\boldsymbol{r}). \tag{2-2}$$

关于时间的方程积分得 $T(t)=C\mathrm{e}^{-\mathrm{i}Et/\hbar}$，于是，略去常数因子 C 可写 $\varPsi_E(\boldsymbol{r},t)=\mathrm{e}^{-\mathrm{i}Et/\hbar}\psi_E(\boldsymbol{r})=\mathrm{e}^{-\mathrm{i}\hat{H}t/\hbar}\psi_E(\boldsymbol{r})$。将 $\mathrm{e}^{-\mathrm{i}\hat{H}t/\hbar}$ 看作算符 $\hat{U}$，则 $\varPsi(\boldsymbol{r},t)=\hat{U}\varPsi(\boldsymbol{r},0)$。算符 $\hat{U}$ 满足 $\hat{U}\hat{U}^\dagger=\hat{U}^\dagger\hat{U}=I$，此处 I 为恒等算符，这样的算符 $\hat{U}$ 称为幺正算符，又称酉算符，它不改变内积，后面还将讨论。薛定谔方程 (2-1) 是线性微分方程，其一般解 $\varPsi(\boldsymbol{r},t)$ 可用对应于不同 E 的解 $\varPsi_E$ 的线性组合表示。方程 (2-2) 的空间部分即关于 $\psi_E(\boldsymbol{r})$ 的方程，是哈密顿算符的本征方程，称为定态薛定谔方程，是本章的讨论重点。

2.1　自由粒子

最简单的例子似乎是自由运动的粒子，其定态薛定谔方程为

$$-\frac{\hbar^2}{2\mu}\nabla^2\psi=E\psi,\quad \nabla^2=\frac{\partial^2}{\partial x^2}=\frac{\partial^2}{\partial y^2}+\frac{\partial^2}{\partial z^2},$$

此处 μ 记粒子质量，将 m 留作记量子数，∇^2 称为拉氏算符，略去了波函数 ψ 的下标 E。将波函数写成三个坐标函数的乘积的形式：$\psi(\boldsymbol{r})=X(x)Y(y)Z(z)$，则马上发现原始方程可分离变数成三个常微分方程：

$$X''=-k_x^2X,\quad Y''=-k_y^2Y,\quad Z''=-k_z^2Z,\quad k_x^2+k_y^2+k_z^2\equiv k^2=2\mu E/\hbar^2, \tag{2-3}$$

以上方程可直接积分求解，如 $X(x)=c\,\mathrm{e}^{\pm \mathrm{i}k_x x}$。于是，一般解为 $\psi(\boldsymbol{r})=C\,\mathrm{e}^{\mathrm{i}\boldsymbol{k}\cdot\boldsymbol{r}}$，只要 $\boldsymbol{k}$ 满足方程 (2-3) 中的 k^2 条件。下一个问题是边条件。先假定 $\boldsymbol{r}$ 的基本区域遍及全空间。波函数 $C\,\mathrm{e}^{\mathrm{i}\boldsymbol{k}\cdot\boldsymbol{r}}$ 无疑满足单值性，但可积性需要仔细分析。简单的可积性要求将导致波函数处处为零。方程 (2-3) 允许的 $\boldsymbol{k}$ 可连续取值，即谱连续。连续谱往往存在关于波函数可积性的内在困难。对于离散谱，状态数可就分立的量子态或本征值逐个计数，但对于连续谱，单个本征值应替换为"本征值密度"或谱密度。连续谱的波函数不可归一，没有直接的物理解释，但在谱密度作为分布密度的意义下，可将一般的波函数表示成平面波的叠加：

$$\psi(x,t)=\int \mathrm{d}k\,\varPhi(k)\mathrm{e}^{\mathrm{i}[kx-\omega(k)t]},$$

叠加态是可归一的。连续谱问题还将在下一章进一步讨论。

通常的一种绕开连续谱的处理，是将基本区域限制在有限区如 $[0,L_x]\times[0,L_y]\times[0,L_z]$ 的箱内。令 $L_x=L_y=L_z=L$，取波函数在箱壁处值为零的无限深势阱边条件，则解为

$$\psi_{\boldsymbol{n}}=C\,\sin(n_x\pi x/L_x)\sin(n_y\pi y/L_y)\sin(n_z\pi z/L_z),$$

$$\boldsymbol{k}=\boldsymbol{n}\pi/L,\quad E_{\boldsymbol{n}}=n^2\pi^2\hbar^2/(2\mu L^2),$$

此处 n_x,n_y,n_z 均为整数。(无限深势阱问题将在后面讨论。) 现在能量 $E_{\boldsymbol{n}}$ 和动量 $\boldsymbol{p}=\hbar\boldsymbol{k}$ 取可数离散值，且波函数变为可积。动量间隔为 $\delta=\pi/L$，当 $L\to\infty$ 时，动量间隔 $\delta\to 0$，趋于连续谱。

再回头看波函数 $\varPsi(\boldsymbol{r},t)=C\,\mathrm{e}^{\mathrm{i}\boldsymbol{k}\cdot\boldsymbol{r}}\mathrm{e}^{-\mathrm{i}Et/\hbar}$。在每一个地点 $\mathrm{d}\langle\varPsi|\varPsi\rangle/\mathrm{d}t=0$，但是概率流

$$\boldsymbol{J}=\frac{\hbar}{2\mu\mathrm{i}}\left[\langle\varPsi|\nabla|\varPsi\rangle-\langle\varPsi|\nabla\varPsi\rangle^*\right]=|C|^2\frac{\hbar\boldsymbol{k}}{\mu},$$

为不等于零的恒定值，这个恒定流表明粒子匀速移动于空间中。由此看来，对于这样的定态问题，可以划定适当的有限区域，并施加以恒定流的边条件。不难看出，以平面波描绘的量子自由粒子有 $(E,p)=(\hbar^2k^2/(2\mu),\hbar k)=(h\nu,h/\lambda)$，即此处的 λ,ν 为德布罗意波的波长和频率。(粒子速度对应于德布罗意波的群速度，而非相速度。)

最后讨论一下在圆上运动的自由粒子。数学上设想粒子在实轴上运动，但施加了周期条件，则更为自然。此时点 x 和 $x+L$ 完全等价，$x\in[0,L]$ 相当于周长 L

的圆。仍然令 $k=\sqrt{2\mu E}/\hbar$，将薛定谔方程写成 $\psi''=-k^2\psi$。设 ψ 已归一，薛定谔方程两边乘以 ψ^* 并积分，得

$$k^2=-\int_0^L \mathrm{d}x\,\psi^*(x)\psi''(x)=-\left.\psi^*\psi'\right|_0^L+\int_0^L \mathrm{d}x\,(\psi^*)'\,\psi'=\int_0^L \mathrm{d}x\,|\psi'|^2\geqslant 0,$$

表明 $E=\hbar^2k^2/2\mu$ 非负，k 为实的，此处推导中作了分部积分并用了周期条件 $\psi(x)=\psi(x+L)$，得边界项贡献为零。不难看出，薛定谔方程解为 $\psi(x)\sim \mathrm{e}^{\pm\mathrm{i}kx}$。运用周期条件，得

$$\mathrm{e}^{\pm\mathrm{i}kx}=\mathrm{e}^{\pm\mathrm{i}k(x+L)},\quad\rightarrow\ \mathrm{e}^{\pm\mathrm{i}kL}=1,\quad\rightarrow\ \pm kL=2\pi n,$$

表明本征值取离散值。记 $k_n\equiv 2\pi n/L,\ n=0,\pm1,\pm2,\cdots$，则归一化的本征函数及其对应的本征能量为

$$\psi_n(x)=\frac{1}{\sqrt{L}}\mathrm{e}^{\mathrm{i}k_nx}=\frac{1}{\sqrt{L}}\mathrm{e}^{2\pi\mathrm{i}nx/L},\quad E_n=\frac{\hbar^2k_n^2}{2\mu}=\frac{2\pi^2\hbar^2n^2}{\mu L^2}.$$

本征能量 $E_0=0$，其本征函数为常数 $\psi_0(x)=1/\sqrt{L}$。除此之外，所有的 E_n 二重简并，有本征函数 $\psi_{\pm n}$。由简并本征函数可构造对称解 $\psi_n^e=\psi_n+\psi_{-n}$ 和 $\psi_n^o=\psi_n-\psi_{-n}$，二者仍同属于本征能量 E_n。其实 ψ_n 和 ψ_{-n} 是动量算符 $\hat{p}$ 的非简并本征函数，它们构成正交完备基。只有 $\psi_{\pm n}$ 是 $\hat{H}$ 和 $\hat{p}$ 的共本征矢，对称解 ψ_n^e 和 ψ_n^o 均不是。任何周期波函数可在此完备基中展开，相当于傅里叶级数，设初始波函数

$$|\Psi(x,0)\rangle=\sum_n|\psi_n\rangle\langle\psi_n|\Psi(x,0)\rangle=\sum_n a_n|\psi_n\rangle,\quad a_n=\langle\psi_n|\Psi(x,0)\rangle.$$

则其时间演化为 $|\Psi(x,t)\rangle=\sum_n a_n\mathrm{e}^{-\mathrm{i}E_nt/\hbar}|\psi_n(x)\rangle$。

2.2　一维势的一般性质

首先简要讨论一下一维势阱的一般性质。不妨取单位 $\hbar=1,\ \mu=1$，及能量单位 $\epsilon=1$，此相当于无量纲化 $x\rightarrow\sqrt{\mu\epsilon}x/\hbar,\ V\rightarrow V/\epsilon,\ E\rightarrow E/\epsilon$。于是，定态薛定谔方程可写成

$$-\frac{\hbar^2}{2\mu}\psi''+[V(x)-E]\psi=0,\quad\rightarrow\ \psi''-2[V(x)-E]\psi=0.$$

该方程为二阶微分方程，所以一旦在某点的 ψ 和 ψ' 给定，方程的解也就定了。于是，单点的 $\psi=\psi'=0$ 将意味着处处 $\psi=0$，不应发生。设 $\psi(x)$ 为薛定谔方程解，

取方程的复共轭，得

$$(\psi^*)'' - 2[V(x) - E]\psi^* = 0,$$

表明 $\psi^*(x)$ 也是属于同本征值 E 的解。于是，$\psi(x)$ 和 $\psi^*(x)$ 的任意线性组合也同样是解。特别地，

$$\psi_{\rm r}(x) = \psi(x) + \psi^*(x), \quad \psi_{\rm i}(x) = -{\rm i}[\psi(x) - \psi^*(x)],$$

它们分别对应于 $\psi(x)$ 的实部和虚部，均为实的。因而，一维势问题可仅用实波函数。

如果位势 $V(x) < 0$ 且 $\lim_{x\to\pm\infty} V(x) = 0$，则薛定谔方程存在束缚解，即波函数局域于空间有限区域，属于负本征值。当 $|x|$ 很大时，方程渐近于 $\psi'' + 2E\psi = 0$，对应于 $E < 0$ 的渐近解为指数函数 $\psi \sim {\rm e}^{-\sqrt{-2E}x}$。此时的波函数局域化，在无穷远处很快趋于零，波函数平方可积，因而称为束缚态。比较容易证明的一个结论是，本征能量不可能低于位势的最小值 $V_{\rm min}$。假如有这样的本征值，不妨设其本征函数 ψ 为实且已归一。薛定谔方程乘以 ψ 并积分，得

$$\int {\rm d}x\, \psi\{\psi'' - 2[V(x) - E]\psi\} = 0,$$

$$\to\ E = -\frac{1}{2}\psi\,\psi'\Big|_{-\infty}^{\infty} + \int {\rm d}x\, |\psi'|^2 + \int {\rm d}x\, V(x)\psi^2 \geqslant V_{\rm min}.$$

现在证明能量最低的本征态，即基态的本征值 E_0 为负。记基态归一波函数为 ψ，则 $\langle\psi|\hat{H}|\psi\rangle = E_0$。稍后将证明，对于任意归一波函数 ϕ，有 $\langle\phi|\hat{H}|\phi\rangle \geqslant E_0$。不妨将原点移至 $V_{\rm min}$ 处。取 $\phi(x) = A{\rm e}^{-a^2x^2/4}$，$A = (2\pi)^{-1/4}\sqrt{a}$，则 $\langle\phi|\phi\rangle = 1$，

$$\phi'(x) = -\frac{1}{2}a^2 x\phi(x), \quad \phi''(x) = \left[-\frac{1}{2}a^2 + \frac{1}{4}a^4x^2\right]\phi(x).$$

引入 $V_{e,o}(x) = \dfrac{1}{2}[V(x) \pm V(-x)]$，于是，$V(x) = V_e(x) + V_o(x)$，

$$E_a \equiv \langle\phi|\hat{H}|\phi\rangle = -\frac{1}{2}\int {\rm d}x\, \phi\phi'' + \int {\rm d}x\, V(x)\phi^2 = \frac{a^2}{8} + \bar{V},$$

$$\bar{V} \equiv \int_{-\infty}^{\infty} {\rm d}x\, V(x)\phi^2 = \int_{-\infty}^{\infty} {\rm d}x\, V_e(x)\phi^2.$$

以下证实当 a 足够小时 E_a 为负。当 $a < a_0$ 时，${\rm e}^{-a^2x^2/2} > {\rm e}^{-a_0^2x^2/2}$，所以

$$\bar{V} < \frac{a}{\sqrt{2\pi}}\int_{-\infty}^{\infty} {\rm d}x\, V_e(x){\rm e}^{-a_0^2x^2/2} \equiv \frac{a}{\sqrt{2\pi}}V_0,$$

此处 V_0 与 a 无关，为负且为 a_0 的升函数。于是，$a < -8V_0/\sqrt{2\pi} \leqslant a_0$ 可满足，此时 $E_a < 0$，证明了束缚态的存在。

一维势的束缚态必定是非简并的。假如 ψ 和 ϕ 为同属于本征能量 E 的束缚态

$$\frac{\psi''}{\psi} = \frac{\phi''}{\phi}, \quad \to \ \psi\phi'' - \phi\psi'' = 0, \quad \to \ (\psi\phi' - \phi\psi')' = 0,$$

表明朗斯基行列式 $W = \psi\phi' - \phi\psi'$ 为常数。对于束缚态，无穷远渐近值 $W = 0$，得 $\psi\phi' = \phi\psi'$，所以 $\log\psi - \log\phi = c$，此处 c 为常数，得 $\psi = \mathrm{e}^c\phi$，二者线性相关。顺便指出，朗斯基行列式为零是线性相关的必要条件，但非充分。

对于一维势的束缚态，还存在关于波函数节点数的振荡定理：按能量的升序排序，记最低态即基态为第 0 束缚态，则第 n 束缚态有 n 个节点。此定理的完全证明留待后面。设 ψ_n 为第 n 束缚态，则 $\lim_{x_0\to-\infty}\psi_n(x_0) = 0$。令 x_1 为其最左端的节点，则 $\psi_n(x_1) = 0$，但对于 $x \in (x_0, x_1)$，$\psi_n(x) \neq 0$。现在证明：必定存在 $x_2 \in (x_0, x_1)$ 使得 $\psi_{n+1}(x_2) = 0$。假如不存在这样的 x_2，不妨令 $\psi_n(x)$ 和 $\psi_{n+1}(x)$ 在区间 (x_0, x_1) 均为正，则

$$\psi_n'' + 2[E_n - V]\psi_n = 0, \quad \psi_{n+1}'' + 2[E_{n+1} - V]\psi_{n+1} = 0,$$

$$\to \ \psi_{n+1}\psi_n'' - \psi_n\psi_{n+1}'' = 2(E_{n+1} - E_n)\psi_{n+1}\psi_n,$$

对上式两边从 x_a 积分到 x_b，得

$$\begin{aligned}\int_{x_a}^{x_b} \mathrm{d}x\,(\psi_{n+1}\psi_n'' - \psi_{n+1}''\psi_n) &= (\psi_{n+1}\psi_n' - \psi_{n+1}'\psi_n)\Big|_{x_a}^{x_b} \\ &= 2(E_{n+1} - E_n)\int_{x_a}^{x_b} \mathrm{d}x\,\psi_{n+1}\psi_n.\end{aligned} \tag{2-4}$$

取 $x_a = x_0$，$x_b = x_1$，则上式右端为正，但因 $\psi_n'(x_1) < 0$，上式左方为 $\psi_{n+1}\psi_n'|_{x_1} < 0$，矛盾。于是，必存在 ψ_{n+1} 的节点 x_2。下一步证明在 ψ_n 的两个相邻节点之间存在 ψ_{n+1} 的至少一个节点。记 ψ_n 的节点为 x_4, x_5，紧邻 x_4 左方的 ψ_{n+1} 的节点为 x_3。假如上述命题不成立，则 ψ_{n+1} 在区间 (x_3, x_5) 无节点。不妨令 $\psi_n(x)$ 在区间 (x_4, x_5) 为正，$\psi_{n+1}(x)$ 在区间 (x_3, x_5) 也为正。取 $x_a = x_4, x_b = x_5$，则式 (2-4) 右端为正，但其左方为 $\psi_{n+1}\psi_n'|_{x_5} - \psi_{n+1}\psi_n'|_{x_4} < 0$，导致矛盾，命题得证。

最后，如果势 $V(x)$ 满足空间反演不变性：$V(-x) = V(x)$，因而 $\hat{H}(-x) = \hat{H}(x)$。由之可推导得简单而重要的结果：如果 $\psi(x)$ 为本征解，则 $\psi(-x)$ 也是本征解，并

且二者的任意线性组合也是本征解。于是，可只考虑如下的奇解或偶解：

$$\psi_o(x) = \frac{1}{2}[\psi(x) - \psi(-x)], \quad \psi_e(x) = \frac{1}{2}[\psi(x) + \psi(-x)].$$

解 $\psi_e(x)$ 满足 $\psi_e(-x) = \psi_e(x)$，称为具有偶宇称，而 $\psi_o(x)$ 满足 $\psi_o(-x) = -\psi_o(x)$，称为具有奇宇称。

2.3 一维方势阱

量子力学里，分段取不同常数的位势模型，是接近自由粒子的理想化简单模型。先考察一下位势不连续的效果。设一维势有间断点 $x = a$，在其附近定态薛定谔方程为

$$-\frac{\hbar^2}{2\mu}\frac{\mathrm{d}^2\psi}{\mathrm{d}x^2} = [E - U\Theta(x-a)]\psi, \quad \Theta(x) = \begin{cases} 0, & x < 0, \\ 1, & x \geqslant 0. \end{cases}$$

此处 $\Theta(x)$ 称为阶跃函数。从方程直接看出，波函数二阶导数也出现有限的间断。对方程两边从间断点左侧 $a - \epsilon$ 积分到右侧 $a + \epsilon$，并取 $\epsilon \to 0$，因为方程右边 E 为常数，V 有限，只要 ψ 有限则积分趋于零，表明波函数一阶导数连续。不连续的二阶导数可由连续的一阶导数得到，并不奇怪。同样，只要波函数一阶导数有限，则波函数自身连续。但是，如果势含有 δ-函数的不连续，如 $U\Theta(x-a) \to U\delta(x-a)$，则方程右边的积分在 $\epsilon \to 0$ 时仍非零，可导致波函数一阶导数出现 $2\mu U/\hbar^2$ 的跃变。

有限深方阱问题可用于模拟许多真实的物理体系，如纳米金属丝内的一个导电电子。对称有限深方阱的位势为 $V(x) = U[\Theta(-x-L) + \Theta(x-L)]$，$U > 0$，即 $x \in (-L, L)$ 时，$V(x) = 0$，否则 $V(x) = U$。势 $V(x)$ 满足空间反演不变性：$V(-x) = V(x)$，因而，可只考虑奇解或偶解。

位阱将整个一维空间分为三区：阱左边，阱内与阱右边，每区位势为常数但值不同。三区的波函数分别记作 ψ_-，ψ_0，ψ_+。首先，在阱内 $V(x) = 0$，定态薛定谔方程为

$$-\frac{\hbar^2}{2\mu}\frac{\mathrm{d}^2\psi_0}{\mathrm{d}x^2} = [E - V(x)]\psi_0, \quad \to \psi_0'' + k^2\psi_0 = 0, \quad k \equiv \frac{\sqrt{2\mu E}}{\hbar}.$$

不考虑对称性，则本征函数一般解可写作 $A\sin(kx) + B\cos(kx)$，此处 A 和 B 为常数。

阱外 $V(x) = U > 0$，$E < U$ 时和 $E > U$ 时本征解的函数形式不同，须分别考虑。能量小于位势时，经典粒子束缚于势阱内，相应的量子态为束缚态。令 $\kappa = \sqrt{2\mu(U-E)}/\hbar$，则薛定谔方程化为

$$\psi''_\pm - \kappa^2\psi_\pm = 0,$$

一般解是指数函数 $\psi_\pm = C_\pm \mathrm{e}^{-\kappa x} + D_\pm \mathrm{e}^{\kappa x}$，考虑到波函数的可积性，应取 $\psi_\pm = C_\pm\,\mathrm{e}^{\mp\kappa x}$。在阱的两边，随着远离位阱波函数呈指数递减，物理上合理。

由于位阱的对称性，只须考虑对称解。如果波函数为偶函数，即 $\psi_0 = B\cos(kx)$，$\psi_\pm = C\,\mathrm{e}^{\mp\kappa x}$，则根据前面的分析，在 $x = L$ 处须满足如下的连接条件：

$$\psi_0(L) = \psi_+(L),\ \psi'_0(L) = \psi'_+(L), \quad \to\ B\cos(kL) = C\,\mathrm{e}^{-\kappa L},\ kB\sin(kL) = \kappa C\,\mathrm{e}^{-\kappa L}.$$

由上式可导出 $\kappa = k\tan(kL)$，由 κ 和 k 的定义，进一步得 $k^2 = (2\mu U/\hbar^2)\cos^2(kL)$。此为决定本征能量的方程。在 $k = 0$ 处方程左方小于右方，而在 $kL = \pi/2$ 处方程左方大于右方，所以方程必定在 $(0, \pi/2L)$ 内有解，即位阱至少总有一个偶束缚态。

类似地，对于奇本征函数解，

$$\psi_0 = A\sin(kx),\ \psi_\pm = \pm C\,\mathrm{e}^{\mp\kappa x}, \quad \to A\sin(kL) = C\,\mathrm{e}^{-\kappa L},\ kA\cos(kL) = -\kappa C\,\mathrm{e}^{-\kappa L},$$

可导出决定本征能量的方程为 $\kappa = -k\cot(kL)$，由之又有 $k^2 = (2\mu U/\hbar^2)\sin^2(kL)$，但前者比后者含更多信息。例如，$k = 0$ 满足后者，但不满足前者，不是解。函数 $-\cot x$ 为正的最小区间是 $(\pi/2, \pi)$，即 $k > \pi/2L$，必定大于最低偶态的 k 值。假如 $kL = \pi/2$，则由第二条件，$k^2L^2 = (2\mu UL^2/\hbar^2)\sin^2(kL) = 2\mu UL^2/\hbar^2$，所以 $2\mu UL^2/\hbar^2 > (\pi/2)^2$，即 $8\mu UL^2 > \pi^2\hbar^2$，表明只当位阱足够深且足够宽时才有第二束缚态。位阱的相空间体积可估计作 $\Delta p \cdot \Delta x \sim \sqrt{2\mu U} \cdot 2L$，它应大于 $h/2$，才能容纳下第二束缚态，与以上结果一致。

当 $E > U$ 时，粒子不再束缚于位势阱内。粒子的量子态为位势阱引起的散射态。此时阱内解形式不变，但阱外解不再为指数函数，引入 $\kappa = \sqrt{2\mu(E-U)}/\hbar$，则薛定谔方程化为 $\psi''_\pm + \kappa^2\psi_\pm = 0$，本征函数解取 $\psi_\pm = C_\pm \mathrm{e}^{-\mathrm{i}\kappa x} + D_\pm \mathrm{e}^{\mathrm{i}\kappa x}$，通常感兴趣的是左方有向右的入射波和向左的反射波，而右方仅有向右的透射波的情形，具体处理与上面类似，但属于散射问题，将在后面与方势垒情形一并讨论。

量子方势阱明确地呈现出与经典力学不同的量子行为，包括 (1) 能量量子化：束缚态的能量本征值不能是任意值，而只允许取离散值；(2) 零点能量：粒子允许的最低能级的能量即零点能量，不为零；(3) 波节点：阱内波函数存在波节，表明在该处找到粒子的概率为零；(4) 特别地，在经典力学里，束缚态的粒子只能处于阱内，但在量子力学里，在阱外找到粒子的概率大于零。

现在简要讨论一维无限深方阱问题。当阱深 $U \to \infty$ 时，阱外的指数本征函数解趋于零，只有束缚态，决定本征能量的方程退化为奇解时的 $\sin(kL) = 0$ 或偶解时的 $\cos(kL) = 0$，得 $k = n\pi/2L$，所以本征能量为 $E_n = n^2\hbar^2\pi^2/8\mu L^2$。可以看出，本征能量大小序与波函数节点数的排序一致。

最后简要讨论一下一维有限深方阱的另一个极限，即 δ-函数势阱问题。此时 $V(x) = -\alpha\,\delta(x)$，$\alpha > 0$，可让方阱的 $L \to 0$ 但保持 UL 为常数实现。薛定谔方程为

$$\psi'' = -(2\mu/\hbar^2)[\alpha\,\delta(x) + E]\psi.$$

如果存在束缚态 $E < 0$，则在阱外区有解 $\psi_+(x) = \mathrm{e}^{-\kappa|x|}$, $\psi_-(x) = \pm\mathrm{e}^{-\kappa|x|}$, $\kappa = \sqrt{-2\mu E}/\hbar$。对薛定谔方程从 $x = -\epsilon$ 积分到 $x = \epsilon$，并取 $\epsilon \to 0$，可得 $\psi'(0_+) - \psi'(0_-) = -2\mu\alpha\psi(0)/\hbar^2$，此处 $0_\mp$ 为 $x = 0$ 的左、右极限。对于偶解，得唯一 $\kappa = \mu\alpha/\hbar^2$, $E = -(\kappa\hbar)^2/2 = -\mu\alpha^2/2\hbar^2$。奇解条件不能满足，不存在。总之，$\delta$-函数势阱有且仅有唯一的束缚态。注意到束缚态数目依赖于 UL^2，此结果可以理解。

2.4 一维谐振子

一维经典谐振子的哈密顿量为

$$H(x,p) = \frac{p^2}{2\mu} + \frac{1}{2}Kx^2,$$

此处 K 为简谐力的强度系数，振子的自然频率为 $\omega_0 = \sqrt{K/\mu}$。将哈密顿量替换为算符：$H(x,p) \to H(x, -\mathrm{i}\mathrm{d}\hbar/\mathrm{d}x)$，可得薛定谔方程

$$\left(-\frac{\hbar^2}{2\mu}\frac{\mathrm{d}^2}{\mathrm{d}x^2} + \frac{1}{2}\mu\omega_0^2x^2\right)\psi(x) = E\psi(x).$$

谐振子的势能 V 为二次方势，满足空间反演不变性。于是，可只考虑奇解或偶解。

引入无量纲量

$$\xi=\sqrt{\frac{\mu\omega_0}{\hbar}}x\equiv ax,\quad \lambda=\frac{2E}{\hbar\omega_0},$$

(相当于取单位 $\mu=\hbar=\omega_0=1$) 则薛定谔方程写成

$$\psi''(\xi)+(\lambda-\xi^2)\psi(\xi)=0. \tag{2-5}$$

此方程在 $\xi\to\pm\infty$ 时的渐近形式 $\psi''-\xi^2\psi=0$ 有解 $\psi=\mathrm{e}^{\pm\xi^2/2}$，依波函数的可积性舍弃发散解，可将一般的波函数表成

$$\psi(\xi)=\mathrm{e}^{-\frac{1}{2}\xi^2}u(\xi).$$

由式 (2-5) 导得 $u(\xi)$ 所满足的方程为

$$u''-2\xi u'+(\lambda-1)u=0. \tag{2-6}$$

假定 $u(\xi)$ 有展开式 $u(\xi)=\sum\limits_{j=0}^{\infty}a_j\xi^j$，则 $u(0)=a_0$，$u'(0)=a_1$。对于给定的 λ，方程 (2-6) 为二阶微分方程，所以 $u(\xi)$ 可由 a_0,a_1 完全决定。波函数 ψ 与 u 同奇偶。奇、偶解分别对应于 $a_0=0$ 和 $a_1=0$，二者不能同时为零，否则波函数恒为零。将 u 的展开式代人方程 (2-6)，可得展开系数间的递归关系:

$$(j+2)(j+1)a_{j+2}-2ja_j+(\lambda-1)a_j=0\quad\to\quad\frac{a_{j+2}}{a_j}=\frac{2j+1-\lambda}{(j+2)(j+1)}.$$

可以看出，(1) u 的奇、偶展开只含奇或偶次项，也本该如此；(2) 如果 $\lambda=2j+1$，递归关系中止于 a_j，则 $u(\xi)$ 为 j 次多项式。如果展开系数递归关系不中止，则 j 很大时 $a_{j+2}/a_j\sim 2/j$，$u(\xi)\sim\mathrm{e}^{\xi^2}$，$\psi(\xi)=u(\xi)\mathrm{e}^{-\xi^2/2}\sim\mathrm{e}^{\xi^2/2}$，恰好对应于舍弃了的发散渐近解。

方程 (2-6) 是厄米多项式 $H_n(\xi)$ 满足的厄米微分方程。假定函数族 $\{H_n(x)\}$ 由如下的 G 定义:

$$G(x,t)=\mathrm{e}^{2xt-t^2}=\sum_{n=0}^{\infty}H_n(x)\frac{t^n}{n!}, \tag{2-7}$$

则直接对 G 求导可证

$$\frac{\partial G}{\partial x}=2tG,\quad \frac{\partial^2 G}{\partial x^2}=4t^2G,\quad \frac{\partial G}{\partial t}=2(x-t)G,\quad\to\quad \frac{\partial^2 G}{\partial x^2}-2x\frac{\partial G}{\partial x}+2t\frac{\partial G}{\partial t}=0.$$

收集上面最后方程对应的级数中有相同幂次 t^n 的各项，应有

$$H_n''(x)-2xH_n'(x)+2nH_n(x)=0,$$

此方程的确与式 (2-6) 有相同的形式，对比可得本征值为 $\lambda = 2n+1$，即 $E_n = (n+\frac{1}{2})\hbar\omega_0$，等距分布。值得注意，由于不确定性关系，不可能同时出现 $\langle x^2\rangle = 0$ 和 $\langle p^2\rangle = 0$，因而 $n=0$ 时的最低能量 $E_0 = \frac{1}{2}\hbar\omega_0$ 不为零，称为"零点能"，为实验所证实。一维谐振子可用于近似二原子分子，彼此谱部分相近，但后者一般多自由度，情况复杂。

上面的函数 G 称为厄米多项式的母函数，由式 (2-7) 可得

$$H_n(x) = \sum_{k=0}^{[n/2]} \frac{(-1)^k n!}{k!(n-2k)!}(2x)^{n-2k}.$$

最终求得波函数为 $\psi_n(\xi) = N_n \mathrm{e}^{-\frac{1}{2}\xi^2} H_n(\xi)$，此处 N_n 为归一因子。由 H_n 的展开式知，波函数 ψ_n 与其指标 n 同奇偶。与经典谐振子明显不同，在量子情形下，粒子不再局限于空间有限区域，在经典允许区之外发现粒子的概率不为零，但仍渐近地趋于零。

归一因子 N_n 可借助母函数 (2-7) 推导如下：

$$\begin{aligned}\sum_{m,n=0}^{\infty} \frac{t^m s^n}{m!n!} \int_{-\infty}^{\infty} H_n(z) H_m(z) \mathrm{e}^{-z^2} \mathrm{d}z &= \int_{-\infty}^{\infty} \mathrm{e}^{2zt-t^2} \mathrm{e}^{2zs-s^2} \mathrm{e}^{-z^2} \mathrm{d}z \\ &= \mathrm{e}^{2ts} \int_{-\infty}^{\infty} \mathrm{e}^{-(z-t-s)^2} \mathrm{d}z = \sqrt{\pi} \sum_{n=0}^{\infty} \frac{(2ts)^n}{n!}.\end{aligned}$$

对照两边可得

$$\begin{aligned}\int_{-\infty}^{\infty} \psi_n(z)\psi_m(z)\mathrm{d}z &= N_n N_m \int_{-\infty}^{\infty} H_n(z) H_m(z) \mathrm{e}^{-z^2} \mathrm{d}z \\ &= \sqrt{\pi}\, 2^n n!\, N_n^2 \delta_{mn}, \quad \to \quad N_n = (\sqrt{\pi}\, 2^n n!)^{-\frac{1}{2}}.\end{aligned}$$

因而，归一化波函数 ψ_n 的完整形式为

$$\psi_n(x) = (\sqrt{\pi}\, 2^n n!)^{-\frac{1}{2}} \sqrt{a}\, \mathrm{e}^{-a^2x^2/2} H_n(ax), \quad a = \sqrt{\mu\omega_0/\hbar}.$$

[问题] 比较谐振子的经典解和量子解。证明上文中的无量纲化相当于取单位 $\mu = \hbar = \omega_0 = 1$。

2.5 一维势散射

本节讨论非束缚态，即散射态问题。如同动量算符本征态，散射态不可归一。散射态并非粒子的状态，但后者可用前者叠加表示且可归一。

2.5.1 势阶散射

势阶定义作

$$V(x) = U\,\Theta(x) = \begin{cases} 0, & x < 0, \\ U, & x \geqslant 0. \end{cases}$$

在此位势中能量为 E 的本征态是散射态。

取单位 $\mu = 1, \hbar = 1$。首先考虑 $E > U > 0$。设想波从左方入射，可期望将有向左的反射波和向右的透射波。记 $x > 0$ 和 $x < 0$ 区的波函数分别为 $\psi_\pm$。薛定谔方程解的一般形式为

$$\psi_-(x) = A\mathrm{e}^{\mathrm{i}kx} + B\mathrm{e}^{-\mathrm{i}kx},\ \psi_+(x) = C\mathrm{e}^{\mathrm{i}k'x}, \quad k = \sqrt{2E},\ k' = \sqrt{2(E-U)}.$$

此处系数 A, B, C 对应于入射、反射和透射波。在 $x = 0$ 处的连接条件即波函数及其一阶导数连续，决定以 A 表示的 B, C：

$$A + B = C,\ \mathrm{i}kA - \mathrm{i}kB = \mathrm{i}k'C, \quad \rightarrow\ \frac{B}{A} = \frac{k-k'}{k+k'},\ \frac{C}{A} = \frac{2k}{k+k'}.$$

相应地，概率流 $J_\pm = \mathrm{Im}\,\psi_\pm^* \mathrm{d}\psi_\pm/\mathrm{d}x$ 为

$$J_- = k(|A|^2 - |B|^2) = J_A - J_B, \quad J_A \equiv k|A|^2,\ J_B \equiv k|B|^2, \quad J_+ = k'|C|^2 \equiv J_C.$$

由 A, B, C 的表达式，可证实 $J_- = J_+$ 或 $J_A = J_B + J_C$。反射系数定义为

$$R \equiv \frac{J_B}{J_A} = \frac{|B|^2}{|A|^2} = \left(\frac{k-k'}{k+k'}\right)^2 \leqslant 1,$$

而透射系数定义为

$$T \equiv \frac{J_C}{J_A} = \frac{k'|C|^2}{k|A|^2} = \frac{4kk'}{(k+k')^2}.$$

二者满足 $R + T = 1$。

现在考虑 $E < U$。以上的推导仍基本适用，只须引入 $\kappa^2 = 2(U-E)$ 并作替换 $k' \rightarrow \mathrm{i}\kappa$。于是，

$$\frac{B}{A} = \frac{k-\mathrm{i}\kappa}{k+\mathrm{i}\kappa} = -\frac{\kappa+\mathrm{i}k}{\kappa-\mathrm{i}k} \equiv -\mathrm{e}^{2\mathrm{i}\delta_E}, \quad \delta_E = \arctan\sqrt{\frac{E}{U-E}},$$

表明 A, B 的幅值相等，所以 $J_A = J_B$，$J_C = 0$，进而 $R = 1, T = 0$。入射和反射只差一个由 $2\delta_E \in (0, \pi/2)$ 描述的相移，引入负号使得 $E \rightarrow 0$ 时 $\delta_E \rightarrow 0$。此时左边波函数可写成

$$\psi_-(x,0) = A\mathrm{e}^{\mathrm{i}kx} - A\mathrm{e}^{2\mathrm{i}\delta_E}\mathrm{e}^{-\mathrm{i}kx} = 2\mathrm{i}A\mathrm{e}^{\mathrm{i}\delta_E}\sin[kx - \delta_E].$$

最后简要讨论波包。仍取单位 $\mu=\hbar=1$。设想入射波是如下形式的平面波叠加成的波包，高斯调制函数只在 $k=k_0$ 附近有尖峰而显著异于零：

$$\psi_{\text{in}}(x<0,t)=\int_{k_*}^{\infty}\mathrm{d}k\,\mathrm{e}^{-(k-k_0)^2/2\sigma^2}\mathrm{e}^{\mathrm{i}(kx-k^2t/2)},$$

此处 $k_*\equiv\sqrt{2U}$，$k_0>k_*$，且已用了关系 $E=k^2/2>U$。波包未归一，但可归一。此波包有一个主导波数 k_0。波包的主要贡献来自"稳相"点，它应与主导波数一致，其决定条件为

$$\frac{\mathrm{d}}{\mathrm{d}k}\left(kx-\frac{k^2}{2}t\right)\bigg|_{k_0}=0,\quad\rightarrow\ x-k_0t=0,$$

表明入射波包以群速度 k_0 (完整的写法为 $\hbar k_0/\mu$) 运动，此速度也是波包峰值的移动速度。因为对应于入射波 $\mathrm{e}^{\mathrm{i}(kx-Et)}$ 有反射波 $[(k-k')/(k+k')]\mathrm{e}^{\mathrm{i}(-kx-Et)}$，$k'\equiv\sqrt{k^2-2U}$，反射波包有如下的叠加形式：

$$\psi_{\text{ref}}(x<0,t)=\int_{k_*}^{\infty}\mathrm{d}k\,\frac{k-k'}{k+k'}\mathrm{e}^{-(k-k_0)^2/2\sigma^2}\mathrm{e}^{\mathrm{i}(-kx-k^2t/2)},$$

表明稳相条件决定的反射波包的群速度为 $-k_0$。类似地，透射波包的叠加形式为

$$\psi_{\text{tr}}(x>0,t)=\int_{k_*}^{\infty}\mathrm{d}k\,\frac{2k}{k+k'}\mathrm{e}^{-(k-k_0)^2/2\sigma^2}\mathrm{e}^{\mathrm{i}(k'x-k^2t/2)},$$

给出稳相条件为 $x-\sqrt{k_0^2-2U}t=0$，所以透射波包的群速度为 $\sqrt{k_0^2-2U}$。

如果 $E<U$, $k_0^2<2U$，波包平面波叠加的积分应由 0 到 k_*，此时反射波有相移 $2\delta_E$。由稳相条件 $[\mathrm{d}(2\delta_E+kx-Et)/\mathrm{d}k]_{k_0}=0$，相移贡献一个延时 $2[\mathrm{d}\delta_E/\mathrm{d}k]_{k_0}/k_0=2[\mathrm{d}\delta_E/\mathrm{d}E]_{k_0}=\left[2/\sqrt{E(U-E)}\right]_{k_0}$。在波包中心能量很小或非常接近 U 时，延时将很大。

2.5.2 方势垒散射

设一维方势垒为

$$V(x)=\begin{cases}U>0, & 0<x<a,\\ 0, & \text{否则}.\end{cases}$$

考虑一粒子沿 x 轴的正向射向势垒，且粒子能量 $E<U$。依经典力学，此时粒子不能进入势垒，但依量子粒子的波动性，粒子除有被势垒反射的概率外，还有穿透势垒的一定概率。薛定谔方程在势垒内外有不同的形式。在势垒外方程为

$$\psi''=-k^2\psi,\quad k\equiv\sqrt{2\mu E}/\hbar,$$

有解 $\psi = \mathrm{e}^{\pm \mathrm{i}kx}$。按假设，在 $x < 0$ 区既有入射波，又有反射波，但在 $x > a$ 区只有透射波，所以，

$$\psi(x) = \mathrm{e}^{\mathrm{i}kx} + C\mathrm{e}^{-\mathrm{i}kx}, \quad x < 0; \qquad \psi(x) = D\mathrm{e}^{\mathrm{i}kx}, \quad x > a.$$

此处已将入射波的振幅定为 1，即以之为准。在势垒内薛定谔方程为

$$\psi'' = \kappa^2\psi, \quad \kappa \equiv \sqrt{2\mu(U-E)}/\hbar,$$

有通解

$$\psi = A\mathrm{e}^{\kappa x} + B\mathrm{e}^{-\kappa x}.$$

在 $x = 0$ 和 $x = a$ 处的 ψ 及 ψ' 的连续条件分别为

$$1+C=A+B, \quad \mathrm{i}k(1-C)=\kappa(A-B); \quad A\mathrm{e}^{\kappa a}+B\mathrm{e}^{-\kappa a}=D\mathrm{e}^{\mathrm{i}ka}, \quad \kappa(A\mathrm{e}^{\kappa a}-B\mathrm{e}^{-\kappa a})=\mathrm{i}kD\mathrm{e}^{\mathrm{i}ka}.$$

由此四个方程可解得四个未知数 C, D, A, B。令 $\alpha \equiv \kappa + \mathrm{i}k$，$\gamma \equiv \mathrm{e}^{-a\alpha^*}\alpha^2 - \mathrm{e}^{a\alpha}\alpha^{*2}$，则可证实

$$D = (\alpha^2 - \alpha^{*2})/\gamma, \quad C = |\alpha|^2(\mathrm{e}^{a\alpha} - \mathrm{e}^{-a\alpha^*})/\gamma,$$

$$A = (\alpha - \alpha^*)\alpha\mathrm{e}^{-a\alpha^*}/\gamma, \quad B = (\alpha - \alpha^*)\alpha^*\mathrm{e}^{a\alpha}/\gamma.$$

另外，可以验证，$|C|^2 + |D|^2 = 1$，表明粒子数守恒。反射系数和透射系数分别为 $R = |C|^2$ 和 $T = |D|^2$。

现在再考察一下流

$$\boldsymbol{J} \equiv \frac{\hbar}{2\mu\mathrm{i}}\left[\langle\psi|\nabla|\psi\rangle - \langle\psi|\nabla|\psi\rangle^*\right].$$

对于一维情形，$\nabla \to \mathrm{d}/\mathrm{d}x$。在 $x > a$ 区，有 $J_{>a} = T\hbar k/\mu = Tv$，为与位置无关的常量，此处 v 为粒子速度。在 $x < 0$ 区，$J_{<0} = (\hbar/\mu)(k - Rk) = Tv$，表明一维方势垒散射为恒定流的定态。流与波函数振幅绝对值的平方成正比，但反射系数和透射系数作为振幅的比值，与振幅绝对值无关。

2.5.3　方势阱散射

方势阱问题前面已述及，但仅限于对称束缚态。虽然势 $V(x)$ 满足空间反演不变性，但散射问题中仅关心单向入射波的非对称解。在上小节方势垒散射问题中，作替换 $U \to -U$, $\kappa \to \mathrm{i}\kappa$，并重新定义 $\kappa \equiv \sqrt{2\mu(U+E)}$，即可得到方阱势的结果，

但此处给出一个独立的推导。方阱势的一种写法是：对于 $x \in (-L, L)$，$V(x) = 0$，否则 $V(x) = U > 0$。设想波从左方入射，阱左边有入射波和反射波，而阱右边有透射波。令 $E > U$，引入 $k = \sqrt{2(E-U)}$, $\kappa = \sqrt{2E}$，则定态薛定谔方程解在阱左边，阱内与阱右边应有以下形式：

$$\psi_- = A\mathrm{e}^{\mathrm{i}kx} + B\mathrm{e}^{-\mathrm{i}kx}, \quad \psi_0 = C\sin(\kappa x) + D\cos(\kappa x), \quad \psi_+ = F\mathrm{e}^{\mathrm{i}kx}.$$

不妨令 $A = 1$。要求在 $x = \pm L$ 处 ψ, ψ' 连续：

$$\mathrm{e}^{-\mathrm{i}kL} + B\mathrm{e}^{\mathrm{i}kL} = -C\sin(\kappa L) + D\cos(\kappa L),\ \mathrm{i}k(\mathrm{e}^{-\mathrm{i}kL} - B\mathrm{e}^{\mathrm{i}kL}) = \kappa(C\cos(\kappa L) + D\sin(\kappa L)),$$

$$F\mathrm{e}^{\mathrm{i}kL} = C\sin(\kappa L) + D\cos(\kappa L),\ \mathrm{i}kF\mathrm{e}^{\mathrm{i}kL} = \kappa[C\cos(\kappa L) - D\sin(\kappa L)].$$

由此四个方程可解得四个系数 B, C, D, F。推导过程稍繁，如上小节，但由概率流守恒马上得 $J_- = 1 - |B|^2 = J_+ = |F|^2$，即 $|B|^2 + |F|^2 = 1$，表明反射系数 $R = |B|^2$ 和透射系数 $T = |F|^2$ 之和为 1。并且，当 $\kappa = n\pi/2L$ 时，或者 $\sin(\kappa L) = 0$，或者 $\cos(\kappa L) = 0$，连接条件大大简化，马上可解得 $B = 0,\ F = \mathrm{e}^{-2\mathrm{i}kL}$，因而 $T = 1$，发生全透射，称为共振散射。共振散射条件 $\kappa = n\pi/2L$ 对应的能量，恰好就是无限深势阱的本征能量。共振散射可定性解释拉姆绍尔–汤森德效应。他们在 1921 年研究惰性气体原子对低能电子的散射，发现散射截面随电子能量振荡变化的奇怪现象。实验的定量解释须考虑三维势阱。

2.6 二维圆周台球问题

二维圆周台球问题中，粒子限制在无限深的圆势阱内运动，势在阱内处处为 0。选极坐标 (r, ϕ)，原点取在阱中心，设阱的边界为 $r = a$。在极坐标下，$x = r\cos\phi,\ y = r\sin\phi$，

$$\frac{\partial}{\partial\phi} = \frac{\partial x}{\partial\phi}\frac{\partial}{\partial x} + \frac{\partial y}{\partial\phi}\frac{\partial}{\partial y} = -r\sin\phi\frac{\partial}{\partial x} + r\cos\phi\frac{\partial}{\partial y},$$

$$r\frac{\partial}{\partial r} = r\frac{\partial x}{\partial r}\frac{\partial}{\partial x} + r\frac{\partial y}{\partial r}\frac{\partial}{\partial y} = r\cos\phi\frac{\partial}{\partial x} + r\sin\phi\frac{\partial}{\partial y}.$$

由之可解得

$$\frac{\partial}{\partial x} = r\cos\phi\frac{\partial}{\partial r} - \sin\phi\frac{\partial}{\partial\phi}, \quad \frac{\partial}{\partial y} = r\sin\phi\frac{\partial}{\partial r} + \cos\phi\frac{\partial}{\partial\phi},$$

进而

$$\nabla^2 = \left(\frac{\partial}{\partial x}\right)^2 + \left(\frac{\partial}{\partial y}\right)^2 = \left(\frac{\partial}{\partial r}\right)^2 + \frac{1}{r}\frac{\partial}{\partial r} + \frac{1}{r^2}\frac{\partial^2}{\partial \phi^2} = \frac{1}{r}\frac{\partial}{\partial r}\left(r\frac{\partial}{\partial r}\right) + \frac{1}{r^2}\frac{\partial^2}{\partial \varphi^2}.$$

因在阱内势 $V(r,\phi)=0$，薛定谔方程为

$$\left[\frac{1}{r}\frac{\partial}{\partial r}\left(r\frac{\partial}{\partial r}\right) + \frac{1}{r^2}\frac{\partial^2}{\partial \phi^2}\right]\psi = -k^2\psi, \quad \psi(a,\phi)=0, \quad k \equiv \sqrt{2\mu E}/\hbar.$$

令 $\psi(r,\phi)=R(r)\Phi(\phi)$，分离变数可得

$$\Phi'' = -m^2\Phi, \quad R'' + \frac{R'}{r} - \frac{m^2}{r^2} = -k^2 R.$$

函数 $\Phi(\phi)$ 有解 $\mathrm{e}^{\mathrm{i}m\phi}$，由单值性，$m=0,\pm1,\pm2,\cdots$。关于 $R(r)$ 的方程，在变换 $\xi=kr$，$R(r)=R(\xi/k)\equiv\tilde{R}(\xi)$ 之下，成为

$$\tilde{R}'' + \frac{\tilde{R}'}{\xi} + \left(1-\frac{m^2}{\xi^2}\right)\tilde{R} = 0, \tag{2-8}$$

正是贝塞尔微分方程。在 ξ 平面上解析的解为贝塞尔函数 $J_m(\xi)$，但 $J_{-m}(\xi)=(-1)^m J_m(\xi)$，二者线性相关。关于贝塞尔函数 $J_m(z)$，有如下的雅可比–安格展开：

$$G(z,\theta) = \mathrm{e}^{\mathrm{i}z\sin\theta} = \sum_{n=-\infty}^{\infty} J_n(z)\mathrm{e}^{\mathrm{i}n\theta}. \tag{2-9}$$

由之可导得

$$G_z = \mathrm{i}\sin\theta\, G, \quad G_{zz} = -\sin^2\theta\, G, \quad G_\theta = \mathrm{i}z\cos\theta\, G, \quad G_{\theta\theta} = -\mathrm{i}z\sin\theta\, G - z^2\cos^2\theta\, G,$$

此处采用以下标记偏微分的记法。于是，

$$z^2 G_{zz} + G_{\theta\theta} + zG_z = -z^2 G.$$

对于展开的级数求和式，计算上式的各导数，收集 $\mathrm{e}^{\mathrm{i}m\theta}$ 的所有项，可重现方程 (2-8)。对展开式 (2-9) 的两边分别计算 G_θ，得

$$2G_\theta = 2\mathrm{i}z\cos\theta\mathrm{e}^{\mathrm{i}z\sin\theta} = \mathrm{i}z(\mathrm{e}^{\mathrm{i}\theta}+\mathrm{e}^{-\mathrm{i}\theta})\mathrm{e}^{\mathrm{i}z\sin\theta} = \mathrm{i}z\sum_n (J_{n-1}+J_{n+1})\mathrm{e}^{\mathrm{i}n\theta},$$

$$2G_\theta = 2\mathrm{i}\sum_n nJ_n\mathrm{e}^{\mathrm{i}n\theta},$$

两相对比可得到贝塞尔函数的递归关系

$$z(J_{n-1}+J_{n+1})=2nJ_n.$$

最后，简并的能量本征态可取作 $\psi(r,\phi)=J_{|m|}(kr)\mathrm{e}^{\pm \mathrm{i}|m|\phi}$。本征值由边条件定出：$\phi(a,\phi)=0\rightarrow J_{|m|}(ka)=0$。如果函数 $J_m(z)$ 有零点 $z_{n,m}$，则相应地有能量本征值 $E_{n,m}=z_{n,m}^2\hbar^2/(2\mu)$。它们可按相应波函数的径向节点数组织排序。

2.7 二能级体系

二能级体系未必指体系仅有两个能级，也可以是体系的两个能级可从其他能级及其他自由度隔离开来，将其余部分处理作背景。典型二能级例子可举自旋-$\frac{1}{2}$粒子的自旋态和氨分子的两个简并基态。二能级体系是最简单的量子体系，但已经表现出许多重要的量子特征，可供描述许多物理问题。详细讨论留待第 5 章，此处仅简要描述。

二能级本征态可抽象地记作 $\langle +|\sim(1\ 0)$, $\langle -|\sim(0\ 1)$。于是，一般状态为 $\alpha|+\rangle+\beta|-\rangle$，类比于经典信息论，可称为量子比特；算符表示为 2×2 矩阵。二阶厄米阵只有四个独立实参数，一般形式为

$$\begin{pmatrix} a+d & b-c\mathrm{i} \\ b+c\mathrm{i} & a-d \end{pmatrix}=aI+b\sigma_x+c\sigma_y+d\sigma_z,$$

$$\sigma_x=\begin{pmatrix} 0 & 1 \\ 1 & 0 \end{pmatrix},\quad \sigma_y=\begin{pmatrix} 0 & -\mathrm{i} \\ \mathrm{i} & 0 \end{pmatrix},\quad \sigma_z=\begin{pmatrix} 1 & 0 \\ 0 & -1 \end{pmatrix},$$

即可用四个实系数表成 $I,\sigma_x,\sigma_y,\sigma_z$ 的线性组合，此处 I 为单位矩阵。四个常数矩阵 $I,\sigma_x,\sigma_y,\sigma_z$ 也可表成如下的形式

$$\sigma_x=|+\rangle\langle -|+|-\rangle\langle +|,\quad \sigma_y=-\mathrm{i}|+\rangle\langle -|+\mathrm{i}|-\rangle\langle +|,$$

$$I=|+\rangle\langle +|+|-\rangle\langle -|,\quad \sigma_z=|+\rangle\langle +|-|-\rangle\langle -|.$$

矩阵 $\sigma_x,\sigma_y,\sigma_z$ 本身也是厄米的，称为泡利矩阵，迹为零且满足

$$\boldsymbol{\sigma}\times\boldsymbol{\sigma}=2\mathrm{i}\boldsymbol{\sigma},\quad \sigma_i\sigma_j=I\delta_{ij}+\mathrm{i}\epsilon_{ijk}\sigma_k,\quad \sigma_i\sigma_j+\sigma_j\sigma_i=2I\delta_{ij}.$$

此处 ϵ_{ijk} 为勒维–契维塔反称符号，在指标为 $(1,2,3)$ 的偶置换时为 1，奇置换时为 -1，否则为 0；约定指标 $(1,2,3)\sim(x,y,z)$。

任意的二能级哈密顿算符可写作 $\hat{H}=g_0I+\boldsymbol{g}\cdot\boldsymbol{\sigma}=g_0I+2\boldsymbol{g}\cdot\boldsymbol{S}/\hbar$。记 $g=\sqrt{g_x^2+g_y^2+g_z^2}$，直接计算可证实本征值为 $g_0\pm g$。如果将 (g_x,g_y,g_z) 看作矢量 $\boldsymbol{g}$，记其取向单位矢为 $\boldsymbol{n}=(\sin\theta\cos\phi,\sin\theta\sin\phi,\cos\theta)$，则 $\hat{H}$ 的本征矢可写成

$$|+\rangle_{\boldsymbol{n}}=\cos\frac{\theta}{2}|+\rangle+\sin\frac{\theta}{2}\mathrm{e}^{\mathrm{i}\phi}|-\rangle,\quad |-\rangle_{\boldsymbol{n}}=-\sin\frac{\theta}{2}\mathrm{e}^{-\mathrm{i}\phi}|+\rangle+\cos\frac{\theta}{2}|-\rangle.$$

描写微扰引起两个简并能级退简并的简单二能级模型，哈密顿算符可写作 $\hat{H}=E_0I+\Delta\sigma_x$，其中 Δ 刻画引起能级间跃迁的微扰的强度。体系的本征值为 $E_0\pm\Delta$，本征矢为 $|G\rangle=(|+\rangle-|-\rangle)/\sqrt{2}$, $|E\rangle=(|+\rangle+|-\rangle)/\sqrt{2}$。如果无微扰的二能级是非简并的，则哈密顿算符可写作 $\hat{H}=E_0I+\Delta\sigma_x+\delta\sigma_z$，本征值变为 $E_0\pm\sqrt{\delta^2+\Delta^2}$。本节所列各式，推导简单，不妨作为练习。

2.8 氢 原 子

有心力场模型是一个简单的理想模型，在经典力学和量子力学中都很重要。氢原子在量子力学发展中起过举足轻重的作用。在量子力学里，没有问题比氢原子更简单实用，而又有解析解，并且理论结果可用简单的实验核对。

氢原子是一个质子和一个电子组成的简单二体系统。系统内的作用力是距离反平方有心力。参照经典力学，将二体运动分解为质心运动和二体相对运动，后者描述具有约化质量 μ 的粒子在有心力场 $U(r)$ 中的运动。具体的变换为

$$(\boldsymbol{r}_p,\boldsymbol{p}_p,\boldsymbol{r}_e,\boldsymbol{p}_e)\to(\boldsymbol{R},\boldsymbol{P},\boldsymbol{r},\boldsymbol{p})=\left(\frac{m_e}{M}\boldsymbol{r}_e+\frac{m_p}{M}\boldsymbol{r}_p,\boldsymbol{p}_e+\boldsymbol{p}_p,\boldsymbol{r}_e-\boldsymbol{r}_p,\frac{\mu}{m_e}\boldsymbol{p}_e-\frac{\mu}{m_p}\boldsymbol{p}_p\right).$$

此处下标 p,e 分别对应于质子和电子，$M\equiv m_e+m_p$，$\mu\equiv m_em_p/M$。在此变换下，运动自由度分离：

$$H=\frac{\boldsymbol{p}_p^2}{2m_p}+\frac{\boldsymbol{p}_e^2}{2m_e}+V(|\boldsymbol{r}_e-\boldsymbol{r}_p|)=\frac{\boldsymbol{P}^2}{2M}+\frac{\boldsymbol{p}^2}{2\mu}+V(r).$$

质心运动比较简单，以下仅关注二体相对运动部分。

有心力场问题用球坐标 (r,θ,ϕ) 方便：

$$x=r\sin\theta\cos\phi,\quad y=r\sin\theta\sin\phi,\quad z=r\cos\theta.$$

球坐标的单位矢 (e_r, e_θ, e_ϕ)，可由 $\boldsymbol{r} = x\,e_x + y\,e_y + z\,e_z$ 对 (r, θ, ϕ) 求导得到，例如，$\gamma_\phi e_\phi = \partial \boldsymbol{r}/\partial\phi$，此处 γ_ϕ 是归一因子，用以保证 $|e_\phi| = 1$。结果为 $(\gamma_r, \gamma_\theta, \gamma_\phi) = (1, r, r\sin\theta)$，以及

$$e_r = \sin\theta\cos\phi e_x + \sin\theta\sin\phi e_y + \cos\theta e_z,$$

$$e_\theta = \cos\theta\cos\phi e_x + \cos\theta\sin\phi e_y - \sin\theta e_z,\ e_\phi = -\sin\phi e_x + \cos\phi e_y.$$

基矢 (e_r, e_θ, e_ϕ) 不再固定。写下球坐标下有心力场中粒子的拉氏量，可导得经典哈密顿量为

$$H = \frac{1}{2\mu}\left(p_r^2 + \frac{p_\theta^2}{r^2} + \frac{p_\phi^2}{r^2\sin^2\theta}\right) + U(r).$$

经典运动满足角动量守恒，运动限制在平面上，将之取作 xy-平面，则 $p_\theta = 0$，角动量为 $L = L_z$。

微分位移为

$$\mathrm{d}\boldsymbol{r} = e_x\,\mathrm{d}x + e_y\,\mathrm{d}y + e_z\,\mathrm{d}z = e_r\,\mathrm{d}r + e_\theta\,r\mathrm{d}\theta + e_\phi\,r\sin\theta\mathrm{d}\phi.$$

对照函数 $f(\boldsymbol{r})$ 的微分 $\mathrm{d}f = \mathrm{d}r\,\partial f/\partial r + \mathrm{d}\theta\,\partial f/\partial\theta + \mathrm{d}\phi\,\partial f/\partial\phi = \mathrm{d}\boldsymbol{r}\cdot\nabla f$，可得梯度算符为

$$\nabla = e_r\frac{\partial}{\partial r} + e_\theta\frac{1}{r}\frac{\partial}{\partial\theta} + e_\phi\frac{1}{r\sin\theta}\frac{\partial}{\partial\phi}, \tag{2-10}$$

量子动量算符 $\boldsymbol{p} = -\mathrm{i}\hbar\nabla$ 分量间不再像直角坐标中那样对易。借助基矢变换关系，由式 (2-10) 可得用球坐标表示的动量直角坐标分量量子算符为

$$\mathrm{i}\hbar^{-1}\hat{p}_x = e_x\cdot\nabla = \sin\theta\cos\phi\frac{\partial}{\partial r} + \cos\theta\cos\phi\frac{1}{r}\frac{\partial}{\partial\theta} - \frac{\sin\phi}{r\sin\theta}\frac{\partial}{\partial\phi},$$

$$\mathrm{i}\hbar^{-1}\hat{p}_y = \sin\theta\sin\phi\frac{\partial}{\partial r} + \cos\theta\sin\phi\frac{1}{r}\frac{\partial}{\partial\theta} + \frac{\cos\phi}{r\sin\theta}\frac{\partial}{\partial\phi},\quad \hat{\mathrm{i}}\hbar^{-1}p_z = \cos\theta\frac{\partial}{\partial r} - \sin\theta\frac{1}{r}\frac{\partial}{\partial\theta},$$

算得 $\hat{\boldsymbol{p}}^2 = \hat{p}_x^2 + \hat{p}_y^2 + \hat{p}_z^2$, 量子哈密顿算符中动能为

$$\frac{\hat{\boldsymbol{p}}^2}{2\mu} = -\frac{\hbar^2}{2\mu r^2}\left\{\frac{\partial}{\partial r}\left(r^2\frac{\partial}{\partial r}\right) + \frac{1}{\sin^2\theta}\left[\sin\theta\frac{\partial}{\partial\theta}\left(\sin\theta\frac{\partial}{\partial\theta}\right) + \frac{\partial^2}{\partial\phi^2}\right]\right\}.$$

2.8.1 量子氢原子

薛定谔方程

$$-\frac{\hbar^2}{2\mu}\nabla^2\psi + U(r)\psi = E\psi,$$

对于氢原子问题为

$$-\frac{\hbar^2}{2\mu r^2}\left\{\frac{\partial}{\partial r}\left(r^2\frac{\partial}{\partial r}\right)+\frac{1}{\sin^2\theta}\left[\sin\theta\frac{\partial}{\partial\theta}\left(\sin\theta\frac{\partial}{\partial\theta}\right)+\frac{\partial^2}{\partial\phi^2}\right]\right\}\psi-\frac{k_{\rm e}e^2}{r}\psi=E\psi,$$

其中 $k_{\rm e}$ 为库仑常数。令 $\psi(r,\theta,\phi)=R(r)\varTheta(\theta)\varPhi(\phi)$，可分离变量。方位角部分的方程为

$$\varPhi''+m^2\varPhi=0, \tag{2-11}$$

前面已经讨论过，解为 $\varPhi=\mathrm{e}^{\pm im\phi}$，$m$ 为整数。天顶角部分的方程为

$$\frac{1}{\sin^2\theta}\left[\sin\theta\frac{\mathrm{d}}{\mathrm{d}\theta}\left(\sin\theta\frac{\mathrm{d}}{\mathrm{d}\theta}\right)-m^2\right]\varTheta=-M\varTheta. \tag{2-12}$$

作变换 $x=\cos\theta$，记 $\varTheta(\theta)\equiv\tilde{\varTheta}(x)$，则

$$(1-x^2)\tilde{\varTheta}''-2x\tilde{\varTheta}'+\left(M-\frac{m^2}{1-x^2}\right)\tilde{\varTheta}=0.$$

此为勒让德微分方程，作变换 $x=2z-1$ 可化为超几何方程 $z(1-z)w''+[c-(a+b+1)z]w'-abw=0$。

超几何方程有三个正则奇点：$0,1,\infty$，由正则奇点 0 附近的解 $w\sim z^\rho$ 确定的超几何方程的指标方程为 $\rho(\rho-1)+c\rho=0$，当 c 不是整数时，超几何方程在 0 附近的两个线性无关的正则特解为：$\rho=0,1-c$。当 c 为 1 时，方程只有一个正则解。当 c 为其余整数时，另一个线性无关的正则特解涉及对数项。超几何方程的解为高斯超几何函数或普通超几何函数 ${}_2F_1(a,b;c;z)$，是一个用超几何级数定义的函数，很多特殊函数都是它的特例或极限。所有具有三个正则奇点的二阶线性常微分方程的解都可以用超几何函数表示。代表函数包括切比雪夫函数、勒让德函数、盖根堡函数和雅可比函数。

波函数定解条件决定本征值 $M=\ell(\ell+1)$，$\ell\geqslant|m|$ 为整数，相应的解为连带勒让德多项式 $P_\ell^m(x)$。对照经典的 L 和 L_z，通常称 ℓ 为角量子数，而 m 为磁量子数。最终，角度部分的联合解为如下定义的球谐函数：

$$Y_\ell^m(\theta,\phi)=(-1)^m\sqrt{\frac{(\ell-|m|)!}{(\ell+|m|)!}\frac{2\ell+1}{4\pi}}P_\ell^m(\cos\theta)\mathrm{e}^{\mathrm{i}m\phi}.$$

它们满足如下正交归一条件：

$$\int_0^{2\pi} \mathrm{d}\phi \int_0^{\pi} \mathrm{d}\theta \, \sin\theta \, Y_\ell^{m*}(\theta,\phi) Y_{\ell'}^{m'}(\theta,\phi) = \delta_{\ell\ell'} \delta_{mm'}.$$

径向函数满足一个一维方程

$$\left[-\frac{\hbar^2}{2\mu r^2}\frac{\mathrm{d}}{\mathrm{d}r}\left(r^2\frac{\mathrm{d}}{\mathrm{d}r}\right) + \frac{\hbar^2\ell(\ell+1)}{2\mu r^2} - \frac{k_\mathrm{e} e^2}{r}\right] R = ER, \tag{2-13}$$

方程左边的第二项可以视为离心力位势，其效应是将径向距离拉远一点。利用 $\left[\frac{\mathrm{d}}{\mathrm{d}x}, x\right] = 1$，可证 $\frac{\mathrm{d}}{\mathrm{d}x}\left(x^2\frac{\mathrm{d}}{\mathrm{d}x}\right) = x\frac{\mathrm{d}^2}{\mathrm{d}x^2}x$。引入 $v(r) = rR(r)$，则 $v(r)$ 满足如下的一维势 V_eff 的薛定谔方程：

$$\left[-\frac{\hbar^2}{2\mu}\frac{\mathrm{d}^2}{\mathrm{d}r^2} + V_\mathrm{eff}(r)\right] v = Ev, \qquad V_\mathrm{eff} \equiv \frac{\hbar^2\ell(\ell+1)}{2\mu r^2} - \frac{k_\mathrm{e}e^2}{r}.$$

归一条件也有相应的一维形式：

$$\int_0^\infty r^2 R^2(r)\mathrm{d}r = \int_0^\infty v^2(r)\mathrm{d}r = 1.$$

将 $R(r)$ 看作一维偶函数，则 $v(r)$ 为奇函数，有边条件 $v(0) = 0$。如果限于束缚态，取 $E < 0$，令

$$\kappa \equiv \frac{\hbar^2}{k_\mathrm{e}e^2\mu}, \quad r = \kappa\rho, \quad E = \frac{\hbar^2}{\kappa^2\mu}\tilde{E}, \quad \gamma \equiv \sqrt{-2\tilde{E}}, \quad R(r) = R(\kappa\rho) \equiv \rho^\ell \mathrm{e}^{-\gamma\rho} u(\rho),$$

则径向方程化为如下 $u(\rho)$ 的方程:

$$\rho u'' + [2(\ell+1) - 2\gamma\rho]u' - 2[(\ell+1)\gamma - 1]u = 0.$$

再作变换 $\xi = 2\gamma\rho$ 就得到库默尔方程，属于合流超几何方程。合流超几何方程是前面提到的超几何方程的极限情形，其形式为 $zw'' + (b-z)w' - aw = 0$，有两个正则奇点：$0, \infty$。其解即合流超几何函数 $F(a,b,z)$，一般为无穷级数，$z \to \infty$ 时渐近于 e^z。代表函数有贝塞尔函数、球贝塞尔函数、厄米函数、拉盖尔函数和艾里函数。

为满足束缚态在无限远处的边条件，解 $u(\xi/2\gamma)$ 必须取多项式解，即广义拉盖尔多项式 $L_{n_r}^{(2\ell+1)}(\xi)$，要求参数 $\ell + 1 - 1/\gamma = -n_r$，此处 $n_r = 0, 1, 2, \cdots$，为径向量子数。因而，$1/\gamma = n_r + \ell + 1 \equiv n$，称为主量子数，

$$E = -\frac{\hbar^2}{2\kappa^2\mu}\frac{1}{n^2} = -\frac{k_\mathrm{e}e^2}{2a_0}\frac{1}{n^2}, \quad \kappa = a_0 \equiv \frac{\hbar^2}{k_\mathrm{e}e^2\mu},$$

此处 $a_0 \approx 0.53\text{Å}$，为玻尔半径。除了量子数 ℓ 与 m 以外，还有径向量子数 n_r，但体系的能级 E 只依赖于主量子数 n，表明能级是高度简并的。具体地说，n 给定后，ℓ 可取 $0 \leqslant \ell \leqslant n-1$，而对于给定的 ℓ，有 $m \in \{-\ell, -\ell+1, \cdots, \ell\}$，因而，$E_n$ 的简并度为 $\sum_{\ell=0}^{n-1}(2\ell+1) = n^2$。最终，总定态波函数为

$$\psi_{nlm} = R_{nl}(r) Y_l^m(\theta, \phi),$$

$$R_{nl}(r) = \left[\left(\frac{2}{na_0}\right)^3 \frac{n-l-1)!}{2n[(n+l)!]^3}\right]^{\frac{1}{2}} \mathrm{e}^{-r/na_0} \left(\frac{2r}{na_0}\right)^l L_{n-l-1}^{2l+1}\left(\frac{2r}{na_0}\right).$$

特别地，基态波函数为 $\psi_{100} = (\pi a_0^3)^{-\frac{1}{2}} \mathrm{e}^{-r/a_0}$。

2.8.2　角动量算符

动量、能量和角动量是物体运动的基本量。在量子力学里，角动量算符类比于经典的角动量。在原子物理学涉及旋转对称性的理论里，角动量算符占有中心的角色。角动量是处理旋转运动的关键物理量。如同能量和动量，有心力场中经典粒子的角动量是守恒的，量子力学里角动量守恒也成立。

在经典力学里，角动量 $\boldsymbol{L}$ 定义为位置 $\boldsymbol{r}$ 与动量 $\boldsymbol{p}$ 的矢积或叉乘：$\boldsymbol{L} = \boldsymbol{r} \times \boldsymbol{p}$。在量子力学里，对应的角动量算符 $\hat{\boldsymbol{L}}$ 定义为位置算符 $\hat{\boldsymbol{r}}$ 与动量算符 $\hat{\boldsymbol{p}}$ 的叉乘：$\hat{\boldsymbol{L}} = \hat{\boldsymbol{r}} \times \hat{\boldsymbol{p}} = -\mathrm{i}\hbar(\boldsymbol{r} \times \nabla)$。因而，角动量算符的 x-分量为 $\hat{L}_x = \hat{y}\hat{p}_z - \hat{z}\hat{p}_y$。其伴算符

$$\hat{L}_x^\dagger = \hat{p}_z^\dagger \hat{y}^\dagger - \hat{p}_y^\dagger \hat{z}^\dagger = \hat{p}_z \hat{y} - \hat{p}_y \hat{z} = \hat{y}\hat{p}_z - \hat{z}\hat{p}_y = \hat{L}_x,$$

此处用到算符 $\hat{\boldsymbol{r}}$ 和 $\hat{\boldsymbol{p}}$ 的厄米性及它们不同分量间的对易性。因此，$\hat{L}_x$ 是一个厄米算符。类似地，$\hat{L}_y, \hat{L}_z$ 都是厄米算符，角动量算符就也是厄米算符。算符 $\hat{L}^2 = \hat{L}_x^2 + \hat{L}_y^2 + \hat{L}_z^2$ 也是厄米算符。

角动量算符自身的几个常用对易关系推导如下：

$$[\hat{L}_x, \hat{y}] = [\hat{y}\hat{p}_z - \hat{z}\hat{p}_y, \hat{y}] = -\hat{z}[\hat{p}_y, \hat{y}] = \mathrm{i}\hbar\hat{z},\ [\hat{L}_x, \hat{p}_y] = [\hat{y}, \hat{p}_y]\hat{p}_z = \mathrm{i}\hbar\hat{p}_z, [\hat{L}_x, \hat{x}] = [\hat{L}_x, \hat{p}_x] = 0,$$

$$[\hat{L}_x, \hat{L}_y] = [\hat{y}\hat{p}_z - \hat{z}\hat{p}_y, \hat{z}\hat{p}_x - \hat{x}\hat{p}_z] = [\hat{y}\hat{p}_z, \hat{z}\hat{p}_x - \hat{x}\hat{p}_z] - [\hat{z}\hat{p}_y, \hat{z}\hat{p}_x - \hat{x}\hat{p}_z]$$

$$= [\hat{y}\hat{p}_z, \hat{z}\hat{p}_x] + [\hat{z}\hat{p}_y, \hat{x}\hat{p}_z] = \hat{y}[\hat{p}_z, \hat{z}]\hat{p}_x + \hat{x}[\hat{z}, \hat{p}_z]\hat{p}_y = \mathrm{i}\hbar(\hat{x}\hat{p}_y - \hat{y}\hat{p}_x) = \mathrm{i}\hbar\hat{L}_z,$$

$$[\hat{L}_x^2, \hat{L}_z] = \hat{L}_x[\hat{L}_x, \hat{L}_z] + [\hat{L}_x, \hat{L}_z]\hat{L}_x = -\mathrm{i}\hbar(\hat{L}_x\hat{L}_y + \hat{L}_y\hat{L}_x), \quad [\hat{L}_y^2, \hat{L}_z] = \mathrm{i}\hbar(\hat{L}_y\hat{L}_x + \hat{L}_x\hat{L}_y),$$

$$[\hat{\boldsymbol{L}}^2, \hat{L}_z] = [\hat{L}_x^2 + \hat{L}_y^2 + \hat{L}_z^2, \hat{L}_z] = [\hat{L}_x^2, \hat{L}_z] + [\hat{L}_y^2, \hat{L}_z] = 0.$$

于是，算符 $\hat{\boldsymbol{L}}^2$ 与其任一分量对易，特别常用的分量是 $\hat{L}_z$。

角动量算符还可利用动量算符表达式 (2-10)，由 $\hat{\boldsymbol{L}} = \hat{\boldsymbol{r}} \times \hat{\boldsymbol{p}}$ 导出：

$$\frac{\mathrm{i}}{\hbar}\hat{\boldsymbol{L}} = -e_\theta \frac{1}{\sin\theta}\frac{\partial}{\partial\phi} + e_\phi \frac{\partial}{\partial\theta}, \quad \frac{\mathrm{i}}{\hbar}\hat{L}_x = -\sin\phi\frac{\partial}{\partial\theta} - \cos\phi\cot\theta\frac{\partial}{\partial\phi},$$

$$\frac{\mathrm{i}}{\hbar}\hat{L}_y = \cos\phi\frac{\partial}{\partial\theta} - \sin\phi\cot\theta\frac{\partial}{\partial\phi}, \quad \frac{\mathrm{i}}{\hbar}\hat{L}_z = \frac{\partial}{\partial\phi}, \tag{2-14}$$

借助直角坐标角动量算符可直接导出 $\hat{\boldsymbol{L}}^2$ 的表达式：

$$\hat{\boldsymbol{L}}^2 = \hat{L}_x^2 + \hat{L}_y^2 + \hat{L}_z^2 = -\frac{\hbar^2}{\sin^2\theta}\left[\sin\theta\frac{\partial}{\partial\theta}\left(\sin\theta\frac{\partial}{\partial\theta}\right) + \frac{\partial^2}{\partial\phi^2}\right]. \tag{2-15}$$

于是，有心力场问题的哈密顿算符可表作

$$\hat{H} = \left[-\frac{\hbar^2}{2\mu r^2}\frac{\partial}{\partial r}\left(r^2\frac{\partial}{\partial r}\right) + U(r)\right] + \frac{1}{2\mu r^2}\hat{\boldsymbol{L}}^2. \tag{2-16}$$

可以证实，算符 $\hat{H}$ 与 $\hat{\boldsymbol{L}}^2$ 和 $\hat{L}_z$ 均对易。因而，它们有共本征矢。可以看出，算符 $\hat{L}_z$ 的本征方程就是式 (2-11)，而 $\hat{\boldsymbol{L}}^2$ 的本征方程对应于式 (2-12)，即

$$\hat{L}_z \mathrm{e}^{\mathrm{i}m\phi} = m\hbar\,\mathrm{e}^{\mathrm{i}m\phi}, \quad \hat{\boldsymbol{L}}^2 Y_\ell^m(\theta,\phi) = \ell(\ell+1)\hbar^2\, Y_\ell^m(\theta,\phi).$$

有心力场问题的能量本征态也是算符 $\hat{L}^2$ 和 $\hat{L}_z$ 的本征态。在解薛定谔方程求能量本征态时，可由算符 $\hat{H}, \hat{L}^2, \hat{L}_z$ 的共本征态 $|n,l,m\rangle$ 出发处理。

由算符 $\hat{L}_x$ 和 $\hat{L}_y$ 可派生出另外两个非常有用的算符

$$\hat{L}_\pm \equiv \hat{L}_x \pm \mathrm{i}\hat{L}_y, \tag{2-17}$$

它们分别称为角动量升、降算符，$\hat{L}_x$ 和 $\hat{L}_y$ 可用 $\hat{L}_\pm$ 的线性组合表示。不难证实，

$$[\hat{L}_z, \hat{L}_\pm] = \pm\hbar\hat{L}_\pm, \quad [\hat{L}_+, \hat{L}_-] = 2\hbar\hat{L}_z, \quad \hat{L}_+\hat{L}_- = \hat{\boldsymbol{L}}^2 - \hat{L}_z^2 + \hbar\hat{L}_z.$$

无限小位移 $\boldsymbol{\epsilon}$ 作用于函数 $F(\boldsymbol{r})$ 的结果：$\delta F(\boldsymbol{r}) = F(\boldsymbol{r}+\epsilon) - F(\boldsymbol{r}) = \boldsymbol{\epsilon}\cdot\nabla F(\boldsymbol{r})$。绕单位矢 $\hat{\boldsymbol{n}}$ 转过无限小角度 $\delta\varphi$ 引起 $\boldsymbol{r}$ 的位移为 $\boldsymbol{\epsilon} = \delta\varphi\hat{\boldsymbol{n}}\times\boldsymbol{r}$，其作用于函数 $F(\boldsymbol{r})$ 结果为

$$\delta F(\boldsymbol{r}) = (\delta\varphi\,\hat{\boldsymbol{n}}\times\boldsymbol{r})\cdot\nabla F(\boldsymbol{r}) = \delta\varphi\hat{\boldsymbol{n}}\cdot\boldsymbol{r}\times\nabla F(\boldsymbol{r}) = (\mathrm{i}/\hbar)\delta\varphi\hat{\boldsymbol{n}}\cdot\hat{\boldsymbol{L}}F(\boldsymbol{r}),$$

此式表明算符 $\hat{\boldsymbol{L}}/\hbar$ 完全刻画转动，它称为无限小转动的生成元。绕 $\hat{\boldsymbol{n}}$ 转过有限角度 φ 的转动 $R(\varphi)$ 可通过积分上式得到，

$$R(\varphi)F(\boldsymbol{r}) = \mathrm{e}^{\mathrm{i}\varphi\hat{\boldsymbol{n}}\cdot\boldsymbol{L}/\hbar}F(\boldsymbol{r}),$$

有心力势中粒子的哈密顿量 $\hat{H}$ 是转动不变的，所以，如果 $\phi(\boldsymbol{r})$ 是 $\hat{H}$ 的本征态，则 $R(\varphi)\phi(\boldsymbol{r})$ 也是本征态。设算符 $\hat{A}$ 在转动下变换为 $\hat{A}_R$，则应有

$$\langle\psi|\hat{A}|\psi\rangle = \langle R\psi|\hat{A}_R|R\psi\rangle \quad \rightarrow \quad \hat{A}_R = U_R\hat{A}U_R^{\dagger}, \quad U_R \equiv \mathrm{e}^{\mathrm{i}\varphi\hat{\boldsymbol{n}}\cdot\boldsymbol{L}/\hbar},$$

此处 U_R 为幺正算符。在无限小转动下，$\delta\hat{A} = \hat{A}_R - \hat{A} = (\mathrm{i}/\hbar)\delta\varphi\hat{\boldsymbol{n}}\cdot[\hat{\boldsymbol{L}}, \hat{A}]$。关于角动量算符，下章还将进一步讨论。

2.8.3　力学量完全集

量子氢原子哈密顿的本征态是简并的，即同一能量本征值对应的本征态一般有多个。简并现象一般对应于体系的某种对称性。破缺对称的扰动如沿 z-轴方向的磁场，可部分移除简并，其对应的量子数 L_z 可用于区分量子态。如果可以找到一组量子数用于唯一地标记量子态，则称这一组量子数所对应的力学量构成完全集。量子氢问题中主量子数、角量子数和磁量子数 n, l, m 是这样的一组量子数，用于唯一地标记量子态 ψ_{nlm}，对应的算符 $\hat{H}, \hat{\boldsymbol{L}}^2, \hat{L}_z$ 构成了力学量完全集。力学量完全集中各算符有共本征态，它们必定彼此对易。这里的氢原子模型忽略了电子自旋，实验数据表明存在与电子自旋相联系的二重简并。原先的力学量完全集应扩充成四个算符，将电子自旋包括在内。关于力学量完全集问题，将在下章进一步讨论。

前面提到，一维分立谱不出现简并。但是，从以上讨论过的高维例子知道，容易看到与高维对称相联系的简并。力学量完全集不唯一，如何选择适当的力学量完全集，是能否方便求解的关键。

[问题] 设哈密顿算符为 $\hat{H} = \hat{T} + \hat{V}$，此处 $\hat{T}$ 为动能，$\hat{V}$ 为势能，证明如果算符 $\hat{A}$ 不含时，则 $\hat{A}$ 在定态中的期望 $\langle\hat{A}\rangle$ 为守恒量。取 $\hat{A} = \hat{\boldsymbol{r}}\cdot\hat{\boldsymbol{p}}$，由之出发证明定态期望的量子位力定理：$2\langle\hat{T}\rangle = \langle\boldsymbol{r}\cdot\nabla\hat{V}\rangle$。推导氢原子基态的 $\langle 1/r\rangle$ 与能量本征值的关系。

2.9 薛定谔方程的普遍性质

本节将讨论薛定谔方程的普遍性质。前面遇到的薛定谔方程，都属于施图姆–刘维尔 (SL) 型方程，即如下一类关于 $y(x)$ 的二阶线性实微分方程：

$$\frac{\mathrm{d}}{\mathrm{d}x}\left[p(x)\frac{\mathrm{d}y(x)}{\mathrm{d}x}\right]+q(x)y(x)+\lambda w(x)y(x)=0,$$

$$\rightarrow\ L\equiv\frac{\mathrm{d}}{\mathrm{d}x}\left[p(x)\frac{\mathrm{d}}{\mathrm{d}x}\right]+q(x),\quad L[y]+\lambda wy=0, \tag{2-18}$$

其中，$p(x), w(x), q(x)$ 为已知函数；λ 是未定常数。在一个正则本征值问题中，三个系数函数 p, q, w 在有界闭区间 $[a, b]$ 上满足：(1) $p(x) > 0, w(x) > 0$；(2) $p(x), p'(x), w(x), q(x)$ 连续；(3) $y(x)$ 满足边条件 $\alpha_1 y(a)+\alpha_2 y'(a)=0$，$\beta_1 y(b)+\beta_2 y'(b)=0$，$\alpha_1^2+\alpha_2^2>0$，$\beta_1^2+\beta_2^2>0$。方程只对恰当的 λ 有非零解，这样的 λ 为方程的本征值，对应的解为本征函数。施图姆–刘维尔理论提出了本征值的存在性和渐近性，以及本征函数族的正交完备性：

(1) 存在无限多个实数本征值，且可排序为 $\lambda_0<\lambda_1<\cdots<\lambda_n<\cdots\rightarrow\infty$。

(2) 每个本征值 λ_n 有唯一的归一化本征函数 $y_n(x)$，称为第 n 个基本解。它在开区间 (a, b) 上有且仅有 n 个零点。

(3) 本征函数族 $\{y_n(x)\}$ 在希尔伯特空间 $L^2\left([a,b], w(x)\mathrm{d}x\right)$ 上有正交性和完备性，形成一组正交基。

一般形式的二阶常微分方程 $P(x)y''+Q(x)y'+R(x)y=0$, 两边同乘积分因子 $\mu(x)=\exp\left\{\int\mathrm{d}x\,[Q(x)/P(x)]\right\}$ 后，可化为 $[\mu(x)P(x)y']'+\mu(x)R(x)y=0$。

首先，对于满足边条件的 u 和 v，利用分部积分可证 $\langle v|L|u\rangle=\langle u|L|v\rangle^*$，即 $L=L^\dagger$，它是厄米的。引入 $D[u]$ 和约束：

$$D[u]\equiv\langle u'|p|u'\rangle-\langle u|q|u\rangle,\quad\langle u|w|u\rangle=1,$$

则 $D[u]$ 为驻定的变分条件，即欧拉–拉格朗日方程

$$\frac{\partial I}{\partial u}-\frac{\mathrm{d}}{\mathrm{d}x}\frac{\partial I}{\partial u'}=0,\quad I[u]=D[u]-\lambda\langle u|w|u\rangle,$$

等同于 SL 方程 (2-18)。于是，可将本征问题化为变分问题处理，即本征解 $u=y_n$

满足 $D[u]$ 的驻定条件。实际上，本征解的驻定值 $D[y_n]$ 给出本征值 λ_n：

$$
\begin{aligned}
D[y_n] =& \langle y_n'|p|y_n'\rangle - \langle y_n|q|y_n\rangle = -\langle y_n|(py_n')'\rangle - \langle y_n|q|y_n\rangle \\
=& -\langle y_n|L[y_n]\rangle = \lambda_n\langle y_n|w|y_n\rangle = \lambda_n,
\end{aligned}
$$

此处用到了本征方程和归一条件。

薛定谔方程中常见的驻定值是最小值。假定 y_0 是 SL 方程 (2-18) 的最小本征值 λ_0 的解。现在求 $D[u]$ 的其他最小值。因为 y_0 已经是最小的，其他解不可能有更小的驻定值。为此，要求附加的正交约束 $\langle u|w|y_0\rangle$，相应地取 $I[u] = D[u] - \lambda\langle u|w|u\rangle - \mu\langle u|w|y_0\rangle$。此时变分条件为

$$
|L[u]\rangle + \lambda w|u\rangle + \mu w|y_0\rangle = 0,
$$

左乘 $\langle y_0|$ 可证 $\mu = 0$，此方程又等同于本征方程。因而，驻定解 u 应该是对应于次小本征值 $\lambda = \lambda_1$ 的本征解 y_1。依此类推，逐一添加更多的正交约束，可以找到逐一增高的本征值及相应的本征解。对于一维薛定谔方程，算符 L 相当于 $-H$，而 $\lambda_0 = \langle y_0|H|y_0\rangle/\langle y_0|y_0\rangle$，上述的变分方法因而也称为能量最小法。由之可以证明，能量本征值不可能小于势能最小值。

尽管 SL 方程的本征值谱与 p, q, w 的形式有关，但高本征值有普适行为：$n \to \infty, \lambda_n \propto n^2$。如下变换

$$
\xi = \int_a^x \mathrm{d}x\sqrt{\frac{w(x)}{p(x)}}, \quad \chi(\xi) = [p(x)w(x)]^{\frac{1}{4}}y(x),
$$

将方程 (2-18) 化为 $\chi''(\xi) - r(\xi)\chi(\xi) + \lambda\chi(\xi) = 0$。如果 $r(\xi)$ 有界，则渐近地有 $\chi''(\xi) + \lambda\chi(\xi) = 0$，证实上述高本征值行为。对于谐振子，$r(\xi)$ 无界，不满足普适行为，表明谐振子很例外。

2.9.1　薛定谔方程解的完备性

记三维欧氏空间 x, y, z-轴的三个单位基矢为 $\boldsymbol{e}_1, \boldsymbol{e}_2, \boldsymbol{e}_3$，有 $\boldsymbol{e}_i \cdot \boldsymbol{e}_j = \delta_{ij}$。一个任意矢量 $\boldsymbol{F}$ 可表作 $\boldsymbol{F} = \sum_{i=1}^3 F_i\boldsymbol{e}_i$，其三个分量 $F_i = \boldsymbol{F} \cdot \boldsymbol{e}_i$。此时称此三个基矢对于该矢量空间是完备的，等同于说三维欧氏空间任意矢量可表作三个基矢的线性组合。虽然 xy-平面内的任意矢量 $\boldsymbol{f}$ 可表作 $\boldsymbol{f} = c_1\boldsymbol{e}_1 + c_2\boldsymbol{e}_2$，即基矢 $\boldsymbol{e}_1, \boldsymbol{e}_2$ 对于

xy-平面而言是完备的，但对于三维空间而言不完备，因为总存在三维矢量 $\boldsymbol{F}$，对之无论如何选择 c_1, c_2 均有 $\boldsymbol{F}-(c_1\boldsymbol{e}_1+c_2\boldsymbol{e}_2)\neq 0$。

薛定谔方程或者一般的 SL 方程的本征解，提供了波函数的展开基矢或展开基，即可用它们的线性组合表示一般的函数。设函数族 $\{\phi_i\}$ 是 SL 方程满足定解条件的所有正交归一的本征解，如果满足同样条件的任何函数 f 可以表成

$$f=\sum_{i=0}^{\infty}c_i\phi_i,\quad c_i=\int\phi_i^* wf\phi_i\mathrm{d}\tau,\quad \int\phi_i^* w\phi_j\mathrm{d}\tau=\delta_{ij},\tag{2-19}$$

则称 $\{\phi_i\}$ 是正交完备的。以上展开即第一等式不要求等号点点成立，只要求“几乎点点”成立。此处的正交性是算符厄米性保证的，归一性并非必要，只是便于表述。上式以狄拉克记号写为

$$|f\rangle=\sum_{i=0}^{\infty}c_i|\phi_i\rangle,\quad c_i=\langle\phi_i|wf|\phi_i\rangle,\quad \langle\phi_i|w|\phi_j\rangle=\delta_{ij}.\tag{2-20}$$

完备性的稍为严格的数学表述为

$$\lim_{n\to\infty}\epsilon_n=0,\quad \epsilon_n=\langle\Delta_n|w|\Delta_n\rangle,\quad \Delta_n\equiv|f\rangle-\sum_{i=0}^{n}c_i|\phi_i\rangle,$$

可以证实，对于 $i\leqslant n$，$\langle\phi_i|w|\Delta_n\rangle=0$，而对于 $i>n$，$\langle\phi_i|w|\Delta_n\rangle=c_i$。因而，$|\Delta_n\rangle/\sqrt{\epsilon_n}$ 满足 y_{n+1} 的一切附加条件。于是，

$$D[\Delta_n/\sqrt{\epsilon_n}]\geqslant D[y_{n+1}]=\lambda_{n+1},\quad D[\Delta_n]\geqslant\lambda_{n+1}\epsilon_n.$$

如果 f 可展，则 $D[\Delta_n]$ 存在。由 $\lim_{n\to\infty}\lambda_n\to\infty$，得 $\lim_{n\to\infty}\epsilon_n=0$。

如果 $\{\phi_i(x)\}$ 是薛定谔方程的本征解构成的完备基，一旦某一时刻的归一量子态的展开已知，如 $\psi(x,0)=\sum\limits_{n=0}^{\infty}c_n\phi_n(x)$，则马上可知所有时刻的量子态：

$$\psi(x,t)=\sum_{n=0}^{\infty}c_n\phi_n(x)\mathrm{e}^{-\mathrm{i}E_nt/\hbar}.$$

任意算符 $\hat{A}$ 的期望可写成

$$\langle\hat{A}\rangle_\psi\equiv\langle\psi(x,t)|\hat{A}|\psi(x,t)\rangle=\sum_{m,n}c_n^*c_m\,A_{nm}\mathrm{e}^{\mathrm{i}(E_n-E_m)t/\hbar},\quad A_{nm}=\langle\phi_n|\hat{A}|\phi_m\rangle.$$

此处的讨论比较形式化，但却是量子力学的数学基础。SL 方程的解函数族 $\{\phi_i\}$ 构成完备基，表明任何解不得被遗漏。例如，在氢原子问题中，连续谱解也必须包含

在内。完备性可用狄拉克记号简洁地表作

$$\sum_i |\phi_i(x)\rangle w(x)\langle\phi_i(x)| + \int \mathrm{d}\xi |\phi(x,\xi)\rangle w(x)\langle\phi(x,\xi)| = I.$$

此处 I 为恒等算符，已将连续谱包括在内。

2.9.2　普吕弗变换和本征解零点数

普吕弗变换为

$$(y, py') = (\rho\sin\Theta, \rho\cos\Theta).$$

因为定解条件中 y 和 y' 不同时为零，$\rho^2 = y^2 + (py')^2$ 不为零，所以变换合法。它将 SL 方程 $(py')' + qy + \lambda wy = 0$ 化为关于 $\rho(x), \Theta(x)$ 的两个一阶微分方程：

$$\rho' = \left[\left(\frac{1}{p} - q - \lambda w\right)\sin\Theta\cos\Theta\right]\rho, \quad \Theta' = (q + \lambda w)\sin^2\Theta + \frac{1}{p}\cos^2\Theta.$$

关于 $\Theta(x)$ 的方程与 $\rho(x)$ 无关，且 Θ 的零点决定 y 的零点，便于处理。因为 $\pm y$ 的零点问题相同，可限定 $y(a) \geqslant 0$，相应地，$\Theta(a) = \gamma \in [0, \pi)$。以下将证实，在 $[a, b]$ 内最多只有一个 x 满足 $\Theta(x) = m\pi$，此处 m 为整数。记之为 $x = x_m$，有 $\Theta'(x_m) = 1/p(x_m) > 0$，在 x_m 附近 Θ 为增函数。假定有 $c > x_m$ 且 $\Theta(c) \leqslant m\pi$，则必存在 $x_* \in (x_m, c)$ 使得 $\Theta(x_*) = m\pi$ 且 $\Theta'(x_*) < 0$，导致矛盾。因而，$x > x_m$ 时，$\Theta(x) > m\pi$。同样，$x < x_m$ 时，$\Theta(x) < m\pi$。

证明零点个数还需要用到格容瓦尔不等式和函数比较定理。前者说，如果 $u'(t) \leqslant \beta(t)u(t)$，$t \in (a, b)$，则 $u(t) \leqslant u(a)\exp\left[\int_a^t \beta(s)\mathrm{d}s\right]$，$t \in [a, b]$。证明如下：记 $v(t) \equiv \exp\left[\int_a^t \beta(s)\mathrm{d}s\right]$，$t \in [a, b]$，则 $v'(t) = \beta(t)v(t)$，于是，

$$\frac{\mathrm{d}}{\mathrm{d}t}\frac{u(t)}{v(t)} = \frac{u'(t)v(t) - \beta(t)v(t)u(t)}{v^2(t)} \leqslant 0, \quad \to \quad \frac{u(t)}{v(t)} \leqslant \frac{u(a)}{v(a)} = u(a).$$

不等式得证。函数比较定理说，如果 $F(x, y) \geqslant G(x, y)$，二者对于 y 满足李普希茨条件，且 $y(x), z(x)$ 由 $y' = F(x, y)$ 和 $z' = G(x, z)$ 在 (a, b) 上定义，$y(a) \geqslant z(a)$，则在 $[a, b]$ 上 $y(x) \geqslant z(x)$。其反证法证明如下。令 $g(x) = z(x) - y(x)$，则在 $[a, b]$ 上 $g \leqslant 0$。假如有 $c \in (a, b)$，$g(c) > 0$。考虑集合 $S = \{x \in [a, c]\,|g(x) \leqslant 0\}$，则存在边界点 x_1，它满足 $g(x_1) = 0$ 且在 $(x_1, c]$ 上 $g(x) > 0$。限定在此区间，利用

$G(x,z)-F(x,y)=G(x,z)-G(x,y)+G(x,y)-F(x,y)\leqslant G(x,z)-G(x,y)$，有

$$g(x)=z(x)-y(x)=\int_{x_1}^{x}[G(s,z(s))-F(s,y(s))]\mathrm{d}s$$
$$\leqslant\int_{x_1}^{x}[G(s,z(s))-G(s,y(s))]\mathrm{d}s\leqslant L\int_{x_1}^{x}g(s)\mathrm{d}s.$$

此处最后一步用到李普希茨条件。由 $g'(x)\leqslant Lg(x)$，依格容瓦尔不等式，应有 $g(x)\leqslant g(x_1)=0$，导致矛盾得证。此定理可导出如下引理：如果存在 $x_*>a$ 满足 $y(x_*)=z(x_*)$，则在 $[a,x_*]$ 上 $y(x)=z(x)$。作替换

$$x\to\xi=x_*-x,\quad x=x^*\to\xi=0,\quad F(x,y)\to-F(\xi,y),\quad G(x,y)\to-G(\xi,y),$$

由以上定理可得：在 $[a,x_*]$ 上 $y(x)\geqslant z(x)$，但已经有 $y(x)\leqslant z(x)$，最终得 $y(x)=z(x)$。

上述结果可用于分析 Θ 的方程。记 $Q=q+\lambda w$，如果两个 Θ 的方程有 $Q_1\geqslant Q_2,p_1\leqslant p_2,\Theta_1(a)\geqslant\Theta_2(a)$，则在 $[a,b]$ 上 $\Theta_1(x)\geqslant\Theta_2(x)$。如果还存在 $x_*>a$ 使得 $\Theta_1(x_*)=\Theta_2(x_*)$，则在 $[a,x_*]$ 上 $\Theta_1(x)=\Theta_2(x)$。进一步用反证法可证，如果有强化条件 $Q_1>Q_2$，$x\in(a,b)$，则有强化结果 $\Theta_1(x)>\Theta_2(x),x\in(a,b]$。设两个 SL 方程有 $Q_1\geqslant Q_2,p_1\leqslant p_2$，解 y_2 在 $x_1,x_2\in[a,b]$ 处为 $y_2(x_1)=y_2(x_2)=0$，则 y_1 在 $[x_1,x_2]$ 至少有一个零点。如果 y_2 在该区间有 k 个零点，则 y_1 至少有 $k-1$ 个零点。证明如下：转到 Θ 的方程，现在应有 $\sin\Theta_2(x_1)=0$，不妨设 $\Theta_2(x_1)=0$，$\Theta_2(x_2)=m\pi$，则 m 至少为 1。对于 y_1，令 $\Theta_1(x_1)\in[0,\pi)$，则由上面结果，$\Theta_1(x_2)\geqslant m\pi$，$\Theta_1$ 必在其间某点取 π，即 $y_1=0$。当然，如果 y_2 在该区间有 k 个零点，则 y_1 至少有 $k-1$ 个零点。

函数比较定理是估计 SL 方程解的零点个数的手段。记 $p_{\mathrm{M}}=\max p$，$Q_{\mathrm{m}}=\min Q$，构造 SL 参考方程：$\tilde{y}''+\kappa^2\tilde{y}=0$，$\kappa\equiv\sqrt{Q_{\mathrm{m}}/p_{\mathrm{M}}}$。如果 $(b-a)\kappa>(k-1)\pi$，则 $\tilde{y}$ 在 $[a,b]$ 至少有 k 个零点，因而 y 至少有 $k-1$ 个零点。因 $Q=q+\lambda w$，选足够大的 λ 可使 Q 足够大而零点也足够多。

现在借助普吕弗的 $\Theta(x,\lambda)$ 证明 SL 本征值依本征解的零点个数排序，此处特别标出 Θ 对 λ 的依赖。设 Θ 的初值取 $\Theta(a,\lambda)=\gamma$。首先，如果本征值 $\lambda_s<\lambda_t$，即 $Q_s<Q_t$，则由强化的比较定理，$\Theta(x,\lambda_s)<\Theta(x,\lambda_t)$，$\Theta$ 为 λ 的升函数。上面已经通过构造参考方程得到，对于足够大的 λ，y 和 $\tilde{y}$ 有足够多个零点。记 y 和 $\tilde{y}$ 的第 n 个零点为 $x_n(\lambda)$ 和 $\tilde{x}_n(\lambda)$，则应有 $x_n(\lambda)\leqslant\tilde{x}_{n+1}(\lambda)$，$\lim_{\lambda\to\infty}\tilde{x}_n(\lambda)\to a$。

如果在 $x=a$ 或 b 发生 $w=0$，上述推理须修正如下：考虑任意小的正量 ϵ,δ，在 $[a,b]\to[a_1,b_1]=[a+\epsilon,b-\delta]$ 的替换区间上 $w>0$，推理成立，但 ϵ 可任意小，所以仍有 $x_n\to a$。

最后的关键一步是证明：对于任意的 $x>a$，$\lim_{\lambda\to+\infty}\Theta(x,\lambda)=+\infty$，$\lim_{\lambda\to-\infty}\Theta(x,\lambda)=0$。可以看到，只要 λ 足够大，对于任何 $x>a$，可证 $x_n(\lambda)<x$，就有 $\Theta(x,\lambda)>n\pi$，也就得到第一个命题。第二个命题的证明相当于证实：对于 $\epsilon>0$，存在 $\Lambda(\epsilon,x)$，只要 $\lambda<\Lambda$，则 $\Theta(x,\lambda)<\epsilon$。首先，$\Theta'\leqslant\lambda w(x)\sin^2\Theta+K$，$K\equiv\max\{|q|+1/p\}$。仍然设 $\Theta(a,\lambda)=\gamma\in[0,\pi)$，对于足够负的 λ，$\Theta'\leqslant K$，由中值定理，$\Theta(x,\lambda)\leqslant\gamma+K(x-a)$。只要 $x-a$ 足够小，则 $\Theta<\pi$。取 $a_1\in(a,x_1)$，$x_1<b$，则 $\Theta(a_1,\lambda)<\gamma_1=\gamma+\epsilon<\pi-\epsilon$。(也许需要重新调整 ϵ，但不成问题。) 在 x-Θ 平面联结 (a_1,γ_1) 和 (x_1,ϵ) 的直线 $\Theta(x)=s(x)$，斜率为 $k=-(\gamma_1-\epsilon)/(x_1-a_1)$，除非 $\gamma=\gamma_1-\epsilon=0$，斜率为负。令 $w_1=\min_{x\in[a_1,x_1]}w(x)$，$\Lambda_1=(k-K)/w_1\sin^2\epsilon$，取 $\lambda<\Lambda_1$，此时 $k>\lambda w_1\sin^2\epsilon+K$。在 $x=a_1$，$\Theta(x)<s(x)$。假如真有 $x\in[a_1,x_1]$ 使得 $\Theta(x)>s(x)$，则必定先有 x_* 满足 $\Theta(x_*)=s(x_*)$，且 $\Theta'(x_*)\geqslant k$。但是，$\Theta(x_*)\in[\epsilon,\pi-\epsilon]$，有 $\sin\Theta(x_*)\geqslant\sin\epsilon$。于是，$k<\lambda w(x_*)\sin^2\Theta(x_*)+K\leqslant\lambda w_1\sin^2\epsilon+K<k$，导致矛盾，证实应有 $\Theta(x_1,\lambda)<\epsilon$。

至此，考虑到有可能 $w(b)=0$，b 一直排除在外。因为 $\lambda<0$ 时 $\Theta'(x,\lambda)<K$，总可取 $b_1<b$ 使得 $\Theta(b)<\Theta(b_1)+\epsilon$。在 b_1 运用同样的推理可得：对于$\lambda<\Lambda$，$\Theta(b_1,\lambda)<\epsilon$，进而 $\Theta(b,\lambda)<2\epsilon$。

以上讨论中左边界处理作初值，还须验证右边界条件可被满足。设右边界条件对应于 $\Theta(b,\lambda)=\delta+n\pi$，$\delta\in[0,\pi)$。如果在 (a,b) 上 $\Theta(b,\lambda)<\pi$，则 y 也非零，总可找到 $\lambda=\lambda_0$，使得 $\Theta(b,\lambda_0)=\delta$。如果右边界条件对应于 $\Theta(b,\lambda)=\delta+\pi$，则 y_1 在 (a,b) 中有一个零点，那里 $\Theta=\pi$，且总可找到 $\lambda=\lambda_1$，使得 $\Theta(b,\lambda_1)=\delta+\pi$。如此递推，给出 SL 的本征谱。

第3章 矩阵力学

1925 年 6 月，海森伯在论文《运动学与力学关系的量子理论重新诠释》里提出矩阵力学。矩阵力学是量子力学第一种自成体系的逻辑一贯的表述，由海森伯、玻恩和约当于 1925 年完成。量子力学发展走了两条路：爱因斯坦强调波粒二象性，而玻尔强调能级的分立和跃迁。德布罗意显示了通过驻波条件可得到量子条件，给予波动力学希望。海森伯不欣赏波的图像，走玻尔路线关注离散性。

量子物理学发展中出现三个学派：玻尔的哥本哈根学派、玻恩的哥廷根学派和索末菲的慕尼黑学派。海森伯说自己从索末菲那里得到乐观主义，从玻恩那里学数学，从玻尔那里学物理。庞卡莱曾在 1911 年指出，普朗克定律含有一个实质性的离散要素。1923 年秋，玻恩提出“物理学离散化”纲领，和海森伯尝试舍弃旧量子论，着手“离散的量子力学”计划。海森伯主张，只有在实验里能够观察到的物理量才具有物理意义，才可以用理论描述其物理行为，其他都是无稽之谈。因此，他抛弃玻尔模型中不自然的观念如电子轨道、频率，刻意避开任何涉及粒子运动轨道的详细计算，因为轨道无法直接观察到，而专注于电子跃迁时发出的电磁辐射的离散频率、强度、极化和能级。他找到位置与动量的一种表示，并由之正确地预测光谱实验观测结果，建造一个新理论。在阅读了海森伯的论文之后，玻恩看出，海森伯的数学运算原来就是他在学生时代学到的矩阵微积分。海森伯重新解释量子论后，哥廷根的玻恩和约当及剑桥的狄拉克很快将经典力学方程替换成矩阵或“q-数”的类似方程，建立起逻辑一贯的离散量子力学形式体系。玻恩意识到海森伯的位置与动量的两个表示之间的非对易关系对应于矩阵运算，狄拉克则将经典泊松括号与之对应。几个月后，薛定谔则得到貌似“连续的波动力学”。

本章将从薛定谔的波动力学出发，导出海森伯的矩阵力学，展示二者之间的内在联系，并讨论与此相关的量子力学的绘景和表象等问题。本章由回顾矩阵有关理论开始。

3.1 转动和相似变换

量子力学的数学表述使用了一些抽象的代数结构，即希尔伯特空间及其算子。在经典力学中，物理量的可观察值，为相空间上的函数值，而在量子力学中，为希尔伯特空间中线性算子的本征值即谱值。量子力学核心概念量子态的自然表示，是希尔伯特空间中的矢量，而另一核心概念可观察量算符的自然表示是矩阵。(一个量子态是用等价类中长度为 1 的一个矢量表示的，相当于一个“束”，而并非单个矢量，但在现实中并不强调二者间的区别，并衍生出“态矢”这样并不严格的术语。) 本节回顾矩阵有关理论。

第 2 章曾讨论了角动量和空间旋转的关系。旋转对一个矢量 $\boldsymbol{v}$ 的作用，可表作一个旋转矩阵 R 与该矢量的乘积 $R\boldsymbol{v}$。旋转可分为主动旋转与被动旋转：主动旋转是坐标轴不动而矢量绕旋转轴的旋转，被动旋转是矢量不动而坐标轴本身旋转，二者互为逆操作。

先简要回顾三维矢量的主动旋转。一般矢量 $\boldsymbol{v} = (v_x, v_y, v_z)$ 在旋转下的变换规则应该与 $\boldsymbol{r} = (x, y, z)$ 的规则相同。直接画出旋转的几何图可知，绕单位矢 $\hat{\boldsymbol{n}}$ 转过角度 φ 引起 $\boldsymbol{r}$ 的位移与 $\hat{\boldsymbol{n}}$ 正交，以二正交分量表示，为

$$\delta\boldsymbol{r} = \hat{\boldsymbol{n}} \times (\hat{\boldsymbol{n}} \times \boldsymbol{r})(1 - \cos\varphi) + \hat{\boldsymbol{n}} \times \boldsymbol{r} \sin\varphi. \tag{3-1}$$

无限小转动 $\delta\varphi$ 下，准至线性项的位移为 $\epsilon = \delta\varphi\, \hat{\boldsymbol{n}} \times \boldsymbol{r}$。上章已提及无限小转动与角动量的联系。记三个坐标轴的单位矢为 e_x, e_y, e_z，先考虑 $\hat{\boldsymbol{n}}$ 沿 x-轴即 $\hat{\boldsymbol{n}} = e_x$ 的情形。此时 $\epsilon = \delta\varphi\,(-ze_y + ye_z)$，可用矩阵表示如下：

$$\epsilon = \delta\varphi\, \Delta^x \boldsymbol{r}, \quad \Delta^x = \begin{pmatrix} 0 & 0 & 0 \\ 0 & 0 & -1 \\ 0 & 1 & 0 \end{pmatrix}.$$

因为绕同一轴的转动是顺序无关的，可得有限转动角度 φ 的结果

$$R^x(\varphi) = \exp(\varphi\Delta^x) = \begin{pmatrix} 1 & 0 & 0 \\ 0 & \cos\varphi & -\sin\varphi \\ 0 & \sin\varphi & \cos\varphi \end{pmatrix}.$$

上式最后一步可由指数函数展开得到，也可由 Δ^x 的本征展开得到。对于一般的绕 $\hat{\boldsymbol{n}} = n_x e_x + n_y e_y + n_z e_z$ 转角为 φ 的转动，可推广以上结果得到

$$R^{\boldsymbol{n}}(\varphi) = \exp\left[\varphi\begin{pmatrix} 0 & -n_z & n_y \\ n_z & 0 & -n_x \\ -n_y & n_x & 0 \end{pmatrix}\right].$$

此式表明旋转矩阵 R 可用反对称矩阵 A 的指数函数表示: $R = \mathrm{e}^A$，矩阵 A 称为旋转 R 的“生成元”。展开的矩阵公式繁些，但矩阵的迹为 $1+2\cos\phi$，可用于快速获得转角，且作用于矢量 $\boldsymbol{r}$ 的结果有如下的洛巨各旋转公式:

$$R^{\boldsymbol{n}}(\varphi)\boldsymbol{r} = \boldsymbol{r}\cos\varphi + \hat{\boldsymbol{n}}\times\boldsymbol{r}\sin\varphi + (\hat{\boldsymbol{n}}\cdot\boldsymbol{r})\hat{\boldsymbol{n}}(1-\cos\varphi),$$

此式与式 (3-1) 一致。三维空间旋转还可以通过三个欧拉角 (α,β,γ) 依据 z-x-z 顺规定义，主动旋转矩阵可表达为 $R(\alpha,\beta,\gamma) = R^z(\alpha)R^x(\beta)R^z(\gamma)$。因为这个旋转矩阵不是绕单一轴的旋转，无上述生成元简单表达式。

现在讨论 n 维空间的情形。对于一般的 $n\times n$ 矩阵 A，考虑本征方程 $A\boldsymbol{v} = \lambda\boldsymbol{v}$。如果能找到可逆矩阵 S，使得 $S^{-1}AS = \Lambda$，且 Λ 为对角阵即其非对角元全为零，则 Λ 的对角元 $\Lambda_{ii} = \lambda_i$ 为矩阵 A 的本征值，而 S 的相应列矢量为相应的本征矢，因为此时 $AS = \Lambda S$。此处矩阵 A 和 Λ 有相似关系。矩阵相似是一种等价关系，即满足反身性、对称性和传递性。两个 $n\times n$ 矩阵 A 与 B 为相似的，当且仅当存在一个 $n\times n$ 的可逆矩阵 P，使得 $P^{-1}AP = B$。此时 P 称为相似变换矩阵。由 A 的本征方程，可写 $P^{-1}APP^{-1}\boldsymbol{v} = BP^{-1}\boldsymbol{v} = \lambda P^{-1}\boldsymbol{v}$，表明 $P^{-1}\boldsymbol{v}$ 是 B 的属于相同本征值 λ 的本征矢，所以，两个相似矩阵有相同的特征值，进而行列式和迹也相等，但这只是必要条件，而非充分。不妨令 $\det(P) = 1 = \det(P^{-1})$，因为 P 是可逆的，总可以取 $P\to P/\det(P)$。如果相似矩阵 A 与 B 的变换矩阵是幺正的，则称它们为“幺正相似”的。

一大类重要的矩阵是正规矩阵。如果矩阵 A 与其自身的伴矩阵 $A^\dagger$ 对易，即 $[A,A^\dagger] = 0$，则称其为正规的。任意正规矩阵都可用幺正变换对角化，反过来，所有可用幺正变换对角化的矩阵必为正规矩阵。对于矩阵 A，如果存在幺正矩阵 U，可使得 $U^\dagger AU = \Lambda$，此处 Λ 为对角矩阵，则 $A = U\Lambda U^\dagger$，

$$AA^\dagger = U\Lambda U^\dagger U\Lambda^* U^\dagger = U\Lambda\Lambda^* U^\dagger,\quad A^\dagger A = U\Lambda^* U^\dagger U\Lambda U^\dagger = U\Lambda^*\Lambda U^\dagger = U\Lambda\Lambda^* U^\dagger,$$

证实 A 为正规矩阵。对角化矩阵 Λ 的对角元是正规矩阵 A 的本征值，而变换矩阵 U 的相应列矢量则是 A 的本征矢量。所有的幺正矩阵、厄米矩阵和反厄米矩阵都是正规的，但也并非只包括这几类。当然，实矩阵中的所有正交矩阵、对称矩阵和反对称矩阵都是正规的。因而正规矩阵的概念十分重要。正规矩阵存在两两正交的本征矢量且它们构成完备基。在正规矩阵 A 的本征矢完备基上，A 可以写作互相正交的投影的线性组合，称为它的谱分解。令 $V_\lambda = \{\boldsymbol{v}:\ A\boldsymbol{v} = \lambda\boldsymbol{v}\}$ 为对应于本征值 λ 的特征空间。令 $\{\lambda_i\}$ 为 A 的本征值，P_i 为映到 V_{λ_i} 上的正交投影，而 A 的谱分解为：$A = \lambda_1 P_1 + \lambda_2 P_2 + \cdots + \lambda_n P_n$。

两个正规矩阵 A 和 B 的乘积一般不是正规矩阵，但如果它们对易，则可用同一相似变换对角化或称“同时”对角化，此时乘积矩阵正规。正规矩阵与复数有类比关系，例如，可逆矩阵类似于非零复数，伴矩阵类似于复数共轭，幺正矩阵类似于单位模复数，厄米矩阵类似于实数，反厄米矩阵类似于纯虚数。任意正方矩阵 C 可表作厄米矩阵 A 与反厄米矩阵 B 之和：$C = A + B$，$A = \dfrac{1}{2}(C + C^\dagger)$，$B = \dfrac{1}{2}(C - C^\dagger)$。每个正规矩阵都相似于某个对角矩阵。不过，并非所有的矩阵都可以对角化，但仍相似于称为约当标准形的块对角矩阵。

复空间的幺正矩阵，对应于实空间的正交矩阵，如果限定行列式为 $+1$，则正交矩阵为转动矩阵。旋转矩阵不改变矢量的长度。基于这种对应，可以只考虑复空间和幺正矩阵。式 $R\boldsymbol{a} = \boldsymbol{b}$ 表示矢量 $\boldsymbol{a}$ 在旋转 R 的作用下变换为 $\boldsymbol{b}$。长度不变，要求 $\langle a|a\rangle = \langle b|b\rangle = \langle Ra|Ra\rangle = \langle a|R^\dagger Ra\rangle$，所以 $R^\dagger R = I$，即 $R^\dagger = R^{-1}$。显然，旋转也不改变任何两个矢量的内积。考虑被动旋转即坐标轴或完备基本身的旋转。设原先的坐标完备基为 $\{|e_i\rangle\}_{i=1}^n$，满足正交归一性和完备性：$\langle e_i|e_j\rangle = \delta_{ij}$，$\sum\limits_i |e_i\rangle\langle e_i| = I$。在旋转下完备基变换为 $\{|e_i\rangle\} \to \{|e_i'\rangle\}$，则旋转矩阵可表作 $R = \sum\limits_i |e_i'\rangle\langle e_i|$。首先，将之作用于原基矢 $|e_k\rangle$，有

$$R|e_k\rangle = \sum_i |e_i'\rangle\langle e_i| \cdot |e_k\rangle = \sum_i |e_i'\rangle\delta_{ik} = |e_k'\rangle,$$

得到新基矢 $|e_k'\rangle$，正如所期望的。下一步可验证 R 的幺正性：

$$RR^\dagger = \sum_i |e_i'\rangle\langle e_i| \cdot \sum_j |e_j\rangle\langle e_j'| = \sum_i |e_i'\rangle\langle e_i'| = I,$$

$$R^\dagger R = \sum_j |e_j\rangle\langle e_j'| \cdot \sum_i |e_i'\rangle\langle e_i| = \sum_j |e_j\rangle\langle e_j| = I,$$

此处用到新基矢的正交归一性和完备性 $\langle e_i'|e_j'\rangle=\delta_{ij}$, $\sum\limits_i |e_i'\rangle\langle e_i'|=I$。矩阵 R 在新、旧基矢上的表示即矩阵元为

$$R_{st}=\langle e_s|R|e_t\rangle=\langle e_s|\left(\sum_i |e_i'\rangle\langle e_i|\right)|e_t\rangle=\langle e_s|e_t'\rangle,$$

$$\langle e_s'|R|e_t'\rangle=\langle e_s'|\left(\sum_i |e_i'\rangle\langle e_i|\right)|e_t'\rangle=\langle e_s|e_t'\rangle=R_{st}.$$

以上讨论表明，如果知道新、旧基矢，则可构造它们之间的变换幺正矩阵，并且，其矩阵元在新、旧表示中相等。反之，如果知道变换幺正矩阵 R，则可由 $R|e_k\rangle=|e_k'\rangle$ 从原基矢 $|e_k\rangle$ 生成新基矢，$|e_k'\rangle$。新基矢的正交归一性和完备性由 R 的幺正性保证。

3.2 力学量算符及其矩阵表示

海森伯的矩阵力学基于无穷维矩阵的代数演算，这一点是由玻恩后来阐明的。在那个时代，线性代数并不像现在这样为物理学家所熟悉。原子系统的频率遵从里兹组合原则的经验关系：$\nu_{rt}=\nu_{rs}+\nu_{st}$，频率作为双指标量指示了光谱规律与矩阵的联系。

力学量的矩阵表示给出了量子力学的力学量与算符对应的基本原理。以下以谐振子为例，模仿海森伯从经典解构造力学量的矩阵表示。考虑经典谐振子哈密顿量为 $H=\dfrac{1}{2}(p^2+x^2)$，经典轨道为 $x(t)=\sqrt{2E}\cos t$, $p(t)=-\sqrt{2E}\sin t$，玻尔的作用量量子化条件要求相空间中周期轨道包围的面积为 nh，即 $\oint p\mathrm{d}x=nh$。半径为 $\sqrt{2E}$ 的圆面积为 $2\pi E$，所以能量 E 取 $E_n=nh/(2\pi)=n\hbar$。引入

$$A(t)=[x(t)+\mathrm{i}p(t)]/\sqrt{2}=\sqrt{E}\mathrm{e}^{-\mathrm{i}t},\quad A^\dagger(t)=[x(t)-\mathrm{i}p(t)]/\sqrt{2}=\sqrt{E}\mathrm{e}^{\mathrm{i}t},\qquad(3\text{-}2)$$

则更显紧凑，且 x 和 p 可用它们的和差表示。设想所有的量子化轨道组成一组基矢 $\{|n\rangle\}_{n=0}^\infty$，并且记 $|n\rangle_t=\mathrm{e}^{-\mathrm{i}nt}|n\rangle$，则方程 (3-2) 等价于将 A 解释为矩阵，其矩阵元为

$$A_{mn}(t)\equiv\langle m|_t A(0)|n\rangle_t,\quad A_{mn}(0)=\langle m|A(0)|n\rangle=\sqrt{E_n}\delta_{n,m+1}.$$

矩阵 A 只有次上对角元非零，相应地 $A^\dagger$ 只有次下对角元非零。可以证实，矩阵 $AA^\dagger$ 和 $A^\dagger A$ 均为对角的，且 $(AA^\dagger)_{nn}=(n+1)\hbar, (A^\dagger A)_{nn}=n\hbar$，即

$$[A,A^\dagger]=\hbar I.$$

由之可导得 $[x,p]=\mathrm{i}[A,A^\dagger]=\mathrm{i}\hbar$，且

$$H=(A^\dagger A+1/2)\hbar,\quad E_n=(n+1/2)\hbar,$$

自动得出零点能 $\dfrac{1}{2}\hbar$。值得注意，所有这些只是一种演示，因为不存在从经典到量子的推导。

3.2.1　谐振子的代数解法

现在从薛定谔波动力学的角度看一下力学量的矩阵表示。仍以谐振子为例。取单位 $\mu=\omega_0=1$，哈密顿算符为 $\hat{H}=\dfrac{1}{2}(\hat{p}^2+\hat{x}^2)$，此处 $\hat{p}=-\mathrm{i}\hbar\mathrm{d}/\mathrm{d}x$。第 2 章已得到谐振子的定态薛定谔方程的本征解，但对于此处讨论而言，解的具体形式并不重要，重要的是所有的本征矢构成正交完备基。设归一的基矢依本征能量 E_n 记为 $|n\rangle$，$\hat{H}|n\rangle=E_n|n\rangle$。在这组基中，算符 $\hat{H}$ 有自然的矩阵表示，其矩阵元为

$$H_{mn}=\langle m|\hat{H}|n\rangle=E_n\langle m|n\rangle=E_n\delta_{mn},$$

即 $\hat{H}$ 在其自身的本征矢基中的表示是对角的。

以下用代数方法分析本征值和本征矢。仍然引入类似的辅助算符 $a=(\hat{x}+\mathrm{i}\hat{p})/\sqrt{2}$。由对易关系 $[\hat{x},\hat{p}]=\mathrm{i}\hbar$ 可导得 $[a,a^\dagger]=\hbar$，且 $\hat{H}=\dfrac{1}{4}[(a+a^\dagger)^2-(a-a^\dagger)^2]=a^\dagger a+\dfrac{1}{2}\hbar$。记 $a^\dagger a=\hat{N}$，则

$$\hat{N}|n\rangle=(E_n-\hbar/2)|n\rangle\equiv N_n|n\rangle,$$

即 $|n\rangle$ 也是 $\hat{N}$ 的本征矢，且 $[\hat{N},a]=[a^\dagger,a]a=-\hbar a$，$[\hat{N},a^\dagger]=a^\dagger[a,a^\dagger]=\hbar a^\dagger$。于是，

$$[\hat{N},a]|n\rangle=\hat{N}a|n\rangle-a\hat{N}|n\rangle=\hat{N}a|n\rangle-N_na|n\rangle=-\hbar a|n\rangle,\quad\rightarrow\ \hat{N}a|n\rangle=(N_n-\hbar)a|n\rangle,$$

最后一式表明 $a|n\rangle$ 是 $\hat{N}$ 的本征矢，但本征值小了 $\hbar$。类似地，从 $[\hat{N},a^\dagger]|n\rangle$ 出发，可以证明 $a^\dagger|n\rangle$ 也是 $\hat{N}$ 的本征矢，但本征值大了 $\hbar$。因而，$a^\dagger$ 和 a 可分别称为升、

降算符，其作用是在于向上或向下移动本征值一个单位。可以证实，重复操作算符 $(a^\dagger)^k$ 和 a^k 上下移动本征值 k 个单位。因而，如果 N_n 是 $\hat{N}$ 的本征值，则 $N_n \pm k\hbar$ 也是本征值。但是，$\langle m|\hat{N}|m\rangle \geqslant 0$，因为它代表矢量 $a|m\rangle$ 的长度。于是，$\hat{N}$ 的所有本征值 $N_m \geqslant 0$，序列 $N_n - k$ 必须终止于 $N_n - k = 0$，即必须存在 $|0\rangle$ 使得 $a|0\rangle = 0$。因而，$\hat{N}$ 的本征值为 $N_n = n\hbar, n = 0, 1, 2, \cdots$。设 $|0\rangle$ 已归一，考虑到 $\langle 0|aa^\dagger|0\rangle = \langle 0|(a^\dagger a + \hbar)|0\rangle = \hbar\langle 0|0\rangle = \hbar$，则 $|1\rangle = (1/\sqrt{\hbar})a^\dagger|0\rangle$ 是归一的。类似地，设 $|n-1\rangle$ 已归一，由

$$\langle n-1|aa^\dagger|n-1\rangle = \langle n-1|(a^\dagger a + \hbar)|n-1\rangle = n\hbar,$$

可导得 $\hat{N}$ 的属于本征值 $n\hbar$ 的归一化本征矢

$$|n\rangle = \frac{1}{\sqrt{n\hbar}}a^\dagger|n-1\rangle = \frac{\hbar^{-\frac{n}{2}}}{\sqrt{n!}}(a^\dagger)^n|0\rangle.$$

在完备基 $\{|n\rangle\}$ 中，哈密顿算符 $\hat{H}$ 为对角的，且本征值为 $E_n = (n + 1/2)\hbar$。由上式可以看到，$a^\dagger|n-1\rangle = \sqrt{n\hbar}|n\rangle$，所以算符 $a^\dagger$ 在完备基 $\{|n\rangle\}$ 中有矩阵元:

$$(a^\dagger)_{mn} = \langle m|a^\dagger|n\rangle = \sqrt{(n+1)\hbar}\langle m|n+1\rangle = \sqrt{(n+1)\hbar}\delta_{m,n+1},$$

表明 $a^\dagger$ 只有次下对角元非零，与前面 $A^\dagger$ 的表示一致。另外，由 $\langle n|a^\dagger a|n\rangle = n\hbar$ 知 $a|n\rangle = \sqrt{n\hbar}|n-1\rangle$，所以算符 a 在完备基 $\{|n\rangle\}$ 中有矩阵元:

$$(a)_{mn} = \langle m|a|n\rangle = \sqrt{n\hbar}\langle m|n-1\rangle = \sqrt{n\hbar}\delta_{m,n-1},$$

表明 a 只有次上对角元非零，与前面 A 的表示一致。通过线性组合 a 和 $a^\dagger$ 的表示，马上可以得到 $\hat{x}$ 和 $\hat{p}$ 的表示。

从 $\hat{H} = \frac{1}{2}(\hat{p}^2 + \hat{x}^2)$ 到 $\hat{H} = a^\dagger a + \frac{1}{2}\hbar$，是哈密顿算符的“因式分解”。因子化得到的方程 $a|0\rangle = 0 \to (x + \mathrm{d}/\mathrm{d}x)\psi_0 = 0$，是一阶微分方程，比原先的二阶微分方程容易求解。

$$a|0\rangle = \frac{1}{\sqrt{2}}(\hat{x} + \mathrm{i}\hat{p})|0\rangle = 0, \quad \to \left(x + \hbar\frac{\mathrm{d}}{\mathrm{d}x}\right)\psi_0 = 0, \quad \to \psi_0(x) = (\pi\hbar)^{-\frac{1}{4}}\,\mathrm{e}^{-x^2/2\hbar}.$$

3.2.2 角动量的代数理论

第 2 章在处理氢原子问题时讨论过角动量算符 $\boldsymbol{L}$，及由之导出的 $\boldsymbol{L}_\pm = L_x \pm \mathrm{i}L_y, \boldsymbol{L}^2$。角动量算符最重要的对易关系是

$$[L_i, L_j] = \mathrm{i}\hbar\epsilon_{ijk}L_k, \quad \to \boldsymbol{L} \times \boldsymbol{L} = \mathrm{i}\hbar\boldsymbol{L}, \tag{3-3}$$

此处 ϵ_{ijk} 为勒维–契维塔反对称符号。由式 (3-3) 可导得

$$\boldsymbol{L}^2 = L_+L_- + L_z^2 - \hbar L_z = L_-L_+ + L_z^2 + \hbar L_z, \tag{3-4}$$

$$[\boldsymbol{L}^2, L_z] = [\boldsymbol{L}^2, L_\pm] = 0, \quad [L_+, L_-] = 2\hbar L_z, \quad [L_z, L_\pm] = \pm\hbar L_\pm, \tag{3-5}$$

最后一个关系式与谐振子算符有类比关系，即 $(\hat{N}, a, a^\dagger) \sim (L_z, L_-, L_+)$。对易关系式 (3-3) 对于角动量算符是最本质的，为强调此点，将满足该关系的算符记为 $\boldsymbol{J}$。首先，$\boldsymbol{J}^2$ 的本征值非负，不妨记作 $j(j+1)\hbar^2$, $j \geqslant 0$；没有记作 $j^2\hbar^2$ 只是为了方便，后面会看到。对于任何态矢，$J_\pm J_\mp$ 的期望非负，所以，如果记 $\boldsymbol{J}^2$ 和 J_z 的共本征矢为 $|j, m\rangle$，$m\hbar$ 为 J_z 的本征值，则由式 (3-4)，$j(j+1) \geqslant m(m\pm1)$，进而 $-j \leqslant m \leqslant j$。假如 $\boldsymbol{J}^2$ 的本征值取 $j^2\hbar^2$，则没有此处的简单结果。由 $[J_z, J_\pm] = \pm\hbar J_\pm$，

$$J_z J_\pm |j, m\rangle = (m \pm 1)\hbar J_\pm |j, m\rangle, \quad \rightarrow \quad J_\pm |j, m\rangle \sim |j, m \pm 1\rangle,$$

表明如果 $m\hbar$ 为本征值，则 $(m\pm1)\hbar$ 也是本征值。为了不导致矛盾，m 从 $-j$ 到 j 必须走整数步，即 $2j+1$ 必须取正整数，m 的升降方可中断，且 $J_+|j, j\rangle = 0$, $J_-|j, -j\rangle = 0$。

最后简要讨论一下自旋和自旋角动量，详细的讨论留待第 5 章。自旋最初是为解释原子束穿越不均匀的磁场时分裂的现象而引入的内禀自由度，伴随自旋角动量，有自旋磁矩。自旋角动量满足上述的角动量算符对易关系。自旋是微观粒子的基本属性，量子数只取整数或半整数，大小不变，可变的只是方向。电子自旋量子数为 1/2，角动量可表成 $\boldsymbol{S} = \dfrac{1}{2}\hbar\boldsymbol{\sigma}$，此处 $\boldsymbol{\sigma}$ 的三个分量与上章介绍过的泡利矩阵相联系。

3.2.3　态矢、内积和算符方程的矩阵表示

上面主要讨论了算符的矩阵表示。在一组正交归一完备基矢 $\{|\psi_j\rangle\}$ 中，基矢完备性可表作

$$\sum_j |\psi_j(\boldsymbol{r})\rangle\langle\psi_j(\boldsymbol{r})| = I,$$

此处 I 为恒等算符。(原则上，完备性可以涉及连续谱，此时除上述求和部分外，完备性表达式还含有积分部分 $\displaystyle\int |\psi(\boldsymbol{r}, \alpha)\rangle \mathrm{d}\alpha \langle\psi(\boldsymbol{r}, \alpha)|$，此处约定以求和式代表二者，也包括只有连续谱的情形。) 对于一般的态矢或波函数 $|\Psi(\boldsymbol{r})\rangle$，

$$|\Psi(\boldsymbol{r})\rangle = \left(\sum_j |\psi_j(\boldsymbol{r})\rangle\langle\psi_j(\boldsymbol{r})|\right)|\Psi(\boldsymbol{r})\rangle = \sum_j c_j|\psi_j(\boldsymbol{r})\rangle, \quad c_j = \langle\psi_j(\boldsymbol{r})|\Psi(\boldsymbol{r})\rangle.$$

设 $|\Psi(\boldsymbol{r})\rangle$ 已归一，则 $\sum\limits_j c_j^* c_j = \sum\limits_j |c_j|^2 = 1$。这里的展开系数 $\{c_j\}$，构成态矢 $|\Psi(\boldsymbol{r})\rangle$ 在这组基中的表示，完全可类比于三维矢量 $\boldsymbol{F} = F_x\boldsymbol{e}_x + F_y\boldsymbol{e}_y + F_z\boldsymbol{e}_z$ 的分量表示 (F_x, F_y, F_z)。态矢的内积也有简单的表示：$\langle\Phi|\Psi\rangle = \langle\Phi|\sum\limits_j |\psi_j\rangle\langle\psi_j|\Psi\rangle = \sum\limits_j d_j^* c_j$，此处 $c_j = \langle\psi_j|\Psi\rangle$，$d_j^* = \langle\Phi|\psi_j\rangle$。

一般的算符方程 $\hat{F}|\Psi\rangle = |\Phi\rangle$，由基矢 $\{|\psi_j\rangle\}$ 的完备性和正交归一性，有

$$\sum_j F_{kj}c_j = d_k, \quad F_{kj} = \langle\psi_k|\hat{F}|\psi_j\rangle, \quad c_j = \langle\psi_j|\Psi\rangle,\ d_k = \langle\psi_k|\Phi\rangle,$$

表明在算符和态矢均用完备基表示后算符方程等价于矩阵方程。

3.2.4 算符对角化

厄米算符在其本征矢构成的基中的表示矩阵是对角的。一个算符是可对角化的，当且仅当矢量空间可由其本征矢集张成时。考虑有限维情形，在一组基中算符 $T - \lambda I$ 的表示矩阵的行列式，是关于 λ 的多项式。根据代数基本定理，该多项式至少有一个根，所以算符 T 至少有一个本征矢。但是，算符 T 未必有足够多的本征矢以张成整个矢量空间，约当标准化的表示矩阵不再必定对角。

设 T 在一组正交归一的或者说幺正的完备基 $\{|v_i\rangle\}$ 中的表示矩阵为 (T_{ij})。对角化，是找到幺正变换 U，从原有基得出一组新基 $\{|u_i\rangle\} = \{U|v_i\rangle\}$，使得 T 在新基中的表示是对角的。此时 $\langle u_i|T|u_j\rangle = \lambda_i\delta_{ij}$，表明 λ_i 是对角元，也是本征值。由 $\langle u_i|T|u_j\rangle = \langle v_i|U^\dagger TU|v_j\rangle$ 可知，$U^\dagger TU$ 在原基中对角。在原有基中，$|u_k\rangle$ 的表示为 $\langle v_n|u_k\rangle = \langle v_n|U|v_k\rangle$，表明 U 表示阵的第 k 列为 $|u_k\rangle$。

厄米算符可幺正对角，其实正规矩阵均可幺正对角化。正规矩阵 M 满足 $[M^\dagger, M] = 0$，所以在幺正变换 U 下，

$$[(U^\dagger MU)^\dagger, U^\dagger MU] = [U^\dagger M^\dagger U, U^\dagger MU] = U^\dagger[M^\dagger, M]U = 0,$$

表明幺正变换保持正规性。设 $|w\rangle$ 为 M 的本征矢：$M|w\rangle = \lambda|w\rangle$，记 $|u\rangle = (M^\dagger - \lambda^*)|w\rangle$，则

$$\begin{aligned}\langle u|u\rangle = \langle(M^\dagger - \lambda^*)w|(M^\dagger - \lambda^*)w\rangle =& \langle w|(M - \lambda)(M^\dagger - \lambda^*)|w\rangle \\ =& \langle w|(M^\dagger - \lambda^*)(M - \lambda)|w\rangle = 0.\end{aligned}$$

于是，$|u\rangle = (M^\dagger - \lambda^*)|w\rangle = 0$，即 $|w\rangle$ 也是 $M^\dagger$ 的本征矢。如果 M 是可幺正对角化的，则存在幺正变换 U 和对角阵 D，使得 $M = U^\dagger DU$。因而，

$$[M^\dagger, M] = [U^\dagger D^\dagger U, U^\dagger DU] = U^\dagger (D^\dagger D - DD^\dagger)U = 0,$$

表明 M 是正规的。

现在可以用归纳法证明“谱定理”：当且仅当 M 为正规矩阵时，M 的本征矢集 V 构成正交完备基。如果矢量空间是一维的，$\dim V = 1$，命题显然成立。逆定理的证明简单，以下只讨论正定理。假设命题对 $\dim V = n-1$ 成立，M 在一组幺正基 $\{|i\rangle\}_{i=1}^n$ 中为 $n \times n$ 的矩阵。已经知道，M 至少有一个本征矢，记为 $|v_1\rangle$，有 $M|v_1\rangle = \lambda_1|v_1\rangle$。总可构造含 $|v_1\rangle$ 的一组幺正基 $\{|v_i\rangle\}_{i=1}^n$，记其与原有基 $\{|i\rangle\}$ 之间的幺正变换为 U_1，则 $|v_1\rangle = U_1|1\rangle, |1\rangle = U_1^\dagger|v_1\rangle$。记 $M_1 = U_1^\dagger M U_1$，则 $\langle j|M_1|1\rangle = \lambda_1\delta_{j1}, \langle 1|M_1|j\rangle = \langle j|M_1^\dagger|1\rangle^* = \lambda_1\delta_{j1}$，表明 M_1 为 $(\lambda)_{1\times 1}$ 和 $M'_{(n-1)\times(n-1)}$ 组成的分块对角矩阵。根据归纳假设，存在幺正变换 $U'_{(n-1)\times(n-1)}$ 可将 M' 对角化。构造分块对角的 $U = 1 \oplus U'$，即它由对角元 1 与对角块 U' 组成。显然 U 是幺正的，并且 $U^\dagger M_1 U = U^\dagger U_1^\dagger M U_1 U = (U_1U)^\dagger M(U_1U)$ 是对角的，定理得证。正规矩阵 M 对角化得到的本征值 λ_k，一般为 $d_k \geqslant 1$ 重简并。记 $V_k \equiv \{|v\rangle \in V:\ M|v\rangle = \lambda_k|v\rangle\}$ 为在 M 作用下不变的子空间，则 $\dim V_k = d_k$，V_k 中任何矢量均为 M 的属于 λ_k 的本征矢。矢量空间 V 可分解为无交的子空间集 $\{V_k\}$，记作“直接和”：

$$V = V_1 \oplus V_2 \oplus \cdots \oplus V_m, \quad \dim V = \sum_{i=1}^m d_i.$$

算符 S 和 T 可同时对角化，或者说它们共享本征矢，必要条件是它们对易。该条件非充分，因为它们或许不可对角化。设 S 和 T 为对易的厄米算符，如果 T 非简并，则

$$T|v_i\rangle = \lambda_i|v_i\rangle, \quad \to\ TS|v_i\rangle = ST|v_i\rangle = \lambda_i\, S|v_i\rangle, \quad \to\ S|v_i\rangle = \omega_i|v_i\rangle,$$

表明二算符共本征矢。如果 T 有简并，记其属于简并本征值 λ_k 的不变子空间为 V_k，则

$$|u\rangle \in V_k,\ \to\ T|u\rangle = \lambda_k|u\rangle, \quad \to\ T(S|u\rangle) = S(T|u\rangle) = \lambda_k\, S|u\rangle, \quad \to\ S|u\rangle \in V_k,$$

表明 V_k 也是 S 的不变子空间。于是，在 T 为对角的一组基中，S 是分块对角的，但未必是对角的。记 S 的表示矩阵属于 V_k 的对角块为 S_k，它为厄米的，可用幺

正变换 U_k 对角化。从 $n\times n$ 的单位阵出发，将其对应于 V_k 的对角块换为 U_k，得到 U，显然 U 是幺正，$U^\dagger SU$ 在 V_k 所对应的对角块是对角的，并且，$U^\dagger TU$ 仍然是对角的。同时对角化得证。对角的 $U_k^\dagger S_k U_k$ 未必有相同的对角元即本征值，每个本征值给出 V_k 依 S 的不变子空间的再分解。对每个 V_k，可作类似操作，直至所有对角块分解完。上面只涉及两个对易算符，不难看出，所有推导也适用于多个对易算符。

从一个厄米算符的所有本征矢可构造出一组幺正完备基，但当简并发生时，本征矢不能由本征值唯一地标记。用一组对易算符，有可能唯一地标记它们的共同本征值。再添加对易算符，虽不破坏唯一性，但也不带来太多好处。最小的这样一组对易算符，称为对易算符完全集，显然它不唯一。在构造算符完全集时，通常首先选哈密顿算符，然后在必要时添加算符，检验两两的对易性及退简并效果。对于经典可积体系，这样的算符完全集存在，但其存在性对于一般体系并不清楚。

3.3 量子力学的数学表述

量子力学是线性理论，矢量空间自然扮演重要角色：物理状态对应于希尔伯特空间或态空间中的矢量，更确切些说是矢量束，物理量与作用于态空间的算符对应。本节简要归纳叙述有限维希尔伯特空间的基本性质，无限维希尔伯特空间在量子力学中不可避免，但数学理论复杂得多。(假如位置算符 $\hat{x}$ 和动量算符 $\hat{p}$ 的表示是有限维的，则根据有限维矩阵 A,B 的对易子的迹为零，不可能出现 $[\hat{x},\hat{p}]=\mathrm{i}\hbar$。)

线性矢量空间 元素为矢量的集合，它对于加法和数乘封闭，即空间中任一矢量乘以任意复数后仍属于该空间，空间中任二矢量之和也属于该空间。以狄拉克右矢 $|k\rangle$ 表示该空间中的矢量，则可通过定义内积引入对偶空间即左矢空间，左矢 $\langle k|$ 与右矢 $|k\rangle$ 对应。

内积 从对偶空间一对矢量 $\langle\phi|$ 与 $|\psi\rangle$ 到一个复数 c 的映射 $c=\langle\phi|\psi\rangle$，它具有以下性质。(1) 非负性：$\langle\psi|\psi\rangle\geqslant 0$，等号只对零矢量 $|\psi\rangle=0$ 成立。(2) 线性：$\langle\phi|(c_1|\psi_1\rangle+c_2|\psi_2\rangle)=c_1\langle\phi|\psi_1\rangle+c_2\langle\phi|\psi_2\rangle$。(3) 反线性：$\langle c_1\phi_1+c_2\phi_2|\psi\rangle=c_1^*\langle\phi_1|\psi\rangle+c_2^*\langle\phi_2|\psi\rangle$。(4) 斜对称：$\langle\phi|\psi\rangle=\langle\psi|\phi\rangle^*$。矢量 $|\psi\rangle$ 的模定义作 $||\psi||=\sqrt{\langle\psi|\psi\rangle}$。内积满足：$|\langle\psi|\phi\rangle|^2\leqslant\langle\psi|\psi\rangle\langle\phi|\phi\rangle$，$||(\phi+\psi)||\leqslant||\phi||+||\psi||$，等号只在 $|\psi\rangle=c|\phi\rangle$ 时成立，且对于第二式 c 还应为实的。

希尔伯特空间　定义了内积的复数域上的线性矢量空间。

线性无关　一组矢量 $\{|\phi_i\rangle\}$ 是线性无关的，则 $\sum\limits_k c_k|\phi_k\rangle = 0$ 当且仅当 $c_k = 0\ \forall k$ 时成立。一个线性矢量空间的维数是其最大线性无关矢量数。

基　一个线性矢量空间的线性无关矢量的最大集 $\{|\phi_i\rangle\}$。因而，任何矢量 $|\psi\rangle$ 可表作线性组合：$|\psi\rangle = \sum\limits_k c_k|\phi_k\rangle$。系数 $\{c_i\}$ 构成矢量 $|\psi\rangle$ 的一个表示。如果 $\langle\phi_k|\phi_k\rangle = 1$，则称基为归一的。如果对任意的 $j \neq k$ 有 $\langle\phi_j|\phi_k\rangle = 0$，则称基为正交的。如果二者兼具，即 $\langle\phi_j|\phi_k\rangle = \delta_{jk}$，则称基为幺正基。

希尔伯特空间所有矢量可相差一整体相位因子 $\mathrm{e}^{\mathrm{i}\theta}$，但相对相位十分重要：$|\psi\rangle + \mathrm{e}^{\mathrm{i}\theta}|\phi\rangle \neq |\psi\rangle + |\phi\rangle$。

算符　作用于空间中一个矢量，给出另一个矢量：$A|\psi\rangle = |\phi\rangle$。线性算符 A 满足：$A(c_1|\psi_1\rangle + c_2|\psi_2\rangle) = c_1A|\psi_1\rangle + c_2A|\psi_2\rangle$。于是，对于幺正基 $\{|v_i\rangle\}$，$A_{jk} = \langle v_j|A|v_k\rangle$ 给出算符 A 的一个表示：

$$A = \sum_{j,k} A_{jk}|v_j\rangle\langle v_k|, \quad A|\psi\rangle = |\phi\rangle \ \rightarrow\ \sum_k A_{jk}a_k = b_j, \quad a_i = \langle v_i|\psi\rangle,\ b_i = \langle v_i|\phi\rangle.$$

线性算符满足分配律和结合律：

$$(A+B)|\psi\rangle = A|\psi\rangle + B|\psi\rangle, \quad (AB)|\psi\rangle = A(B|\psi\rangle) = AB|\psi\rangle, \quad A(BC)|\psi\rangle = (AB)C|\psi\rangle,$$

但一般不满足交换律：$AB|\psi\rangle \neq BA|\psi\rangle$，即对易子 $[A,B] \equiv AB - BA$，一般不为零。约定 $\langle\phi|\,(A|\psi\rangle) = (\langle\phi|A)\,|\psi\rangle = \langle\phi|A|\psi\rangle$。算符 A 的函数 $f(A)$ 由函数 $f(x)$ 的泰勒展开定义：

$$f(x) = f(0) + f'(0)\,x + \cdots + \frac{1}{n!}f^{(n)}(0)\,x^n + \cdots$$

$$\rightarrow f(A) = f(0) + f'(0)\,A + \cdots + \frac{1}{n!}f^{(n)}(0)\,A^n + \cdots$$

此处算符的幂由算符乘积递归地定义：$A^n = (A^{n-1})A$。

如果存在子空间 U，对于任意的 $u \in U$，在算符 T 的作用下有 $Tu \in U$，则称 U 为 T 的不变子空间。对于一维的不变子空间 U，$Tu \in U$ 意味着 $Tu = \lambda u$，此关系式称为本征方程，λ 称为本征值，u 称为本征矢。

算符 A 的伴算符 $A^\dagger$ 由下式定义：$\langle A^\dagger\phi|\psi\rangle = \langle\phi|A\psi\rangle$，$\forall\langle\phi|, |\psi\rangle$。等价的说法有 $\langle\phi|A|\psi\rangle = \langle\psi|A^\dagger|\phi\rangle^*$，或 $A|\psi\rangle \rightarrow \langle\psi|A^\dagger$。可证 $(AB)^\dagger = B^\dagger A^\dagger$。厄米算符 A 为自伴的，即 $A = A^\dagger$。如果 A 和 B 为厄米算符，则 $A+B$ 和 $AB+BA$ 也是厄米的。厄米

算符的本征值为实的，且不同本征值的本征矢正交。一个厄米算符的所有本征矢，组成一组基，经正交归一化后可导出一组幺正基。

外积 $|\phi\rangle\langle\psi|$ 为算符，它作用于矢量 $|\chi\rangle$ 得另一矢量：$(|\phi\rangle\langle\psi|)\,|\chi\rangle = |\phi\rangle\,(\langle\psi|\chi\rangle)$。特别地，$|\psi\rangle\langle\psi|/\langle\psi|\psi\rangle$ 是投影算符，计算其他矢量沿 $|\psi\rangle$ 的分量。对于幺正基 $\{|v_i\rangle\}$ 的每个基矢，可定义投影算符 $P_i = |v_i\rangle\langle v_i|$。所有基矢投影算符的总和为恒等算符：$\sum\limits_i P_i = I$。算符的迹 $\mathrm{Tr}A$ 定义为 $\mathrm{Tr}A = \sum\limits_i A_{ii}$，迹不依赖于基的选取，为不变量。

在厄米算符 A 的本征矢组成的幺正基 $\{|v_i\rangle\}$ 中，A 的表示是对角的，且

$$A|v_i\rangle = a_i|v_i\rangle, \quad A = \sum_i a_i|v_i\rangle\langle v_i|,$$

此处第二式为算符 A 的谱展开，可证 $A^n = \sum\limits_i a_i^n|v_i\rangle\langle v_i|$，$f(A) = \sum\limits_i f(a_i)|v_i\rangle\langle v_i|$。如果两个厄米算符 A 和 B 对易，即 $[A,B]=0$，则它们可共享本征矢，后者可表作 $|a,b\rangle$，这种记号可用于区分简并的本征态。

算符 U 为幺正算符，则 $UU^\dagger = U^\dagger U = I$。考虑两组幺正基 $\{|u_i\rangle\}$ 和 $\{|v_i\rangle\}$，则 $U = \sum\limits_i |v_i\rangle\langle u_i|$ 为幺正算符，且 $|v_i\rangle = U|u_i\rangle$，$\forall i$。

3.4 量子力学的三种绘景

量子力学表述涉及量子态或态矢以及算符的表示，但它们不直接对应于实验观测值，可观测值是算符的本征值，而可观测值的平均是算符对态矢的期望。如同在经典力学中可相当自由地选择坐标基，量子力学中也可自由地选择不同的表示。不同算符对应的完备基，通常称为不同的表象。以下将看到，量子力学中的时间演化，相当于希尔伯特空间中的旋转，可以选择态矢旋转或算符旋转的不同表述，通常将此处的不同表述方式称为绘景。

3.4.1 薛定谔绘景

薛定谔绘景是算符和基矢不动而态矢旋转的时间演化表述。第 2 章提到，波函数时间演化的薛定谔方程为

$$\mathrm{i}\hbar\frac{\partial\Psi(\boldsymbol{r},t)}{\partial t} = -\frac{\hbar^2}{2\mu}\nabla^2\Psi(\boldsymbol{r},t) + U(\boldsymbol{r})\Psi(\boldsymbol{r},t). \tag{3-6}$$

对空间部分和时间部分分离变数后，空间部分对应于定态薛定谔方程，其解集给出一组正交完备基 $\{|\psi_j(\boldsymbol{r})\rangle\}$，约定所有基矢已归一。如果初态即初始波函数为 $|\Psi(\boldsymbol{r},t)\rangle|_{t=0}\equiv|\Psi(\boldsymbol{r})\rangle$，它可在这组基中展开：

$$|\Psi(\boldsymbol{r})\rangle=\sum_j c_j|\psi_j(\boldsymbol{r})\rangle,\quad c_j=\langle\psi_j(\boldsymbol{r})|\Psi(\boldsymbol{r})\rangle.$$

设 $|\Psi(\boldsymbol{r})\rangle$ 已归一，则 $\sum\limits_j c_j^*c_j=\sum\limits_j|c_j|^2=1$。最终，波函数的时间演化解为

$$|\Psi(\boldsymbol{r},t)\rangle=\sum_j c_j\mathrm{e}^{-\mathrm{i}E_jt/\hbar}|\psi_j(\boldsymbol{r})\rangle,$$

此处已用到分离变数后时间部分方程的解。

引入波函数时间演化算符$U(t,t_0)$：$|\Psi(\boldsymbol{r},t)\rangle=U(t,t_0)|\Psi(\boldsymbol{r},t_0)\rangle$，则 $U(t_0,t_0)=1$，$U(t,t_0)$ 和 $|\Psi(\boldsymbol{r},t)\rangle$ 满足同样的方程：

$$\mathrm{i}\hbar\frac{\partial}{\partial t}|\Psi(\boldsymbol{r},t)\rangle=\hat{H}|\Psi(\boldsymbol{r},t)\rangle,\quad \mathrm{i}\hbar\frac{\partial U(t,t_0)}{\partial t}=\hat{H}U(t,t_0),\tag{3-7}$$

表明 $U(t,t_0)=U(t-t_0,0)$ 是以时间 t 为参数的与态矢无关的算符。如果体系的哈密顿算符不显含时间，则

$$U(t,t_0)=\mathrm{e}^{-\mathrm{i}(t-t_0)\hat{H}/\hbar},$$

否则由戴森级数表示：

$$U(t,t_0)=\mathcal{T}\left[\exp\left(-\frac{\mathrm{i}}{\hbar}\int_{t_0}^{t}\mathrm{d}t'\,\hat{H}(t')\right)\right],$$

其中，$\mathcal{T}$ 为时间排序算符，其后果是将算符乘积中各算符按时间先后自右至左排序。如果不同时刻的哈密顿算符对易，则时序算符不出现。可以证实，$U(t,t_0)$ 为幺正算符，且 $U^\dagger(t,t_0)=U(t_0,t)$，另外，$U(t+s,t_0)=U(t+s,s)U(s,t_0)$。由式 (3-7)，可形式地写

$$\hat{H}=\mathrm{i}\hbar\frac{\partial U(t,t_0)}{\partial t}U^\dagger(t,t_0)=-\mathrm{i}\hbar\,U(t,t_0)\frac{\partial U^\dagger(t,t_0)}{\partial t}.$$

在薛定谔绘景中，算符和基矢不随时间变化，态矢承担全部的时间变化。现在考察在此绘景中可观察量的平均值如何变化。算符 $\hat{F}$ 的平均值为 $\langle F\rangle=\langle\Psi(t)|\hat{F}|\Psi(t)\rangle$，

$$\begin{aligned}\frac{\mathrm{d}}{\mathrm{d}t}\langle F\rangle&=\left(\frac{\mathrm{d}\langle\Psi(t)|}{\mathrm{d}t}\right)\hat{F}|\Psi(t)\rangle+\langle\Psi(t)|\hat{F}\left(\frac{\mathrm{d}|\Psi(t)\rangle}{\mathrm{d}t}\right)\\&=\frac{\mathrm{i}}{\hbar}\langle\Psi(t)|(\hat{H}\hat{F}-\hat{F}\hat{H})|\Psi(t)\rangle=\frac{\mathrm{i}}{\hbar}\langle\Psi(t)|[\hat{H},\hat{F}]|\Psi(t)\rangle.\end{aligned}\tag{3-8}$$

以哈密顿算符 $\hat{H}=\hat{p}^2/2m+V(\hat{x})$ 为例，

$$\frac{\mathrm{d}}{\mathrm{d}t}\langle\hat{x}\rangle=\frac{1}{\mathrm{i}\hbar}\langle[\hat{x},\hat{H}]\rangle=\frac{\langle\hat{p}\rangle}{m},\quad \frac{\mathrm{d}}{\mathrm{d}t}\langle\hat{p}\rangle=\frac{1}{\mathrm{i}\hbar}\langle[\hat{p},\hat{H}]\rangle=-\left\langle\frac{\partial V}{\partial x}\right\rangle,$$

$$\rightarrow\ m\frac{\mathrm{d}^2}{\mathrm{d}t^2}\langle x\rangle=-\left\langle\frac{\partial V}{\partial x}\right\rangle,$$

形式与经典方程 $m\ddot{x}=-V'(x)$ 一致。

总之，从完备基的角度看，薛定谔绘景采用定态完备基，即展开基 $\{|\psi_j\rangle\}$ 不显含时间。态矢的时间变化表现在其表示即展开系数 $c_j(t)=\langle\psi_j|\varPsi(t)\rangle$ 含时。在此组完备基中，时间无关算符的表示不显含时间。

3.4.2 海森伯绘景

海森伯绘景中态矢不随时间变化，算符承担全部的时间变化。为简化记号，记 $U(t-t_0,0)=U(t-t_0)$，并取 $t_0=0$。不随时间变化的态矢，对应于随时间变化的展开基 $\{U(t)|\psi_j\rangle\}\equiv\{|\psi_j(t)\rangle\}$，此时态矢的展开系数 $c_j=\langle\psi_j|U^\dagger(t)\varPsi(t)\rangle=\langle\psi_j|\varPsi(0)\rangle=\langle\psi_j|\varPsi\rangle$，不再含时。因而，算符的表示变为 $F_{kj}(t)=\langle\psi_k|U^\dagger(t)\hat{F}U(t)|\psi_j\rangle$，等价于态矢和算符变为

$$|\varPsi\rangle=U^\dagger(t)|\varPsi(t)\rangle_{\mathrm{S}},\quad \hat{F}(t)=U^\dagger(t)\hat{F}_{\mathrm{S}}U(t),\tag{3-9}$$

此处特别加下标 S 表示薛定谔绘景。如果 $\hat{F}_{\mathrm{S}}$ 与任何时刻的 H 对易，则它也与 $U(t)$ 对易，此时 $\hat{F}(t)=\hat{F}_{\mathrm{S}}$。由变换的幺正性可以证实，$\langle\varPsi|\hat{A}(t)|\varPsi\rangle=\langle\varPsi(t)|_{\mathrm{S}}\hat{A}_{\mathrm{S}}|\varPsi(t)\rangle_{\mathrm{S}}$，即可观测量在海森伯绘景中的期望值与薛定谔绘景中的值相同，并且，期望值作为内积，其演化方程在不同绘景中应相同。另外，对于算符函数，如 $f(\hat{F}_{\mathrm{S}})\rightarrow f(\hat{F}(t))$，$[\hat{A}_{\mathrm{S}},\hat{B}_{\mathrm{S}}]=\hat{C}_{\mathrm{S}}\rightarrow[\hat{A}(t),\hat{B}(t)]=\hat{C}(t)$。

由 $U(t)$ 的时间演化方程 (3-7)，海森伯算符的时间演化方程为

$$\frac{\mathrm{d}}{\mathrm{d}t}\hat{F}(t)=\frac{1}{\mathrm{i}\hbar}[\hat{F}(t),\hat{H}]+\left(\frac{\partial\hat{F}_{\mathrm{S}}}{\partial t}\right)_H,\qquad \left(\frac{\partial\hat{F}_{\mathrm{S}}}{\partial t}\right)_H\equiv U^\dagger(t)\frac{\partial\hat{F}_{\mathrm{S}}}{\partial t}U(t).$$

如果算符 $\hat{F}_{\mathrm{S}}$ 不显含时间，则时间偏导数项不出现。此方程在形式上与经典力学极为相似，只是经典泊松括号此处替换为对易子：$\mathrm{i}\hbar\{X,Y\}_{\mathrm{p}}\rightarrow[\hat{X},\hat{Y}]$。(值得注意，对易式中含无界算符时，方程仅为形式上的表示，须在特定表象下才具有物理意义。)

算符 $\hat{F}(t)=U^\dagger(t)\hat{F}_{\rm S}U(t)$ 涉及指数函数 $U(t)={\rm e}^{-{\rm i}t\hat{H}/\hbar}$，必须通过其泰勒级数计算，过程繁杂，此时一个有用的工具是贝克–豪斯多夫引理

$$
{\rm e}^{B}A{\rm e}^{-B}={\rm e}^{[B,\ ]}A. \tag{3-10}
$$

为证明该引理可考虑 $I(t)\equiv{\rm e}^{tB}A{\rm e}^{-tB}$，则 $\dot{I}=BI-IB\equiv[B,\ ]I$，积分并取 $t=1$，引理得证。此处指数算符展开涉及 $[A,\ ]^n$，其意义如下：

$$
[A,\ ]B\equiv[A,B],\quad [A,\ ]^nB=[A,\ ]^{n-1}[A,\ ]B=[A,\ ]^{n-1}[A,B]=[A,\ ]^{n-2}[A,[A,B]].
$$

另一个可类似地证明的有用公式是

$$
{\rm e}^{\hat{A}}{\rm e}^{\hat{B}}={\rm e}^{\hat{A}+\hat{B}+\frac{1}{2}[\hat{A},\hat{B}]+\cdots}. \tag{3-11}
$$

如果 $[\hat{A},[\hat{A},\hat{B}]]=[\hat{B},[\hat{A},\hat{B}]]=0$，则附加项不出现。

自由粒子问题是演示海森伯绘景应用的简单例子。自由粒子体系的哈密顿量为 $\hat{H}=\hat{p}^2/2\mu$，动量 $\hat{p}$ 和位置 $\hat{x}$ 的海森伯运动方程为

$$
\frac{\rm d}{{\rm d}t}\hat{p}(t)=\frac{\rm i}{\hbar}[\hat{H},\hat{p}]=0,\quad \frac{\rm d}{{\rm d}t}\hat{x}(t)=\frac{\rm i}{\hbar}[\hat{H},\hat{x}]=\frac{\hat{p}}{\mu}.
$$

因为 $\hat{p}$ 与 $\hat{H}$ 对易，动量为常数：$\hat{p}(t)=\hat{p}(0)$，进而 $\hat{x}(t)=\hat{x}(0)+t\hat{p}(0)/\mu$。另一种方法，是从海森伯算符表达式 (3-9) 出发，$\hat{x}(t)={\rm e}^{{\rm i}\hat{H}t/\hbar}\hat{x}(0){\rm e}^{-{\rm i}\hat{H}t/\hbar}={\rm e}^{[{\rm i}\hat{H}t/\hbar,\ ]}\hat{x}(0)$。利用对易关系式：$[\hat{H}(0),\hat{x}(0)]=-{\rm i}\hbar\hat{p}(0)/\mu, [\hat{H}(0),\hat{p}(0)]=0$，以及贝克–豪斯多夫引理，可以计算得到同样的位置算符的时间关系式。值得注意，不同时间的位置算符不再对易：$[\hat{x}(t),\hat{x}(0)]=[\hat{p}(0)t/\mu,\hat{x}(0)]=-{\rm i}\hbar t/\mu$。

稍微复杂的例子是谐振子。其哈密顿量为 $\hat{H}=\hat{p}^2/2\mu+\mu\omega^2\hat{x}^2/2$，其中 ω 为谐振子频率。动量算符 $\hat{p}$ 和位置算符 $\hat{x}$ 的海森伯运动方程分别为

$$
\frac{\rm d}{{\rm d}t}\hat{p}(t)=\frac{\rm i}{\hbar}[\hat{H},\hat{p}(t)]=-\mu\omega^2\hat{x}(t),\quad \frac{\rm d}{{\rm d}t}\hat{x}(t)=\frac{\rm i}{\hbar}[\hat{H},\hat{x}(t)]=\frac{\hat{p}(t)}{\mu}.
$$

再求 $\hat{x}(t)$ 的方程对于时间的导数，

$$
\frac{{\rm d}^2}{{\rm d}t^2}\hat{x}(t)=\frac{\rm i}{\hbar\mu}[\hat{H},\hat{p}(t)]=-\omega^2\hat{x}(t).
$$

设定动量算符、位置算符的初始条件分别为 $\hat{p}(0)=\hat{p}_0,\hat{x}(0)=\hat{x}_0$，即 $\dot{\hat{x}}(0)=\hat{p}_0/\mu$，得二次微分方程的解为 $\hat{x}(t)=\hat{x}_0\cos(\omega t)+(\hat{p}_0/\mu\omega)\sin(\omega t)$。将之代入 $\hat{p}(t)$ 的方程，

得 $\hat{p}(t)=\hat{p}_0\cos(\omega t)-\mu\omega\hat{x}_0\sin(\omega t)$。稍加运算，可得海森伯绘景里的对易关系：

$$[\hat{p}(t),\hat{p}(s)]=-\mathrm{i}\hbar\mu\omega\sin[\omega(t-s)],\quad [\hat{x}(t),\hat{x}(s)]=-(\mathrm{i}\hbar/\mu\omega)\sin[\omega(t-s)],$$

$$[\hat{x}(t),\hat{p}(s)]=\mathrm{i}\hbar\cos[\omega(t-s)].$$

同样也可从海森伯算符表达式 (3-9) 出发，$\hat{x}(t)=\mathrm{e}^{\mathrm{i}\hat{H}t/\hbar}\hat{x}(0)\mathrm{e}^{-\mathrm{i}\hat{H}t/\hbar}=\mathrm{e}^{[\mathrm{i}\hat{H}t/\hbar,\ ]}\hat{x}(0)$，利用对易关系

$$[\hat{H}(0),\hat{x}(0)]=-\mathrm{i}\hbar\hat{p}(0)/\mu,\quad [\hat{H}(0),\hat{p}(0)]=\mathrm{i}\hbar\mu\omega^2\hat{x}(0),$$

得到同样的动量和位置的时间关系式，但用算符 $\hat{x}(t),\hat{p}(t)$ 更方便。直接由 $\hat{H}=\hbar\omega(a^\dagger a+1/2)$ 计算，可得 $\mathrm{d}a/\mathrm{d}t=-\mathrm{i}\omega[a,a^\dagger a]=-\mathrm{i}\omega a$, $\to a(t)=\mathrm{e}^{-\mathrm{i}\omega t}a(0)$，与以下用 $\hat{x}$, $\hat{p}$ 运动方程的推导结果一致：

$$a=\sqrt{\frac{\mu\omega}{2\hbar}}\hat{x}+\mathrm{i}\sqrt{\frac{1}{2\hbar\mu\omega}}\hat{p},$$

$$\to\ \frac{\mathrm{d}a}{\mathrm{d}t}=\sqrt{\frac{\mu\omega}{2\hbar}}\frac{\hat{p}}{\mu}-\mathrm{i}\sqrt{\frac{1}{2\hbar\mu\omega}}\mu\omega^2\hat{x}=-\mathrm{i}\omega\sqrt{\frac{\mu\omega}{2\hbar}}\hat{x}+\omega\sqrt{\frac{1}{2\hbar\mu\omega}}\hat{p}=-\mathrm{i}\omega a.$$

有必要强调，此处出现的算符均为海森伯绘景中算符。

时间演化规则由状态空间单参数幺正变换给出。海森伯运动方程和量子对易子分别对应于经典运动方程和泊松括号 $\{f,g\}_\mathrm{P}$：

$$\frac{1}{\mathrm{i}\hbar}[\hat{q},\hat{p}]=1,\quad \frac{1}{\mathrm{i}\hbar}[\hat{H},\hat{q}]=\frac{\partial\hat{H}}{\partial\hat{p}},\quad \frac{1}{\mathrm{i}\hbar}[\hat{H},\hat{p}]=-\frac{\partial\hat{H}}{\partial\hat{q}},$$

$$\{q,p\}_\mathrm{P}=1,\quad \{q,H\}_\mathrm{P}=\frac{\partial H}{\partial p},\quad \{p,H\}_\mathrm{P}=-\frac{\partial H}{\partial q},\quad \{f,g\}_\mathrm{P}\equiv\sum_i\left(\frac{\partial f}{\partial q_i}\frac{\partial g}{\partial p_i}-\frac{\partial f}{\partial p_i}\frac{\partial g}{\partial q_i}\right).$$

3.4.3 相互作用绘景

相互作用绘景也称狄拉克绘景，其中的态矢和可观察量算符均含时，并分别伴随不同算符而演化。此时的薛定谔绘景中哈密顿算符 $\hat{H}$ 可分为“自由哈密顿算符” $\hat{H}_0$ 和“相互作用哈密顿” $\hat{V}$：$\hat{H}=\hat{H}_0+V$。与海森伯绘景里的随时间变化的展开基 $\{U(t)|\psi_j\rangle\}$ 相比，此绘景的随时间变化的展开基为 $\{U_0(t)|\psi_j\rangle\}$，此处 $U_0(t)=\mathrm{e}^{-\mathrm{i}t\hat{H}_0/\hbar}$。因而，以下标 S 记薛定谔绘景，在这一绘景中态矢 $|\varPsi(t)\rangle=U_0^\dagger(t)|\varPsi(t)\rangle_\mathrm{S}$，

算符 $\hat{F}(t)=U_0^\dagger(t)F_{\rm S}U_0(t)$，态矢的时间演化为

$$\begin{aligned}\mathrm{i}\hbar\frac{\mathrm{d}}{\mathrm{d}t}|\Psi(t)\rangle &= \mathrm{i}\hbar\frac{\mathrm{d}}{\mathrm{d}t}U_0^\dagger(t)|\Psi(t)\rangle_{\rm S} = -\hat{H}_0U_0^\dagger(t)|\Psi(t)\rangle_{\rm S} + U_0^\dagger(t)\hat{H}U_0(t)U_0^\dagger(t)|\Psi(t)\rangle_{\rm S}\\ &= U_0^\dagger(t)\hat{V}U_0(t)|\Psi(t)\rangle,\end{aligned}$$

得态矢的运动方程

$$\mathrm{i}\hbar\frac{\mathrm{d}}{\mathrm{d}t}|\Psi(t)\rangle = \hat{H}_{\rm int}(t)|\Psi(t)\rangle, \quad \hat{H}_{\rm int}(t)=U_0^\dagger(t)\hat{V}U_0(t).$$

由该绘景的算符表达式，算符的运动方程为

$$\mathrm{i}\hbar\frac{\mathrm{d}}{\mathrm{d}t}\hat{F}(t)=[\hat{F}(t),\hat{H}_0].$$

然而，相互作用绘景却并非总存在，因为哈密顿算符并非总可分为自由与相互作用两个部分。

三种绘景中，海森伯绘景与经典物理学中的哈密顿力学联系最为密切，例如，海森伯方程中出现的对易子可类比于哈密顿力学中的泊松括号。一般认为，薛定谔绘景在三种绘景中最为直观，也最易于理解。相互作用绘景常用于微扰理论，在量子场论及多体问题中特别常用。

3.4.4 量子力学中的时间

时间在量子力学中并非是一个算符，而不过是参数。就是在经典力学中，时间也不同于一般的力学变量，在处理含时驱动的体系时，常将哈密顿量看作一个作用变量，引入一个与之共轭的角变量，替代驱动项的时间，但描述体系演化的时间仍然少不了。形式上，有 $[\hat{E},t]=[\mathrm{i}\hbar\partial/\partial t,t]=\mathrm{i}\hbar$，但将之用于获得不确定性关系 $\Delta E\,\Delta t\gtrsim\frac{1}{2}\hbar$ 时有问题：ΔE 的意义明确，而 Δt 的意义需要适当界定，此处以 $\gtrsim$ 强调 Δt 的不明确性。

考虑哈密顿算符和另一个厄米算符 $\hat{Q}$，设 $\hat{Q}$ 不显含时间，它仍可通过态矢而有时间变化。依不确定性关系，有

$$\Delta H\,\Delta Q\geqslant\left|\langle\Psi|\frac{1}{2\mathrm{i}}[\hat{H},\hat{Q}]|\Psi\rangle\right|.$$

从另一角度看，根据薛定谔绘景中的方程 (3-8)，有

$$\frac{\mathrm{d}}{\mathrm{d}t}\langle\hat{Q}\rangle=\frac{\mathrm{i}}{\hbar}\langle\Psi|[\hat{H},\hat{Q}]|\Psi\rangle.$$

只有当 $\hat{Q}$ 与 $\hat{H}$ 对易时，$\hat{Q}$ 才是传统意义下的守恒量。利用此结果，不确定性关系可写成

$$\Delta H\,\Delta Q \geqslant \frac{\hbar}{2}\left|\frac{\mathrm{d}\langle\hat{Q}\rangle}{\mathrm{d}t}\right|, \quad \rightarrow\ \Delta H\,(\Delta t)_Q \geqslant \frac{\hbar}{2},\ (\Delta t)_Q \equiv \Delta Q \Big/ \left|\frac{\mathrm{d}\langle\hat{Q}\rangle}{\mathrm{d}t}\right|, \tag{3-12}$$

此处时间量纲的量 $(\Delta t)_Q$ 可看作是由算符 $\hat{Q}$ 定义的时间不确定性。

设 $t=0$ 时刻归一的态矢 $|\varPsi(0)\rangle$ 在不含时哈密顿算符 $\hat{H}$ 的作用下在 $t \geqslant 0$ 时刻演化到 $|\varPsi(t)\rangle$。现在考察重叠积分 $|\langle\varPsi(0)|\varPsi(t)\rangle|^2$。如果 t 很小，$|\varPsi(t)\rangle = \mathrm{e}^{-\mathrm{i}\hat{H}t/\hbar}|\varPsi(0)\rangle \approx [1-\mathrm{i}\hat{H}t/\hbar-(\hat{H}t)^2/2\hbar^2]|\varPsi(0)\rangle$，则

$$|\langle\varPsi(0)|\varPsi(t)\rangle|^2 \approx \left\langle\varPsi(0)\left|\left[1+\mathrm{i}\frac{\hat{H}t}{\hbar}-\frac{(\hat{H}t)^2}{2\hbar^2}\right]\right|\varPsi(0)\right\rangle\left\langle\varPsi(0)\left|\left[1-\mathrm{i}\frac{\hat{H}t}{\hbar}-\frac{(\hat{H}t)^2}{2\hbar^2}\right]\right|\varPsi(0)\right\rangle$$

$$\approx 1+\frac{\langle\hat{H}\rangle^2-\langle\hat{H}^2\rangle}{\hbar^2}t^2 = 1-\frac{(\Delta H)^2t^2}{\hbar^2}.$$

引入 $\phi(t)$ 将重叠积分表作 $\cos^2\phi(t) \equiv |\langle\varPsi(0)|\varPsi(t)\rangle|^2$，取 $Q=|\varPsi(0)\rangle\langle\varPsi(0)|$ 为投影算符，则

$$\langle Q\rangle = \cos^2\phi, \quad (\Delta Q)^2 = \cos^2\phi-\cos^4\phi = \cos^2\phi\sin^2\phi,$$
$$\frac{\mathrm{d}\langle Q\rangle}{\mathrm{d}t} = -2\cos\phi\sin\phi\frac{\mathrm{d}\phi}{\mathrm{d}t} = -2\Delta Q\frac{\mathrm{d}\phi}{\mathrm{d}t}.$$

于是，由式 (3-12) 得 $\phi(t)$ 变化率的上限：$|\mathrm{d}\phi/\mathrm{d}t| \leqslant \Delta H/\hbar$。当 t 很小时 $\phi(t)$ 递增，且 $\phi(t) \leqslant t\Delta H/\hbar$，考虑 $\phi(t) \leqslant \pi/2$，即 $t \leqslant \pi\hbar/2\Delta H$，有 $|\langle\varPsi(0)|\varPsi(t)\rangle|^2 \geqslant \cos^2(t\Delta H/\hbar)$，与之前的估计一致。

3.5 表象变换

前面通过以时间为参数的适当幺正变换，考虑了不同绘景中的量子力学。一个算符的本征函数集，或者更为重要的一组算符完全集的共本征矢集，提供一组幺正基，在其上可表示态矢和算符以描述量子力学。选择不同的一组算符完全集，是所谓的表象或基矢的选定问题。关于选择不同绘景的讨论中，选定的基矢对应于哈密顿算符 $\hat{H}$ 的本征矢。位置表象与动量表象也是最为常用的表象，除此之外，还可以选定其他表象如粒子数表象以及谐振子表象。这几种表象都是幺正等价的。

物理厄米算符的本征函数往往不应限于可数个，如线动量出现连续谱等。连续谱波函数的主要困难在于通常的平方可积性要求，有必要适当放宽。波函数的有界

性及可积性并非永远有用，更重要的是任何物理的波函数可以展开，即可展性。分别记分立基和连续基为 ψ_i 和 ψ_ξ，如果 $\varPsi$ 平方可积，而 ψ_ξ 非平方可积，则 $\varPsi$ 所含的 ψ_ξ 的展开幅必定为零，应推广 $\varPsi=\sum\limits_i c_i\psi_i$，作

$$\varPsi=\sum_i c_i\psi_i+\int \mathrm{d}\xi\, c_\xi\psi_\xi,\quad c_i=\langle\psi_i|\varPsi\rangle,\quad c_\xi=\langle\psi_\xi|\varPsi\rangle,$$

$$\langle\psi_i|\psi_j\rangle=\delta_{ij},\quad \langle\psi_\xi|\psi_{\xi'}\rangle=\delta(\xi-\xi').$$

此处假定 ξ 是单分量的，每个 ξ 有唯一的本征函数。如果 ξ 是多分量的，积分应扩为多重。在用算符 $\hat{p}$ 的本征矢构造的幺正基 $\{|p_i\rangle,|p_\xi\rangle\}$ 中，算符 $\hat{p}$ 的任意函数 $f(\hat{p})$ 的期望值可表作

$$\langle f(\hat{p})\rangle=\int\varPsi^* f(\hat{p})\varPsi\mathrm{d}\tau=\sum_i|c_i|^2 f(p_i)+\int\mathrm{d}\xi|c_\xi|^2 f(\xi),\quad c_i=\langle p_i|\varPsi\rangle,\ c_\xi=\langle p_\xi|\varPsi\rangle.$$

在连续谱中，$|c_\xi|^2$ 是算符 $\hat{p}$ 有观测值 ξ 的概率密度，而 $|c_\xi|^2\mathrm{d}\xi$ 为观测值落在 $(\xi,\xi+\mathrm{d}\xi)$ 中的概率。连续谱本征函数的 δ-正交归一性及相应展开系数的表达式与分立谱的十分类似。连续谱的公式隐含空间积分和谱积分的顺序可交换的假定，物理中总认为此假定可满足。为使记号简洁，量子力学表达式往往只写分立谱形式，约定可能的连续谱也包括在内。

通过受限边条件或周期边条件限制粒子在有限区域，可使本征谱分立且本征函数平方可积。谱间距随受限体积增大而减小，最终趋于连续谱，单位谱值中的分立态数相当于连续谱的态密度 $\rho(\xi)=\Delta n/\Delta\xi$，二者有对应：

$$\psi_\xi/\sqrt{\rho(\xi)}\sim\psi_i,\quad c_\xi/\sqrt{\rho(\xi)}\sim c_i,\quad \delta(\xi-\xi')/\rho(\xi)\sim\delta_{ij}. \tag{3-13}$$

由可展开性可导得完备性条件：如果 $\{\psi_i(\boldsymbol{r})\}$ 为幺正基，则

$$\varPsi(\boldsymbol{r})=\sum_i c_i\psi_i(\boldsymbol{r})=\sum_i\int\psi_i(\boldsymbol{r})\psi_i^*(\boldsymbol{r}')\varPsi(\boldsymbol{r}')\mathrm{d}^3\boldsymbol{r}',\quad\rightarrow\ \sum_i\psi_i^*(\boldsymbol{r}')\psi_i(\boldsymbol{r})=\delta(\boldsymbol{r}-\boldsymbol{r}').$$

在有连续谱存在时，完备性条件 $I=\sum\limits_i|\psi_i\rangle\langle\psi_i|$ 应扩充为 $I=\sum\limits_i|\psi_i\rangle\langle\psi_i|+\int|\psi_\xi\rangle\mathrm{d}\xi\langle\psi_\xi|$。

3.5.1 傅里叶变换

3.5.2 节将讨论坐标表象和动量表象，它们之间的变换相当于傅里叶变换。傅里叶变换，一般情况下指“连续傅里叶变换”，是一种线性的积分变换。定义傅里

叶变换有不同的方式，此处定义函数 $f(x)$ 的傅里叶变换为

$$\mathcal{F}[f(x)]=\hat{f}(k)=\frac{1}{\sqrt{2\pi}}\int_{-\infty}^{\infty}f(x)\ \mathrm{e}^{-\mathrm{i}kx}\,\mathrm{d}x. \tag{3-14}$$

在适当条件下，$f(x)$ 可由逆变换确定：

$$f(x)=\frac{1}{\sqrt{2\pi}}\int_{-\infty}^{\infty}\hat{f}(k)\ \mathrm{e}^{\mathrm{i}kx}\,\mathrm{d}k. \tag{3-15}$$

此处逆变换的意义为，由频率和相位的信息可重构原始波形。傅里叶反演定理对施瓦茨函数成立。粗略地说，施瓦茨函数本身及其导数均衰减足够快。将式 (3-14) 代入式 (3-15)，得 δ-函数的一个积分表示

$$f(x)=\frac{1}{2\pi}\int_{-\infty}^{\infty}\left[\int_{-\infty}^{\infty}f(x')\ \mathrm{e}^{-\mathrm{i}kx'}\,\mathrm{d}x'\right]\mathrm{e}^{\mathrm{i}kx}\,\mathrm{d}k,\quad\rightarrow$$

$$\frac{1}{2\pi}\int_{-\infty}^{\infty}\mathrm{e}^{-\mathrm{i}k(x-x')}\,\mathrm{d}k=\delta(x-x'), \tag{3-16}$$

表明傅里叶反演定理等价于此处的 δ-函数积分式。

傅里叶变换具有若干重要性质，例如：

平移性质 如果函数 $f(x)$ 存在傅里叶变换 $\mathcal{F}[f(x)]=\hat{f}(k)$，则 $\mathcal{F}[f(x)\mathrm{e}^{\mathrm{i}hx}]=\hat{f}(k-h)$。

微分关系 如果 $\lim_{x\to\infty}f(x)=0$，且导数 $f'(x)$ 的傅里叶变换存在，则有 $\mathcal{F}[f'(x)]=\mathrm{i}k\mathcal{F}[f(x)]$。

卷积特性 如果函数 $f(x)$ 和 $g(x)$ 均在 $(-\infty,+\infty)$ 上绝对可积，则卷积函数 $f*g\equiv\int_{-\infty}^{+\infty}f(x-z)g(z)\mathrm{d}z$ 的傅里叶变换存在，且 $\mathcal{F}[f*g]=\mathcal{F}[f]\cdot\mathcal{F}[g]$。卷积性质的逆形式为 $\mathcal{F}^{-1}[F(k)*G(k)]=\mathcal{F}^{-1}[F(k)]\cdot\mathcal{F}^{-1}[G(k)]$。

帕塞瓦定理 如果函数 $f(x)$ 和 $g(x)$ 皆为平方可积函数，则 $\int_{-\infty}^{+\infty}f(x)g^*(x)\mathrm{d}x=\int_{-\infty}^{+\infty}F(k)G^*(k)\mathrm{d}k$。

傅里叶在他的《热分析理论》中呈现了今天称为傅里叶积分定理的方程，之后，柯西用指数函数表达了该定理，它相当于式 (3-16)。在接下来的几个世纪，数学家才逐渐理解这一指数形式的严谨含义。用旧有的数学观念来理解该定理有明显的问题。经典傅里叶变换的最大缺点在于能够有效计算的只有很狭窄的一类函数。这些函数必须在无限远处足够快地降至零，才能保证傅里叶积分值的存在。连多项式这样简单的函数，也不存在经典意义上的傅里叶变换。经典傅里叶变换扩展至分

布，大大增加了能够进行变换的函数类型，移除了诸多障碍。之后，普朗歇尔开创性的 L^2 理论 (1910 年)、维纳和博赫纳的贡献 (1930 年前后) 以及最后施瓦茨归纳这一切的分布理论 (1945 年)，进一步推广了傅里叶积分，并建立了狄拉克 δ-函数的严格定义。1827 年，柯西首次明确写下一个无限高的单位脉冲函数 (柯西分布的无限小版本)。泊松和基尔霍夫之后在研究波传播的时候，也考虑过这样的函数。基尔霍夫与亥姆霍兹将单位脉冲描述为高斯分布的极限，类似于开尔文勋爵对点热源的描述。19 世纪末，亥维赛利用形式上的傅里叶级数处理单位脉冲。1930 年，狄拉克在影响深远的《量子力学原理》中引入了 δ-函数作为一种“方便的记号”，从此该函数以他命名。

连续形式的傅里叶变换其实是周期函数傅里叶级数的推广，因为积分可看作是求和算子的一种极限形式。对于周期函数，其傅里叶级数存在：

$$f(x) = \sum_{n=-\infty}^{\infty} F_n \,\mathrm{e}^{inx}.$$

直接计算傅里叶变换复杂度为 $\mathcal{O}(n^2)$，而快速傅里叶变换 (FFT) 可以将复杂度改进为 $\mathcal{O}(n\log n)$。

3.5.2　坐标表象和动量表象

在坐标算符 $\hat{x}$ 的表象中，幺正基由 $\hat{x}$ 的本征矢 $|\xi\rangle$ 组成，$\hat{x}|\xi\rangle = \xi|\xi\rangle$，$\langle\xi|\xi'\rangle = \delta(\xi-\xi')$。此处的归一化不是普通的正交归一性，是拓广的狄拉克正交归一性。经拓广后的本征矢可形成完备基，

$$\int_{-\infty}^{\infty} |\xi\rangle \mathrm{d}\xi \langle\xi| = I.$$

于是，任意态矢 $|\psi\rangle$ 的展开为如下的线性组合：

$$|\psi\rangle = \int_{-\infty}^{\infty} (|x'\rangle \mathrm{d}x' \langle x'|)\, |\psi\rangle = \int_{-\infty}^{\infty} \mathrm{d}x'\, \psi(x')\, |x'\rangle, \quad \psi(x) = \langle x|\psi\rangle.$$

值得注意，$|x\rangle$ 中的 x 是本征值，用作基矢的指标，$\alpha|x\rangle$ 和 $|\alpha x\rangle$ 有完全不同的意义，不可混淆。

在坐标算符的表象中，动量算符为 $\hat{p} = -\mathrm{i}\hbar\mathrm{d}/\mathrm{d}x$，其本征方程和本征解为

$$\hat{p}\phi_p(x) = p\phi_p(x), \quad \to \; -\mathrm{i}\hbar\frac{\mathrm{d}}{\mathrm{d}x}\phi_p(x) = p\phi_p(x), \quad \phi_p(x) = c\mathrm{e}^{\mathrm{i}px/\hbar}.$$

此处 c 是常数。如果 $\phi_p(x)$ 的定义域为有限区间 $[-L,L]$，外加周期边条件，则可以通过直接积分归一化，归一化常数为 $c=1/\sqrt{2L}$。如果其定义域是无限区间，则 $\phi_p(x)$ 不是一个平方可积函数，或者说不存在于希尔伯特空间内。从离散谱到连续谱，记谱参数 $\xi=p$，则由 $pL/\pi\hbar=n$ 得 $\rho(p)=\Delta n/\Delta p=L/\pi\hbar$。再由式 (3-13)，有 $\phi_p\sim\phi_i\sqrt{\rho(p)}\sim \mathrm{e}^{\mathrm{i}px/\hbar}/\sqrt{2\pi\hbar}$。或者说，设定归一化常数 $c=1/\sqrt{2\pi\hbar}$，引入狄拉克正交归一性：

$$\langle p'|p\rangle=\int_{-\infty}^{\infty}\phi_{p'}^*(x)\phi_p(x)\mathrm{d}x=\frac{1}{2\pi\hbar}\int_{-\infty}^{\infty}\mathrm{e}^{\mathrm{i}(p-p')x/\hbar}\mathrm{d}x=\delta(p-p').$$

任意波函数 $\psi(x)$ 均可表成本征函数 $\phi_p(x)$ 的线性组合：

$$\psi(x)=\int_{-\infty}^{\infty}c(p)\phi_p(x)\mathrm{d}p=\frac{1}{\sqrt{2\pi\hbar}}\int_{-\infty}^{\infty}c(p)\mathrm{e}^{\mathrm{i}px/\hbar}\mathrm{d}p, \tag{3-17}$$

其中，系数 $c(p)$ 是

$$c(p)=\int_{-\infty}^{\infty}\phi_p^*(x)\psi(x)\mathrm{d}x=\frac{1}{\sqrt{2\pi\hbar}}\int_{-\infty}^{\infty}\psi(x)\mathrm{e}^{-\mathrm{i}px/\hbar}\mathrm{d}x. \tag{3-18}$$

以狄拉克记号写为

$$\langle x|p\rangle=\frac{1}{\sqrt{2\pi\hbar}}\mathrm{e}^{\mathrm{i}px/\hbar},\quad |\psi(x)\rangle=\int_{-\infty}^{\infty}\psi(x)|x\rangle\mathrm{d}x=\int_{-\infty}^{\infty}c(p)|p\rangle\mathrm{d}p,\quad c(p)=\langle p|\psi(x)\rangle.$$

函数 $c(p)$ 构成动量表象的波函数，$\psi(x)$ 和 $c(p)$ 之间变换关系式 (3-17) 和式 (3-18)，与傅里叶变换的关系式 (3-14) 和式 (3-15) 完全一致。上面中间一式表达，态矢本身不随表象而变，即 $\psi(x)$ 和 $c(p)$ 对应同一态矢。从坐标表象到动量表象的幺正变换算符为 $U=\displaystyle\int|p\rangle\mathrm{d}x\langle x|$，例如，利用 $U|x\rangle=|p\rangle$，有

$$c(p)=\langle p|\psi(x)\rangle=\int\langle x|U^\dagger|x'\rangle\mathrm{d}x'\langle x'|\psi(x)\rangle=\int\langle x|U^\dagger|x'\rangle\mathrm{d}x'\psi(x'),$$

此处最右边对应于在坐标表象中矩阵和矢量的乘积。注意态矢表示的变换用 $U^\dagger$，而不是基矢的 U，操作相反。还可写下算符在不同表象间的变换关系，例如，

$$\langle p_1|T|p_2\rangle=\langle x_1|U^\dagger TU|x_2\rangle=\iint\langle x_1|U^\dagger|x_3\rangle\mathrm{d}x_3\langle x_3|T|x_4\rangle\mathrm{d}x_4\langle x_4|U|x_2\rangle.$$

此处最右边是三个矩阵的乘积。

位置算符与动量算符不对易，$[\hat{x},\hat{p}]=\mathrm{i}\hbar$。此关系称为位置算符与动量算符的正则对易关系，其结果导致位置与动量彼此是不相容可观察量，绝对不会有共同的本征矢。根据不确定性关系，$\hat{x}$ 与 $\hat{p}$ 的不确定性的乘积 $\Delta x\Delta p\geqslant\hbar/2$。

在一般的三维坐标算符 $\hat{\boldsymbol{r}}$ 的表象 $|\boldsymbol{r}\rangle$ 中，动量算符为 $\hat{\boldsymbol{p}}=-\mathrm{i}\hbar\nabla$，其本征方程和本征函数为

$$\hat{\boldsymbol{p}}|\boldsymbol{p}\rangle=-\mathrm{i}\hbar\nabla|\boldsymbol{p}\rangle,\quad \langle\boldsymbol{r}|\boldsymbol{p}\rangle=\psi_{\boldsymbol{p}}(\boldsymbol{r})=(2\pi\hbar)^{-\frac{3}{2}}\mathrm{e}^{\mathrm{i}\boldsymbol{p}\cdot\boldsymbol{r}/\hbar},\quad \langle\boldsymbol{r}|\boldsymbol{r}'\rangle=\delta(\boldsymbol{r}-\boldsymbol{r}').$$

本征值矢量的分量 $p_x,p_y,p_z\in(-\infty,\infty)$。任意波函数 $|\Psi(\boldsymbol{r})\rangle$ 可用动量概率幅 $\Phi(\boldsymbol{p})$ 表作

$$|\Psi(\boldsymbol{r})\rangle=\int\left(|\boldsymbol{p}\rangle\mathrm{d}^3\boldsymbol{p}\langle\boldsymbol{p}|\right)|\Psi(\boldsymbol{r})\rangle\equiv\int\Phi(\boldsymbol{p})|\boldsymbol{p}\rangle\mathrm{d}^3\boldsymbol{p},$$

$$\Phi(\boldsymbol{p})=\langle\boldsymbol{p}|\Psi(\boldsymbol{r})\rangle=\frac{1}{(2\pi\hbar)^{3/2}}\int\Psi(\boldsymbol{r})\mathrm{e}^{-\mathrm{i}\boldsymbol{p}\cdot\boldsymbol{r}/\hbar}\mathrm{d}^3\boldsymbol{r}.$$

这些表达式等同于傅里叶分析。通常也用波矢 $\hat{\boldsymbol{k}}=\hat{\boldsymbol{p}}/\hbar$ 替代动量。本征矢的正交归一性和完备性为

$$\langle\boldsymbol{p}'|\boldsymbol{p}\rangle=\frac{1}{(2\pi\hbar)^3}\int\mathrm{e}^{\mathrm{i}(\boldsymbol{p}-\boldsymbol{p}')\cdot\boldsymbol{r}/\hbar}\mathrm{d}^3\boldsymbol{r}=\delta(\boldsymbol{p}-\boldsymbol{p}'),\quad \boldsymbol{I}=\int|\boldsymbol{p}\rangle\mathrm{d}^3\boldsymbol{p}\langle\boldsymbol{p}|.$$

此处的 δ-函数积分表达式与式 (3-16) 一致。

一维自由粒子哈密顿量算符为 $\hat{H}=\hat{p}^2/2\mu$。能量本征谱除零外二重简并，本征解仍为 $\mathrm{e}^{\pm\mathrm{i}px/\hbar}$。在三维的线度为 L 的箱边界问题中，$k_x=2\pi n_x/L,k_y=2\pi n_y/L$, $k_z=2\pi n_z/L$。于是，$L\Delta p_x/\Delta n_x=L\Delta p_y/\Delta n_y=L\Delta p_z/\Delta n_z=h$，所以 h^3 常解释为单个量子态占有的相空间体积。能量本征值为 $E=\hbar^2k^2/2\mu$，$\Delta E=(\hbar^2/\mu)k\Delta k$，简并态数估计为 $\Delta N=\dfrac{1}{8}\times4\pi n^2\Delta n=(L^3/16\pi^2)k^2\Delta k$。态密度可估计为

$$\frac{\Delta N}{\Delta E}=\frac{\mu L^3k}{16\pi^2\hbar^2}=\frac{\mu^{3/2}L^3\sqrt{E}}{8\sqrt{2}\pi^2\hbar^3},$$

各向同性的三维粒子$\Delta N/\Delta E\sim\sqrt{E}$，相比之下，一维粒子只有二重简并，$\Delta N/\Delta E\sim1/\sqrt{E}$。

总而言之，可以看出，量子力学中动量算符的傅里叶变换对应于位置算符。傅里叶变换将位置基 $\{|x\rangle\}$ 变换为动量基 $\{|p\rangle\}$。动量算符在通常物理条件下，特别是对于可归一的波函数，是厄米的，但在某些人为条件下如半无限区间 $[0,\infty)$ 中的量子态，无法厄米化，因为此时平移对称不再存在。

3.5.3　相干态表象

相干态是量子力学中量子谐振子能够达到的一种特殊的量子状态。量子谐振子的动力学性质和经典力学中的谐振子很相似。1926 年薛定谔在寻找最接近经典

物理的量子态时，引入了最小不确定性高斯分布波包。虽然该最小不确定性波包是广为人知的，但是直到 1963 年格劳伯把相干态引入量子电动力学，提出完全量子化的电磁场理论，才受到注意。

坐标和动量算符不对易，它们的不确定性此消彼长，在二者匹配时有可能达到最小。取自然单位 $\hbar=\mu=\omega=1$。薛定谔设不确定性最小态为 $|\alpha\rangle$，令 $(\hat{x}-\langle x\rangle)|\alpha\rangle=-\mathrm{i}(\hat{p}-\langle p\rangle)|\alpha\rangle$，因而，

$$a=(\hat{x}+\mathrm{i}\hat{p})/\sqrt{2},\quad a|\alpha\rangle=\alpha|\alpha\rangle,\quad \alpha\equiv(\langle x\rangle+\mathrm{i}\langle p\rangle)/\sqrt{2}. \tag{3-19}$$

此处 a 为降算符。作为 a 的本征值为 $\alpha\equiv|\alpha|\mathrm{e}^{\mathrm{i}\theta}$ 的本征矢，$|\alpha\rangle$ 称为相干态。

在坐标表象中，

$$\psi_\alpha(x)=\langle x|\alpha\rangle,\ a|\alpha\rangle=\alpha|\alpha\rangle,\quad\rightarrow\ \left[\frac{1}{\sqrt{2}}\left(x+\frac{\mathrm{d}}{\mathrm{d}x}\right)-\alpha\right]\psi_\alpha(x)=0,$$

$$\rightarrow\ \psi_\alpha(x)=C\mathrm{e}^{-\frac{1}{2}x^2+\sqrt{2}\alpha x},$$

此处归一因子 $C=\pi^{-\frac{1}{4}}\mathrm{e}^{-\frac{1}{2}\alpha^2-\alpha^*\alpha}$。在动量表象中，$a$ 的表示为 $\mathrm{i}(p+\mathrm{d}/\mathrm{d}p)$，所以 $|\alpha\rangle$ 的表示 $\tilde{\psi}_\alpha(p)=\langle p|\alpha\rangle=\tilde{C}\mathrm{e}^{-\frac{1}{2}p^2+\mathrm{i}\sqrt{2}\alpha p}$，此处 $\tilde{C}=\pi^{-\frac{1}{4}}\mathrm{e}^{\frac{1}{2}\alpha^2+\alpha^*\alpha}$，与坐标表象相比，相当于 $\alpha\rightarrow\mathrm{i}\alpha$。因而，相干态的坐标和动量有相同的方差：$(\Delta x)^2=(\Delta p)^2=\frac{1}{2}$，$\Delta x\Delta p=\frac{1}{2}$，的确有最小的不确定性。

已经知道，算符 $a^\dagger a=\hat{N}$ 的本征矢为 $|n\rangle$，$a^\dagger a|n\rangle=\hat{N}|n\rangle=n|n\rangle$， 本征矢集 $\{|n\rangle\}$ 构成粒子数表象幺正基。谐振子哈密顿算符为 $\hat{H}=\frac{1}{2}(\hat{p}^2+\hat{x}^2)=a^\dagger a+\frac{1}{2}=\hat{N}+\frac{1}{2}$，与算符 $\hat{N}$ 本质上等同。因而，$|n\rangle$ 为谐振子能量本征矢。在粒子数表象中，令 $|\alpha\rangle=\sum_{n=0}^{\infty}c_n|n\rangle$，则利用 $a|n\rangle=\sqrt{n}|n-1\rangle$，得

$$\alpha\sum_{n=0}^{\infty}c_n|n\rangle=\sum_{n=0}^{\infty}c_n a|n\rangle=\sum_{n=1}^{\infty}c_n\sqrt{n}|n-1\rangle=\sum_{n=0}^{\infty}c_{n+1}\sqrt{n+1}|n\rangle,$$

$$\rightarrow\ \alpha c_n=c_{n+1}\sqrt{n+1},\quad c_n=\frac{\alpha^n}{\sqrt{n!}}c_0.$$

由归一性 $\langle\alpha|\alpha\rangle=|c_0|^2\sum_n|\alpha|^{2n}/n!=1$，得 $|c_0|=\mathrm{e}^{-|\alpha|^2/2}$。最终有

$$|\alpha\rangle=\mathrm{e}^{-\frac{1}{2}|\alpha|^2}\sum_{n=0}^{\infty}\frac{\alpha^n}{\sqrt{n!}}|n\rangle,\quad P_\alpha(n)=|\langle n|\alpha\rangle|^2=\mathrm{e}^{-\langle n\rangle}\frac{\langle n\rangle^n}{n!},\quad \langle n\rangle\equiv\langle\alpha|a^\dagger a|\alpha\rangle=|\alpha|^2. \tag{3-20}$$

此处 $P_\alpha(n)$ 度量相干态 $|\alpha\rangle$ 的粒子数测量值为 n 的概率，满足泊松分布，而分布参数 $\langle n\rangle$ 是平均“粒子数”。利用贝克–豪斯多夫引理和对易关系 $[a,a^\dagger]=1$，可将相干态表成以位移算符 $D(\alpha)$ 作用于真空态 $|0\rangle$ 的对称形式：

$$|\alpha\rangle = D(\alpha)|0\rangle \equiv \mathrm{e}^{\alpha a^\dagger-\alpha^* a}|0\rangle, \tag{3-21}$$

所以，$a\,D(\alpha)|0\rangle = a\mathrm{e}^{\alpha a^\dagger-\alpha^* a}|0\rangle = e^{\alpha a^\dagger-\alpha^* a}[a,\alpha a^\dagger-\alpha^* a]|0\rangle=\alpha|\alpha\rangle$。由此表示计算粒子数表象中的展开，与式 (3-20) 一致。

根据相干态在粒子数表象中的表示，可计算

$$\langle\alpha|\beta\rangle = \sum_n \mathrm{e}^{-\frac{1}{2}|\alpha|^2-\frac{1}{2}|\beta|^2}\frac{(\alpha^*)^n}{\sqrt{n!}}\frac{\beta^n}{\sqrt{n!}} = \mathrm{e}^{-\frac{1}{2}|\alpha|^2-\frac{1}{2}|\beta|^2+\alpha^*\beta},$$

表明不同相干态间不正交。不过，记 $\alpha = r\mathrm{e}^{\mathrm{i}\theta}$，可以证明

$$\begin{aligned}\frac{1}{\pi}\int|\alpha\rangle\langle\alpha|\mathrm{d}^2\alpha &= \frac{1}{2\pi}\sum_{n,m}|n\rangle\langle m|\int\frac{1}{\sqrt{n!m!}}r^{n+m}\mathrm{e}^{-r^2}\mathrm{d}(r^2)\int_0^{2\pi}\mathrm{e}^{\mathrm{i}(m-n)\theta}\mathrm{d}\theta\\ &= \sum_n|n\rangle\langle n|\int\frac{1}{n!}r^{2n}\mathrm{e}^{-r^2}\mathrm{d}(r^2) = \sum_n|n\rangle\langle n| = I.\end{aligned}$$

此式表明相干态之间仍有完备性关系，可用于展开任何态矢。

相干态是最小不确定态。白炽灯辐射的光，不特别偏好某个模，辐射过程在时间和地点上非常偶然。与之不同，激光辐射在谐振腔内生成，腔体共振频率与原子的电子跃迁频率相同。一旦共振模的能量增高，只在这一频率发生的受激辐射的概率也增大。这是一个正反馈，谐振模指数增长直至非线性极限值，因而，在谐振模上的激光辐射高度相干，是相当理想的相干态。

不确定性的下限是不可改变的，但仍可以以增大二偏差之一为代价，减小另一个偏差，如 $\Delta x=\mathrm{e}^{-\zeta}/\sqrt{2}$, $\Delta p=\mathrm{e}^{\zeta}/\sqrt{2}$。这样的最小不确定态，是压挤态，它是算符 $b=a\cosh\zeta+a^\dagger\sinh\zeta$ 的本征态，还可引入如下的压挤算符 $S(\zeta)$ 表成

$$|\alpha,\zeta\rangle = D(\alpha)S(\zeta)|0\rangle,\quad S(\zeta)\equiv\mathrm{e}^{\frac{1}{2}(\zeta^* a^2-\zeta a^{\dagger 2})}.$$

位移算符 $D(\alpha)$ 和压挤算符 $S(\zeta)$ 可分别通过晶体的线性响应和二级响应实现。

3.6　三维各向同性谐振子

取自然单位 $\hbar=\mu=\omega=1$。先考虑最简单的自由粒子情形，势 $V(r)=0$。

3.6.1 自由粒子

一维基矢 $\{|k_x\rangle\}$ 张成态矢空间 $\mathcal{V}_x$。相应地，还有态矢空间 $\mathcal{V}_y$ 和 $\mathcal{V}_z$。从一维到三维，组合的三维态矢空间可用有序直积表示作 $\mathcal{V}^{\otimes 3}=\mathcal{V}_x\otimes\mathcal{V}_y\otimes\mathcal{V}_z$。关于直积，还将在第 5 章中讨论。三维态矢空间的基矢为有序直积 $|k_x\rangle\otimes|k_y\rangle\otimes|k_z\rangle$，如果不引起混淆，通常简记作 $|k_x\rangle|k_y\rangle|k_z\rangle$ 或 $|k_x,k_y,k_z\rangle$。一般的三维态矢可表成这样基矢的线性组合。一般三维算符 $\hat{F}_x\otimes\hat{F}_y\otimes\hat{F}_z$ 作用于三维态矢 $|\psi\rangle\otimes|\phi\rangle\otimes|\chi\rangle$ 的结果为

$$\hat{F}_x\otimes\hat{F}_y\otimes\hat{F}_z(|\psi\rangle\otimes|\phi\rangle\otimes|\chi\rangle)=(\hat{F}_x|\psi\rangle)\otimes(\hat{F}_y|\phi\rangle)\otimes(\hat{F}_z|\chi\rangle).$$

例如，各自由度独立的哈密顿算符可表作

$$\hat{H}=(\hat{H}_x\otimes\boldsymbol{1}\otimes\boldsymbol{1})\oplus(\boldsymbol{1}\otimes\hat{H}_y\otimes\boldsymbol{1})\oplus(\boldsymbol{1}\otimes\boldsymbol{1}\otimes\hat{H}_z),$$

此处 $\boldsymbol{1}$ 是恒等算符的另一种常用记法。动量和波矢也有类似的表达式，但一般简记作如 $\hat{\boldsymbol{k}}=\hat{k}_x\boldsymbol{e}_x+\hat{k}_y\boldsymbol{e}_y+\hat{k}_z\boldsymbol{e}_z$。

在球坐标中薛定谔方程解可写成 $\Psi_{Elm}(\boldsymbol{r})=R(r)Y_{lm}(\theta,\phi)$。引入 $\tilde{R}(\rho)=R(r)$，$\rho=kr$，$k=\sqrt{2E}$，则径向方程为

$$-\frac{1}{2r}\frac{\mathrm{d}^2}{\mathrm{d}r^2}(rR)+\frac{l(l+1)}{2r^2}R=ER,\quad\rightarrow\quad\rho^2\frac{\mathrm{d}^2\tilde{R}}{\mathrm{d}\rho^2}+2\rho\frac{\mathrm{d}\tilde{R}}{\mathrm{d}\rho}+[\rho^2-l(l+1)]\tilde{R}=0,$$

得球贝塞方程，有解 $R=j_l(kr)$，此处 $j_l(z)$ 为球贝塞函数。对于固定的 k，所有的 $|\Psi_{Elm}(\boldsymbol{r})\rangle$ 张成不变子空间 $\mathcal{V}(k)$。在直角坐标系中，不变子空间 $\mathcal{V}(k)$ 可由所有满足 $k^2=k_x^2+k_y^2+k_z^2$ 的态矢 $|k_x,k_y,k_z\rangle$ 张成，所以，$|\Psi_{Elm}(\boldsymbol{r})\rangle$ 和 $|k_x,k_y,k_z\rangle$ 彼此可用线性组合表示，属表象变换。前者为球面波，后者为平面波。关于平面波的球面波展开，可查数学函数手册，第 5 章将用到。

3.6.2 谐振子

谐振子势为 $V(r)=r^2/2$。如果在直角坐标系的坐标表象中分离变数，$\hat{H}=\hat{H}_x+\hat{H}_y+\hat{H}_z$，三维各向同性谐振子分解成三个彼此独立的相同一维谐振子。算符 $\hat{H}_x,\hat{H}_y,\hat{H}_z$ 构成算符完全集，马上可写下能谱 $E(n_x,n_y,n_z)=n+\dfrac{3}{2}$，$n=n_x+n_y+n_z$。能级简并度为 $\sum_{n_x=0}^{n}\sum_{n_y=0}^{n-n_x}1=(n+1)(n+2)/2$。本征函数取一维本征函数的乘积的形式：

$$\psi_{n_x,n_y,n_z}=C\,\mathrm{e}^{-r^2/2}\,H_{n_x}(x)\,H_{n_y}(y)\,H_{n_z}(z).$$

球对称位势薛定谔方程，在球坐标中分离变数后得到的角部分解与位势的具体形式无关，为球谐函数 $Y_{lm}(\theta,\phi)$。径向部分 $R(r)$ 的二阶微分方程，

$$\frac{1}{2}R_l''+\frac{1}{r}R_l'+\left[E-\frac{r^2}{2}-\frac{l(l+1)}{2r^2}\right]R_l=0. \tag{3-22}$$

此方程在 $r\to 0$ 时有渐近解 $R_l\sim r^l$ 和 $R_l\sim r^{-(l+1)}$，在 $r\to\infty$ 时有渐近解 $R_l\sim \mathrm{e}^{\pm r^2/2}$。综合二者，满足物理条件的渐近解为 $R_l\sim r^l\mathrm{e}^{-r^2/2}$。令 $R_l(r)=r^l\mathrm{e}^{-r^2/2}u(r^2),\xi\equiv r^2$，则径向方程 (3-22) 转化为

$$\xi u_l''+\left(l+\frac{3}{2}-\xi\right)u_l'+\frac{1}{2}\left(E-l-\frac{3}{2}\right)u_i=0. \tag{3-23}$$

此为合流超几何方程。

第 2 章讨论氢原子时提到，合流超几何方程的解即合流超几何函数 $F(a,b,z)$，一般为无穷级数，$z\to\infty$ 时渐近于 e^z，物理解无穷远边条件要求级数解中断为多项式，即 $a=0,-1,-2,\cdots$。对照合流超几何方程，参数 $-a$ 为 $\frac{1}{2}\left(E-l-\frac{3}{2}\right)\equiv n_r$，本征谱为

$$E_{n,l}=2n_r+l+\frac{3}{2},\quad n=2n_r+l,\ n_r=0,1,2,\cdots$$

能级除了与 l 关联的 $2l+1$ 重简并外，还有与组合 $2n_r+l$ 关联的简并，总简并度为 $\sum\limits_{n_r=0}^{[n/2]}[2(n-2n_r)+1]=(n+1)(n+2)/2$，此处 $[x]$ 记不大于 x 的整数。总简并度与直角坐标的结果一致，也理应如此。本征函数为

$$\psi_{n,l}=D\,r^l\,\mathrm{e}^{-r^2/2}\,L_{n_r}^{(l+\frac{1}{2})}\left(r^2\right),$$

此处 $L_k^{(\nu)}$ 为广义拉盖尔多项式。

一般中心力场能级 $E_{n,l}$ 的简并度只有角度部分的 $2l+1$ 重，球对称谐振子势的额外简并度表明其具有角动量守恒之外的更高对称性，还存在另外的守恒量，与氢原子的情形类似。直角坐标和球坐标下属于同一 n 的两套相同维数的本征矢子空间，是 $\hat{H}$ 的同一不变子空间。前者可用 (n_x,n_y,n_z) 标识，而后者可用 $\{n_r,l,m\}$ 标识。例如，

$$n=0:(0,0,0)\to\{0,0,0\};$$

$$n=1:(1,0,0)\oplus(0,1,0)\oplus(0,0,1)\to\{0,1,1\}\oplus\{0,1,0\}\oplus\{0,1,-1\};$$

$$n=2:(1,1,0)\oplus(0,1,1)\oplus(1,0,1)\oplus(2,0,0)\oplus(0,2,0)\oplus(0,0,2)$$

$$\to \{1,0,0\} \oplus \{0,2,2\} \oplus \{0,2,1\} \oplus \{0,2,0\} \oplus \{0,2,-1\} \oplus \{0,2,-2\}.$$

彼此间可通过一个幺正变换相联系，也属于表象变换。

最后简要讨论代数方法。记三维的共有“真空态”为 $|0\rangle$，则其他本征矢可用升、降算符 $\hat{a}_i, \hat{a}_i^\dagger$, $i=1,2,3 \sim x,y,z$ 得到。引入 $\hat{a}_L = (\hat{a}_x + i\hat{a}_y)/\sqrt{2}$, $\hat{a}_R = (\hat{a}_x - i\hat{a}_y)/\sqrt{2}$，可证

$$\hat{H} = \hat{N}_L + \hat{N}_R + \hat{N}_z + \frac{3}{2}, \quad \hat{N}_L \equiv \hat{a}_L^\dagger \hat{a}_L,\ \hat{N}_R \equiv \hat{a}_R^\dagger \hat{a}_R,\ \hat{N}_z \equiv \hat{a}_z^\dagger \hat{a}_z,$$

$[\hat{a}_R, \hat{a}_R^\dagger] = [\hat{a}_L, \hat{a}_L^\dagger] = 1$，而且，$\hat{N}_L$, $\hat{N}_R$, $\hat{N}_z$ 彼此两两对易，它们构成力学量完全集，本征矢也可用相应的本征值 (n_L, n_R, n_z) 标记。另外，可证以下三算符满足角动量代数关系：

$$\hat{L}_z = i(\hat{a}_y^\dagger \hat{a}_x - \hat{a}_x^\dagger \hat{a}_y) = \hat{N}_R - \hat{N}_L, \quad \hat{L}_+ = \hat{L}_x + i\hat{L}_y = \sqrt{2}(\hat{a}_z^\dagger \hat{a}_L - \hat{a}_R^\dagger \hat{a}_z), \quad L_- = L_+^\dagger.$$

这些算符及其对易子可用于代数分析。

3.7 两个角动量的耦合

考虑两个自由度的角动量 $\boldsymbol{J}_1$ 和 $\boldsymbol{J}_2$。在有序直积的意义下，可定义它们之和即总角动量

$$\boldsymbol{J} = \boldsymbol{J}_1 \otimes \boldsymbol{1} + \boldsymbol{1} \otimes \boldsymbol{J}_2 \to \boldsymbol{J}_1 + \boldsymbol{J}_2.$$

此处最后的简化记法应看作是一个方便的约定。由角动量算符对易规则及直积算符的操作规则，可证实 $\boldsymbol{J}$ 也满足角动量算符对易规则即 $\boldsymbol{J} \times \boldsymbol{J} = \mathrm{i}\hbar \boldsymbol{J}$，所以 $\boldsymbol{J}$ 也是角动量。可以验证，

$$[J^2, \boldsymbol{J}] = 0, \quad [J^2, J_1^2] = [J^2, J_2^2] = 0,\ [J_z, J_1^2] = [J_z, J_2^2] = 0,$$

但因为 J^2 含 $\boldsymbol{J}_1 \cdot \boldsymbol{J}_2$，而 $[J^2, \boldsymbol{J}_1] \neq 0$, $[J^2, \boldsymbol{J}_2] \neq 0$。算符 J_1^2, $\hat{J}_{1z}$, J_2^2, $\hat{J}_{2z}$ 是相互对易的，它们的共本征矢 $|j_1, m_1\rangle|j_2, m_2\rangle = |j_1, m_1; j_2, m_2\rangle$，组成正交归一完备基，称为无耦合表象。另外的一组相互对易算符 J_1^2, J_2^2, $\hat{J}^2$, $\hat{J}_z$ 的共本征矢 $|j_1, j_2; j, m\rangle$，也组成正交归一完备基，称为耦合表象。无耦合表象的基数目为 $(2j_1+1)(2j_2+1)$，是二算符表象基数目之积。耦合表象的 j 最大取值为 $j_1 + j_2$，最小取值为 $|j_1 - j_2|$，对应于 $\boldsymbol{J}_1$ 和 $\boldsymbol{J}_2$ 平行与反平行的情形。不妨令 $j_1 \geqslant j_2$，所以基数目为

$$\sum_{j=j_1-j_2}^{j_1+j_2} (2j+1) = (2j_2+1)[2(j_1-j_2)+1+2(j_1+j_2)+1]/2 = (2j_1+1)(2j_2+1).$$

无耦合表象与耦合表象，虽然对应的算符集不同，但描述的对象本来相同，对应于同一不变子空间，基的数目自然相等，它们之间只差一幺正变换。设二表象的基矢均已归一，从无耦合表象到耦合表象的幺正变换矩阵元为 $\langle j_1, m_1; j_2, m_2 | j_1, j_2; j, m\rangle$，称作克莱布希-戈登系数或矢耦系数。因为约束 $m = m_1 + m_2$，所有不满足此约束的矢耦系数为零。

第4章 近似方法

准确可解的量子问题少之又少，必须发展各种近似方法，以处理实际问题。近似方法大致分为微扰理论、变分法和半经典理论。当然，这种分法并非绝对。当真实问题与可解模型之间差异较小时，适用微扰理论。当哈密顿算符时间缓变时，可作绝热近似，而当哈密顿算符空间缓变时，可用半经典理论。微扰在空间局域的哈密顿算符，可在散射框架下处理。

4.1 定态量子微扰理论

微扰理论是量子力学的一个重要的工具。物理学家所知道的精确可解模型只有可数几个，像氢原子、量子谐振子和盒中粒子。这些模型太过理想化，应用微扰理论，可从这些理想模型的精确解出发，导出复杂量子系统的解。例如，通过添加电势小扰动于氢原子的哈密顿量，可计算在电场的作用下氢原子谱线的变化。如果微扰参数足够小，以幂级数表达的微扰解可很准确。薛定谔在创立了量子波动力学之后不久，立即提出微扰理论，应用瑞利先前的方法解量子力学问题。现今，微扰理论时常又被称为瑞利–薛定谔微扰论。

4.1.1 非简并微扰论

设一个不含时间的未微扰哈密顿量 $\hat{H}_0$，有已知的本征值能级 $E_n^{(0)}$ 和已知的本征矢 $|n^{(0)}\rangle$，它们满足定态薛定谔方程

$$\hat{H}_0|n^{(0)}\rangle = E_n^{(0)}|n^{(0)}\rangle, \qquad n = 1, 2, 3, \cdots$$

此处设能级离散，上标 (0) 标记所有未微扰的物理量与量子态，约定 $\langle n^{(0)}|n^{(0)}\rangle = 1$。现在哈密顿量添加一扰动项 $\epsilon\hat{V}$：$\hat{H} = \hat{H}_0 + \epsilon\hat{V}$，此处 ϵ 为无量纲的参数，其值可从 0 变到 1。微扰哈密顿量 $\hat{H}$ 的能级 E_n 和本征态 $|n\rangle$，满足薛定谔方程：$(\hat{H}_0+\epsilon\hat{V})|n\rangle = E_n|n\rangle$。微扰论的主要目标，是用未微扰的能级和本征矢表示微扰的 E_n 和 $|n\rangle$。假

定可将它们写为 ϵ 的幂级数：

$$E_n = E_n^{(0)} + \epsilon E_n^{(1)} + \epsilon^2 E_n^{(2)} + \cdots, \qquad |n\rangle = |n^{(0)}\rangle + \epsilon|n^{(1)}\rangle + \epsilon^2|n^{(2)}\rangle + \cdots$$

当 $\epsilon = 0$ 时，E_n 和 $|n\rangle$ 分别退化为未微扰值，即 $E_n^{(0)}$ 和 $|n^{(0)}\rangle$。在小微扰下，高阶项应很快变小。将幂级数代入薛定谔方程，展开后整理 ϵ 的同幂次项，可得一组联立方程并逐级求解。此处给出一个物理上稍清晰的不同推导。记微扰引起的能级移动为 $\Delta_n = E_n - E_n^{(0)}$，则

$$(\hat{H}_0 + \epsilon\hat{V})|n\rangle = (\Delta_n + E_n^{(0)})|n\rangle, \quad \rightarrow \ (E_n^{(0)} - \hat{H}_0)|n\rangle = (\epsilon\hat{V} - \Delta_n)|n\rangle. \tag{4-1}$$

上式左乘 $\langle n^{(0)}|$，为方便约定 $\langle n^{(0)}|n\rangle = 1$，而不是归一 $|n\rangle$，可得

$$\Delta_n = \epsilon\langle n^{(0)}|\hat{V}|n\rangle \quad \rightarrow \ E_n^{(k)} = \left\langle n^{(0)} \middle| \hat{V} \middle| n^{(k-1)} \right\rangle. \tag{4-2}$$

现在问题在于如何解式 (4-1) 求得 $|n^{(k)}\rangle$。一般而言，只有当 $\hat{F}|\psi\rangle \neq 0$ 时，方可由 $\hat{F}|\psi\rangle = |\phi\rangle$ 直接写下 $|\psi\rangle = \hat{F}^{-1}|\phi\rangle + |\chi\rangle$，此处 $|\chi\rangle$ 满足 $\hat{F}|\chi\rangle = 0$。为此，引入投影算符 $P_n = |n^{(0)}\rangle\langle n^{(0)}|$ 和 $Q_n = I - P_n = \sum_{m\neq n}|m^{(0)}\rangle\langle m^{(0)}|$。于是，$E_n^{(0)} - \hat{H}_0 = (E_n^{(0)} - \hat{H}_0)Q_n = Q_n(E_n^{(0)} - \hat{H}_0)$，进而由式 (4-1) 得

$$|n\rangle = |n^{(0)}\rangle + R_n\,(\epsilon\hat{V} - \Delta_n)|n\rangle, \quad R_n \equiv (E_n^{(0)} - H_0)^{-1}Q_n = \sum_{m\neq n}\frac{1}{E_n^{(0)} - E_m^{(0)}}|m^{(0)}\rangle\langle m^{(0)}|,$$

此处已用到约定 $\langle n^{(0)}|n\rangle = 1$。由上式可写下形式解及其展开：

$$\begin{aligned}|n\rangle &= [I - R_n\,(\epsilon\hat{V} - \Delta_n)]^{-1}|n^{(0)}\rangle \\ &= |n^{(0)}\rangle + R_n\,(\epsilon\hat{V} - \Delta_n)|n^{(0)}\rangle + [R_n\,(\epsilon\hat{V} - \Delta_n)]^2|n^{(0)}\rangle + \cdots\end{aligned} \tag{4-3}$$

由式 (4-2) 和式 (4-3)，注意到 $R_n\Delta_n|n^{(0)}\rangle = \Delta_n R_n|n^{(0)}\rangle = 0$，马上可得一阶解

$$E_n^{(1)} = \left\langle n^{(0)} \middle| \hat{V} \middle| n^{(0)} \right\rangle, \quad |n^{(1)}\rangle = R_n\hat{V}|n^{(0)}\rangle = \sum_{m\neq n}\frac{V_{mn}}{E_n^{(0)} - E_m^{(0)}}|m^{(0)}\rangle,$$

此处 $V_{mn} = \langle m^{(0)}|\hat{V}|n^{(0)}\rangle$，而二阶解为

$$E_n^{(2)} = \left\langle n^{(0)} \middle| \hat{V} \middle| n^{(1)} \right\rangle = \sum_{m\neq n}\frac{|V_{mn}|^2}{E_n^{(0)} - E_m^{(0)}},$$

$$
\begin{aligned}
|n^{(2)}\rangle &= \left[R_n\hat{V}R_n\hat{V} - R_nE_n^{(1)}R_n\hat{V}\right]|n^{(0)}\rangle \\
&= \sum_{m\neq n}\left[\sum_{l\neq n}\frac{V_{ml}V_{ln}}{(E_n^{(0)}-E_m^{(0)})(E_n^{(0)}-E_l^{(0)})} - \frac{V_{mn}V_{nn}}{(E_n^{(0)}-E_m^{(0)})^2}\right]|m^{(0)}\rangle.
\end{aligned}
$$

考虑一个简单例子：假定微扰 $\hat{V}$ 的作用只是引起能级 0 和 1 之间的混合，即微扰 $\hat{V}$ 的非零矩阵元仅有 $\langle 0|\hat{V}|1\rangle = \langle 1|\hat{V}|0\rangle^* \neq 0$。设微扰 $\hat{V}$ 很小，因为在能级表象中所选的微扰无对角元，能级一阶微扰为零，而二阶微扰为

$$
E_0^{(2)} = |V_{01}|^2/(E_0^{(0)} - E_1^{(0)}), \quad E_1^{(2)} = |V_{10}|^2/(E_1^{(0)} - E_0^{(0)}) = -E_0^{(2)},
$$

表明两个能级的移动方向相反。如果未微扰的能级出现“交叉”，即 $E_0^{(0)} = E_1^{(0)}$，则微扰将导致能级相互排斥而交叉消失，称为“免交叉”。

4.1.2 收敛性[1]

设未微扰哈密顿算符 $\hat{H}_0$ 有一以算符完全集 J 标记的本征矢 $\varPhi$，而 $\varPsi$ 是有可能与 $\varPhi$ 建立一一对应的微扰哈密顿算符 $\hat{H}$ 的本征矢，设 $\varPhi$ 和 $\varPsi$ 二者均已归一。此可能性存在的条件为

$$
|\langle\varPhi|\varPsi\rangle|^2 > \frac{1}{2}. \tag{4-4}
$$

如果给定的 $\varPhi$ 和 $\varPsi$ 满足式 (4-4)，则一一对应已建立，因为 $\langle\varPhi|\varPhi\rangle = 1$，不存在第二个 $\varPsi$ 也满足式 (4-4)。如果对于任何特定的 $\varPsi$，不存在一个 $\varPhi$ 满足式 (4-4)，此时仍可能存在 $\hat{H}_0$ 的多个本征矢，它们线性组合有相对较大的 $\varPsi$ 分量。条件式 (4-4) 提供了度量未微扰本征矢和微扰本征矢间接近程度的定量标准，确定何时微扰变换存在，进而可将未微扰本征矢的指标即量子数赋予微扰本征矢。

引入投影算符 $P = |\varPhi\rangle\langle\varPhi|$, $Q = 1 - P$，则薛定谔方程 $\hat{H}|\varPsi\rangle = E|\varPsi\rangle$ 分解为

$$
P\hat{H}P|\varPsi\rangle + P\hat{H}Q|\varPsi\rangle = EP|\varPsi\rangle, \quad Q\hat{H}P|\varPsi\rangle + Q\hat{H}Q|\varPsi\rangle = EQ|\varPsi\rangle,
$$

从第二式得形式解 $Q|\varPsi\rangle = (E - Q\hat{H}Q)^{-1}Q\hat{H}P|\varPsi\rangle$，将之代入第一式，得

$$
EP|\varPsi\rangle = \hat{H}_{\text{eff}}(E)\,P|\varPsi\rangle, \quad \hat{H}_{\text{eff}}(E) \equiv P\hat{H}P + P\hat{H}Q(E - Q\hat{H}Q)^{-1}Q\hat{H}P, \tag{4-5}
$$

[1] G Hose and HS Taylor, Quantum Kolmogorov-Arnol'd-Moser-like Theorem: Fundamentals of Localization in Quantum Theory, Phys Rev Lett **51** (1983) 947.

它形式上如同定义在 $P|\Psi\rangle$ 或 $|\Phi\rangle$ 空间上的哈密顿算符为 $\hat{H}_{\text{eff}}(E)$ 的薛定谔方程。类似地，由 $|\Psi\rangle = P|\Psi\rangle + Q|\Psi\rangle$ 可得

$$|\Psi\rangle = [P + (E - Q\hat{H}Q)^{-1}Q\hat{H}P]P|\Psi\rangle \equiv R(E)\,P|\Psi\rangle, \tag{4-6}$$

方程 (4-5) 左乘以 $\langle\Phi|$，可证

$$E = \langle\Phi|\,\hat{H}_{\text{eff}}(E)\,|\Phi\rangle = \langle\Phi|P\hat{H}P + P\hat{H}Q(E - Q\hat{H}Q)^{-1}Q\hat{H}P|\Phi\rangle. \tag{4-7}$$

方程 (4-7) 为自洽方程，微扰本征值 E_p 是其自洽解，原则上可直接求解方程 (4-7) 得到 E_p。通常的微扰展开可看作迭代

$$E^{(t+1)} = \langle\Phi|\,\hat{H}_{\text{eff}}(E^{(t)})\,|\Phi\rangle.$$

迭代方程以 E_p 为不动点。微扰本征矢也可由同时迭代方程 (4-6) 得到。因而，迭代收敛的条件是在不动点处，

$$\left|\langle\Phi|\,(\mathrm{d}/\mathrm{d}E)\hat{H}_{\text{eff}}(E)|_{E_p}\,|\Phi\rangle\right| < 1.$$

由式 (4-6) 及相应的左矢方程，可得

$$\begin{aligned}|\langle\Psi|\Psi\rangle| =& |\langle\Phi|\Psi\rangle|^2 + \langle\Psi|P\hat{H}Q(E - Q\hat{H}Q)^{-2}Q\hat{H}P|\Psi\rangle \\ =& |\langle\Phi|\Psi\rangle|^2\left[1 + |\langle\Phi|\,(\mathrm{d}/\mathrm{d}E)\hat{H}_{\text{eff}}(E)\,|\Phi\rangle|\right].\end{aligned}$$

因为 $\langle\Psi|\Psi\rangle = \langle\Phi|\Phi\rangle = 1$，最终证实收敛条件 (4-4)。收敛意味着重叠积分足够高，很自然。

4.1.3　简并微扰

如果未微扰能级出现简并，则非简并微扰论的展开可能出问题。记投影算符 $P_n = |\Phi_n\rangle\langle\Phi_n|$，$Q_n = 1 - P_n$。算符 $R_n = (E_n^{(0)} - H_0)^{-1}Q_n$ 将可能奇异。微扰本征矢与任一未微扰本征矢的重叠积分可能均过小而不足以保证收敛。此时首先需要确定微扰本征矢的零级近似。

不妨假定简并的未微扰本征矢为 $\{|k\rangle\}_{k=1}^{d}$，简并本征值为 E_0。记微扰本征矢为 $|\psi\rangle$，本征值为 E。未微扰本征矢张成一个子空间，记映到此子空间的投影算

符为 $P=\sum\limits_{k=1}^{d}|k\rangle\langle k|$，其补空间的投影算符为 $Q=1-P$。本征矢 $|\psi\rangle$ 可分解为 $|\psi\rangle=P|\psi\rangle+Q|\psi\rangle$。4.1.2 节的许多结果只须稍作修正即可用于此处的讨论。例如，式 (4-5) 同样适用：

$$EP|\psi\rangle=\hat{H}_{\text{eff}}(E)\,P|\psi\rangle,\quad \hat{H}_{\text{eff}}(E)=P\hat{H}P+P\hat{H}Q(E-Q\hat{H}Q)^{-1}Q\hat{H}P,$$

由 $\hat{H}=\hat{H}_0+\epsilon\hat{V}$ 可知，$P\hat{H}P=E_0P+\epsilon P\hat{V}P$，$P\hat{H}Q=\epsilon P\hat{V}Q$，$Q\hat{H}P=\epsilon Q\hat{V}P$，因而，

$$\hat{H}_{\text{eff}}(E)=E_0P+\epsilon P\hat{V}P+\epsilon^2\hat{U},\quad \hat{U}\equiv P\hat{V}Q(E-\hat{H}_0-\epsilon Q\hat{V}Q)^{-1}Q\hat{V}P.$$

由式 (4-6)，微扰本征矢 $|\psi\rangle$ 的零级解为 $|\psi^{(0)}\rangle=P|\psi^{(0)}\rangle$，相应的 $\hat{H}_{\text{eff}}$ 的本征方程 $\hat{H}_{\text{eff}}P|\psi^{(0)}\rangle=E\,P|\psi^{(0)}\rangle$ 化为

$$(E-E_0-\epsilon P\hat{V}P)\,|\psi^{(0)}\rangle=0.$$

在未微扰简并本征矢子空间中，算符 $\hat{V}$ 的表示为 $d\times d$ 矩阵，记作 V_d，则微扰的零级本征矢和本征值可由解如下 V_d 的本征方程获得：

$$V_d|\psi_i^{(0)}\rangle=v_i|\psi_i^{(0)}\rangle,\quad E_i^{(0)}=E_0+\epsilon v_i.$$

下一步，$\epsilon^2\hat{U}$ 可看作是新的微扰项，根据 V_d 的退简并情况，作进一步的非简并或简并微扰处理。例如，假定 $|\psi_i^{(0)}\rangle$ 是非简并的，重新解释 $P=|\psi_i^{(0)}\rangle\langle\psi_i^{(0)}|$，将补空间投影算符 Q 分解为属于 d-维简并本征矢子空间的分量 Q_0 和其余分量 Q_1，则根据式 (4-6)，微扰本征矢的下一级修正为

$$|\psi_i^{(1)}\rangle=\epsilon\sum_{h\in Q_1}\frac{\langle h|\hat{V}|\psi_i^{(0)}\rangle}{E_i^{(0)}-E_h^{(0)}}|h\rangle+\epsilon\sum_{j\in Q_0}\frac{\langle\psi_j^{(0)}|\hat{V}|\psi_i^{(0)}\rangle}{v_i-v_j}|\psi_j^{(0)}\rangle,$$

而根据式 (4-7)，微扰本征值的下一级修正为

$$E_i^{(1)}=\epsilon^2\left(\sum_{h\in Q_1}\frac{|\langle\psi_i^{(0)}|\hat{V}|h\rangle|^2}{E_i^{(0)}-E_h^{(0)}}+\epsilon^2\sum_{j\in Q_0}\frac{|\langle\psi_i^{(0)}|\hat{V}|\psi_j^{(0)}\rangle|^2}{v_i-v_j}\right).$$

如果可以找到与算符 $\hat{H}_0$ 对易的算符 $\hat{A}$，则因为二者可同时对角化，$\hat{A}$ 往往导致退简并，即 $\hat{A}$ 在 d-维简并本征矢子空间中的表示是分块对角的，或者说简并子

空间分解为更小的子空间。每个小子空间属于 $\hat{A}$ 的一个本征值。如果 $\hat{A}$ 也与算符 $\hat{V}$ 对易，则可证 $\hat{V}$ 与 $\hat{A}$ 有一致的分块对角表示，此时只须在对角块对应的低于 d-维的子空间中作简并微扰。另外，值得指出，近简并量子态的能级差可能在微扰量级。此时可能不满足重叠积分的收敛判据，而应按简并微扰处理。

4.1.4　费曼–海尔曼引理

费曼–海尔曼引理提供简单途径计算微扰下能级的变化。引理说，如果含参数 λ 的哈密顿算符 $\hat{H}(\lambda)$ 有本征值为 $E(\lambda)$ 的归一本征函数 $\psi(\lambda)$，则

$$\frac{\mathrm{d}E(\lambda)}{\mathrm{d}\lambda}=\left\langle\psi(\lambda)\left|\frac{\mathrm{d}\hat{H}(\lambda)}{\mathrm{d}\lambda}\right|\psi(\lambda)\right\rangle.$$

由 $\hat{H}(\lambda)|\psi(\lambda)\rangle=E(\lambda)|\psi(\lambda)\rangle$，有 $E(\lambda)=\langle\psi(\lambda)|\hat{H}(\lambda)|\psi(\lambda)\rangle$，

$$\begin{aligned}\frac{\mathrm{d}E(\lambda)}{\mathrm{d}\lambda}&=\frac{\mathrm{d}\langle\psi(\lambda)|}{\mathrm{d}\lambda}\hat{H}(\lambda)|\psi(\lambda)\rangle+\langle\psi(\lambda)|\frac{\mathrm{d}\hat{H}(\lambda)}{\mathrm{d}\lambda}|\psi(\lambda)\rangle+\langle\psi(\lambda)|\hat{H}(\lambda)\frac{\mathrm{d}|\psi(\lambda)\rangle}{\mathrm{d}\lambda}\\&=\langle\psi(\lambda)|\frac{\mathrm{d}\hat{H}(\lambda)}{\mathrm{d}\lambda}|\psi(\lambda)\rangle+E(\lambda)\frac{\mathrm{d}}{\mathrm{d}\lambda}\langle\psi(\lambda)|\psi(\lambda)\rangle,\end{aligned}$$

上面最后一项因 $\psi(\lambda)$ 的归一性而为零，引理得证。

值得注意，引理是严格结果，不含近似。如果 $\hat{H}(\lambda)=\hat{H}_0+\lambda\hat{V}$，则根据引理，

$$\mathrm{d}E(\lambda)/\mathrm{d}\lambda=\langle\psi(\lambda)|\hat{V}|\psi(\lambda)\rangle.$$

对于小 λ，有近似 $E(\lambda)-E(0)\approx\lambda\langle\psi(0)|\hat{V}|\psi(0)\rangle$，得到非简并微扰论的重要结果。引理隐含如下假定：本征函数 $\psi(\lambda)$ 随参数 λ 光滑地变化。如果 $\psi(0)$ 是简并的，则 λV 可引起退简并，不再保证变化光滑，须先找到合适的 $\psi(0)$。

费曼–海尔曼引理的最典型应用是计算分子内部受力平衡的几何结构，此时的参数是核坐标。此处举简单一例：由类氢原子的径向方程知

$$\begin{aligned}&\frac{\partial\hat{H}_l}{\partial l}=\frac{\hbar^2}{2\mu r^2}(2l+1),\quad\rightarrow\\&\left\langle nl\left|\frac{1}{r^2}\right|nl\right\rangle=\frac{2\mu}{\hbar^2(2l+1)}\frac{\partial E_n}{\partial l}=\frac{2\mu}{\hbar^2(2l+1)}\frac{\partial E_n}{\partial n}\frac{\partial n}{\partial l}=\frac{2Z^2}{a_0^2n^3(2l+1)}.\end{aligned}$$

类似地，通过对 k_e 求导可计算得 $\langle nl|1/r|nl\rangle=k_ec^2\mu/\hbar^2n^2=1/(a_0n^2)$。

另外，如果波函数含时，定态薛定谔方程应替换为含时薛定谔方程

$$\mathrm{i}\hbar\partial|\psi(t,\lambda)\rangle/\partial t = \hat{H}(t,\lambda)|\psi(t,\lambda)\rangle,$$

费曼–海尔曼引理不再成立，应拓广如下。如果 $|\phi(t,\lambda)\rangle$ 和 $|\psi(t,\lambda)\rangle$ 为带参数 λ 的含时薛定谔方程的解，则

$$\begin{aligned}
&\left\langle \phi(t,\lambda) \left| \frac{\partial \hat{H}(t,\lambda)}{\partial\lambda} \right| \psi(t,\lambda) \right\rangle \\
&= \langle\phi(t,\lambda)|\frac{\partial}{\partial\lambda}\left(\hat{H}(t,\lambda)|\psi(t,\lambda)\rangle\right) - \langle\phi(t,\lambda)|\hat{H}(t,\lambda)\frac{\partial|\psi(t,\lambda)\rangle}{\partial\lambda} \\
&= \mathrm{i}\hbar\left\langle \phi(t,\lambda) \left| \frac{\partial^2\psi(t,\lambda)}{\partial\lambda\partial t} \right.\right\rangle + \mathrm{i}\hbar\frac{\partial\langle\phi(t,\lambda)|}{\partial t}\frac{\partial|\psi(t,\lambda)\rangle}{\partial\lambda} \\
&= \mathrm{i}\hbar\frac{\partial}{\partial t}\left\langle \phi(t,\lambda) \left| \frac{\partial\psi(t,\lambda)}{\partial\lambda} \right.\right\rangle.
\end{aligned}$$

此处假定对 λ 和 t 求偏导的顺序可换。

4.1.5 例：二能级体系

设在基 $\{|0\rangle,|1\rangle\}$ 中体系哈密顿算符的表示为

$$\hat{H} = \begin{pmatrix} \Omega & \epsilon\omega \\ \epsilon\omega & -\Omega \end{pmatrix} = \frac{1}{\sqrt{\Omega^2+\epsilon^2\omega^2}}\begin{pmatrix} \cos\theta & \sin\theta \\ \sin\theta & -\cos\theta \end{pmatrix}, \quad \theta \equiv \arctan(\epsilon\omega/\Omega).$$

未微扰本征值为 $E_{0,1}^{(0)} = \pm\Omega$。微扰问题可准确对角化求解，得本征值为 $E_{0,1} = \pm\sqrt{\Omega^2+\epsilon^2\omega^2}$，本征矢为

$$|\phi_0\rangle = \cos\vartheta|0\rangle + \sin\vartheta|1\rangle, \quad |\phi_1\rangle = \cos\vartheta|1\rangle - \sin\vartheta|0\rangle, \quad \vartheta = \frac{1}{2}\theta.$$

对比准确本征值的展开和微扰计算，一级修正二者均为零，二级修正二者一致，不妨作为练习推导。

4.1.6 氢原子谱精细结构

氢原子相对论修正、自旋–轨道耦合和达尔文项均来自狄拉克方程：

$$\hat{H}_{\mathrm{Dirac}} = c\boldsymbol{\alpha}\cdot(\boldsymbol{p}-q\boldsymbol{A}) + \beta mc^2 + q\phi, \quad \boldsymbol{\alpha} = \sigma_x\otimes\boldsymbol{\sigma},\ \beta = \sigma_z\otimes I.$$

狄拉克方程留待第 5 章讨论。首先简单估计一下氢原子相对论修正的重要性。氢原子的未微扰基态 $E_0=-\alpha^2mc^2/2$, $\psi_{100}=\mathrm{e}^{-r/a_0}/\sqrt{\pi a_0^3}$, $a_0=\hbar/\alpha mc$，此处无量纲常数 $\alpha\equiv k_e e^2/\hbar c\approx 137$，所以 $p\sim\hbar/a_0=\alpha mc$, $v\sim\alpha c$，相对论效应不太大，但也不太小。(常数 α 集电荷单位、普朗克常数和光速于一身，非同小可。) 相对论能量为 $E=\sqrt{m_0^2c^4+\boldsymbol{p}^2c^2}$，动能为 $E-m_0c^2\approx p^2/2m-p^4/8m^3c^2$，第二项是相对论修正的微扰项，为球对称的，所以氢原子一级微扰修正为

$$
\begin{aligned}
E_{nlj}^1 &= \left\langle n,l,j\left|\frac{-p^4}{8m_\mathrm{e}^3c^2}\right|n,l,j\right\rangle=-\frac{1}{2m_\mathrm{e}c^2}\left\langle n,l,j\left|(E_n-U)^2\right|n,l,j\right\rangle\\
&=-\frac{1}{2m_\mathrm{e}c^2}\left(E_n^2+2E_nk_ee^2\left\langle\frac{1}{r}\right\rangle+k_e^2e^4\left\langle\frac{1}{r^2}\right\rangle\right)=-\frac{\alpha^4m_\mathrm{e}c^2}{8n^4}\left(\frac{8n}{2l+1}-3\right).
\end{aligned}
$$

此处已用了费曼–海尔曼引理小节的结果。

现在考虑自旋–轨道耦合。磁场中的磁矩有能量 $-\boldsymbol{\mu}\cdot\boldsymbol{B}$。电子的磁矩为 $-\boldsymbol{S}e/m_\mathrm{e}c$。在电子为静止的参考系中，记 $\boldsymbol{r}$ 为从质子指向电子的矢量，则质子运动产生的磁场为

$$
\boldsymbol{B}=-\frac{\boldsymbol{v}}{c}\times\frac{e\boldsymbol{r}}{r^3}=\frac{e}{m_\mathrm{e}c}\frac{\boldsymbol{L}}{r^3}.
$$

于是，自旋–轨道耦合的修正为 $\delta H=\boldsymbol{S}\cdot\boldsymbol{L}e^2/m_\mathrm{e}^2c^2r^3$，得能量微扰

$$
E_{nlj,\mathrm{SO}}^1=\frac{e^2}{m^2c^2}\left\langle nlj\left|\frac{\boldsymbol{S}\cdot\boldsymbol{L}}{r^3}\right|nlj\right\rangle=\frac{e^2}{m_\mathrm{e}^2c^2}\langle nlj\left|\boldsymbol{S}\cdot\boldsymbol{L}\right|nlj\rangle\left\langle nlj\left|\frac{1}{r^3}\right|nlj\right\rangle\propto\frac{\alpha^4m_\mathrm{e}c^2}{n^3}.
$$

计算 $\langle r^{-3}\rangle$ 的一种方法，是借助径向方程将之用 $\langle r^{-2}\rangle$ 和 $\langle r^{-1}\rangle$ 表示。(比起在实验室参考系中处理电子磁矩在质子静电场中的运动，电子静止的图像显得简单直观，但须考虑非惯性系修正。) 与正确的狄拉克结果相比，应另加修正因子 1/2。另外，质子磁矩和电子磁矩的相互作用也给出修正。

4.1.7 氢原子斯塔克效应

斯塔克效应是原子和分子光谱谱线在外加电场中发生位移和分裂的现象，它是塞曼早先发现的外磁场中原子谱线分裂现象的电场版本。斯塔克效应曾用基于半经典物理的电场极化处理，但此处给出量子力学简并微扰的解释。考虑在沿 z-轴方向的外电场中的氢原子。无外场的氢原子主量子数为 n 的能级有 n^2 重简并，外场破坏势场的对称性，可引起部分退简并。在外电场 $\mathcal{E}$ 中体系的哈密顿算符 $\hat{H}$ 包

括未微扰部分 $\hat{H}_0$ 和微扰部分 $\hat{V}$，

$$\hat{H}=\hat{H}_0+\hat{V},\quad \hat{H}_0=-\frac{\hbar^2}{2\mu}\nabla^2-\frac{k_e e^2}{r},\quad \hat{V}=e\mathcal{E}\cdot\boldsymbol{r}=e\mathcal{E}r\cos\theta.$$

通常外电场强度与原子内部电场相比很小，可看作微扰。当 $n=2$ 时，4 重简并的能级为 $\varepsilon_2=-k_e e^2/8a_0$，记 $\xi=r/a_0$，$\kappa=1/8\sqrt{\pi a_0^3}$，本征函数为

$$\phi_{00}=\psi_{200}=\sqrt{2}\kappa(2-\xi)\mathrm{e}^{-\xi/2},\quad \phi_{10}=\sqrt{2}\kappa\xi\mathrm{e}^{-\xi/2}\cos\theta,$$

$$\phi_{11}=\kappa\xi\mathrm{e}^{-\xi/2}\sin\theta\mathrm{e}^{\mathrm{i}\varphi},\quad \phi_{1\bar{1}}=\kappa\xi\mathrm{e}^{-\xi/2}\sin\theta\mathrm{e}^{-\mathrm{i}\varphi},$$

此处已略去共同的主量子数指标 $n=2$，并且以 $\bar{1}$ 记 -1。利用球谐函数的奇偶性容易看出，在这四个本征矢张成的 $\hat{H}_0$ 的不变子空间中，$\hat{V}$ 的非零的矩阵元仅有 $V_{00,10}=V_{10,00}=-3e\mathcal{E}a_0$，$\hat{V}$ 的表示为块对角的。借助 $I_n(\mu)\equiv\int_0^\infty\xi^n\mathrm{e}^{-\mu\xi}=(-\partial_\mu)^n I_0(\mu)=n!/\mu^{n+1}$，可计算

$$e\mathcal{E}\langle 200|r\cos\theta|210\rangle/\langle 210|210\rangle=e\mathcal{E}a_0[2I_4(1)-I_5(1)]/I_4(1)=-3e\mathcal{E}a_0.$$

对角化在 $|200\rangle\oplus|210\rangle$ 空间中 $\hat{V}$ 的 2×2 矩阵，得本征值修正为 $\pm 3e\mathcal{E}a_0$。最终得在外电场中氢原子的 $n=2$ 的 4 重简并能级分裂为三个：

$$\Delta E_{00}^{(0)}=3e\mathcal{E}a_0,\quad \Delta E_{10}^{(0)}=-3e\mathcal{E}a_0,\quad \Delta E_{11}^{(0)}=\Delta E_{1\bar{1}}^{(0)}=0,$$

相应的简并微扰本征矢为

$$\phi_{00}^{(0)}=\frac{1}{\sqrt{2}}(\psi_{200}-\psi_{210}),\ \phi_{01}^{(0)}=\frac{1}{\sqrt{2}}(\psi_{200}+\psi_{210}),\ \phi_{11}^{(0)}=\psi_{211},\ \phi_{1\bar{1}}^{(0)}=\psi_{21\bar{1}}.$$

能级 $n=3$ 有 9 重简并，电场也导致能级分裂，可完全类似地处理。

4.1.8 一维周期势

周期势为 $\hat{V}(x+R)=\hat{V}(x)$，此时哈密顿算符 $\hat{H}(x+R)=\hat{H}(x)$。引入平移算符 T_R：$T_R\psi(x)\equiv\psi(x+R)$。平移算符与周期哈密顿算符对易：

$$T_R\hat{H}(x)\psi(x)=\hat{H}(x+R)\psi(x+R)=\hat{H}(x)\psi(x+R)=\hat{H}(x)T_R\psi(x),$$

表明如果 $\psi(x)$ 为薛定谔方程解，则 $T_R\psi(x)=\psi(x+R)$ 也为同本征值的解。算符 T_R 和 $\hat{H}$ 可同时对角化，所以存在 $\hat{H}$ 的本征解 $\psi(x)$ 使得 $T_R\psi(x)=\psi(x+R)=\mathrm{e}^{\mathrm{i}kR}\psi(x)$，此处 k 为实的，此时可写

$$\psi(x)=\mathrm{e}^{\mathrm{i}kx}u(x),\quad u(x+R)=u(x).$$

此即布洛赫定理：周期势的波函数可写成由周期函数调制的平面波的形式。可以限定 $-Q/2\leqslant k<Q/2$, $Q\equiv 2\pi/R$，因为 $k\to k+nQ$ 相当于 $u(x)\to \mathrm{e}^{\mathrm{i}nQx}u(x)$。在傅里叶变换下或在动量表象中，$\psi_k(x)=\mathrm{e}^{\mathrm{i}kx}u_k(x)=\sum\limits_q \mathrm{e}^{\mathrm{i}(k+q)x}\tilde{u}_k(q)$, $V(x)=\sum\limits_q \tilde{V}(q)\mathrm{e}^{\mathrm{i}qx}$, $q=nQ$，薛定谔方程化为

$$\left[\frac{\hbar^2}{2m}(k+q)^2-E_k\right]\tilde{u}_k(q)+\sum_{q'}\tilde{V}(q-q')\tilde{u}_k(q')=0. \tag{4-8}$$

波函数的归一化可约定为 $\int_{-\frac{1}{2}R}^{\frac{1}{2}R}\mathrm{d}x\,\psi_k^*(x)\psi_k(x)=1$。动量的期望值为

$$\langle\hat{p}\rangle=\langle\psi_k(x)|-\mathrm{i}\hbar(\mathrm{d}/\mathrm{d}x)|\psi_k(x)\rangle=\hbar k|\tilde{u}_k(0)|^2+\sum_{q\neq 0}\hbar(k+q)|\tilde{u}_k(q)|^2\neq\hbar k.$$

如果势为所谓的狄拉克梳：$\hat{V}(x)=B\sum\limits_{n=-\infty}^{\infty}\delta(x-nR)$，此时 $\tilde{V}(q)=B$ 为常数，方程 (4-8) 可精确求解。另一种情形是“近自由”：$\hat{V}(x)=2\epsilon\cos(Qx)$, $\epsilon\ll 1$，此时 $\tilde{V}(Q)=-\mathrm{i}\epsilon$，$V(-Q)=\mathrm{i}\epsilon$，其余的 $\tilde{V}(q)=0$。当 $\epsilon=0$ 时，未微扰的波函数和本征值为 $\psi_k(x)\propto \mathrm{e}^{\mathrm{i}(k+q)x}$, $E_k=\hbar^2(k+q)^2/2m$。当 $\epsilon\neq 0$ 时，须考虑 $k=-\dfrac{1}{2}Q$ 时因 $(k-nQ)^2=(k+(n+1)Q)^2$ 导致的态简并。不妨令 $n=0$，限于二简并能级的微扰给出微扰本征值为 $\hbar^2Q^2/8m\pm\epsilon$，表明在所谓布里渊区边界出现宽度为 2ϵ 的能隙，谱形成能带结构。以上讨论的只是一维情形，不难推广到高维情形。

4.2　含时的近似方法

含时微扰着重于波函数的动力学，在 $\hat{H}_0$ 的本征基矢中，考察 $\hat{H}_0$ 的一个本征态如何在含时微扰下演化，而非 $\hat{H}=\hat{H}_0+\hat{V}(t)$ 的谱。

假定 $\hat{H}_0$ 的动力学比较简单，通常采用相互作用绘景，让算符依 $\hat{H}_0$ 变，而态矢依 $\hat{V}(t)$ 变。具体地说，

$$|\tilde{\psi}(t)\rangle = \mathrm{e}^{\mathrm{i}\hat{H}_0 t/\hbar}|\psi(t)\rangle \equiv U_0^\dagger|\psi(t)\rangle, \quad \rightarrow\ \mathrm{i}\hbar\frac{\mathrm{d}}{\mathrm{d}t}|\tilde{\psi}(t)\rangle = \tilde{V}(t)|\tilde{\psi}(t)\rangle, \quad \tilde{V}(t) = U_0^\dagger\hat{V}(t)U_0.$$

假定 $\hat{H}_0|n\rangle = E_n|n\rangle$，$V_{mn}(t) = \langle m|\hat{V}(t)|n\rangle$，$|\tilde{\psi}(t)\rangle = \sum\limits_n c_n(t)|n\rangle$，记 $\omega_{mn} = (E_m - E_n)/\hbar$，则

$$\tilde{V}_{mn}(t) = \mathrm{e}^{\mathrm{i}(E_m-E_n)t/\hbar}V_{mn}(t) = \mathrm{e}^{\mathrm{i}\omega_{mn}t}V_{mn}, \quad \mathrm{i}\hbar\dot{c}_m(t) = \sum_n \mathrm{e}^{\mathrm{i}\omega_{mn}t}V_{mn}c_n(t). \tag{4-9}$$

4.2.1 量子跃迁

引入 ϵ，将 $V(t)$ 记作 $\epsilon V(t)$，表示它为小量，将 $c_n(t)$ 展成 ϵ 的幂级数：$c_n = c_n^{(0)} + \epsilon c_n^{(1)} + \epsilon^2 c_n^{(2)} + \cdots$，代入演化方程，归集 ϵ 同幂次的系数，可得各级近似方程。零阶系数 $c_n^{(0)}$ 的时间导数为零，表明不随时间变化，不妨设在 $t=0$ 时体系处于本征态 $|k\rangle$，即 $c_m^{(0)} = \delta_{mk}$。一级近似方程为

$$\mathrm{i}\hbar\dot{c}_m^{(1)} = \sum_n \mathrm{e}^{\mathrm{i}\omega_{mn}t}V_{mn}c_n^{(0)} = \mathrm{e}^{\mathrm{i}\omega_{mk}t}V_{mk}, \quad \rightarrow\ c_m^{(1)} = -\frac{\mathrm{i}}{\hbar}\int_0^t \mathrm{d}t' V_{mk}(t')\mathrm{e}^{\mathrm{i}\omega_{mk}t'}.$$

由此得到，从 $|k\rangle$ 态到 $|m\rangle$ 态的跃迁为

$$P_{k\to m} = \frac{1}{\hbar^2}\left|\int_0^t \mathrm{d}t' V_{mk}(t')\mathrm{e}^{\mathrm{i}\omega_{mk}t'}\right|^2.$$

如果微扰只在 $t\in[0,t_1]$ 存在且恒定，则 $c_m^{(1)} = -V_{mk}(\mathrm{e}^{\mathrm{i}\omega_{mk}t_1} - 1)/\hbar\omega_{mk}$，

$$P_{k\to m} = |c_m^{(1)}|^2 = \frac{|V_{mk}|^2}{\hbar^2|\omega_{mk}|^2}\left|\mathrm{e}^{\mathrm{i}\omega_{mk}t_1/2} - \mathrm{e}^{-\mathrm{i}\omega_{mk}t_1/2}\right|^2 = \frac{4|V_{mk}|^2}{\hbar^2}\frac{\sin^2(\omega_{mk}t_1/2)}{|\omega_{mk}|^2}. \tag{4-10}$$

跃迁概率与函数 $\mathrm{sinc}(x)$ 相联系，后者定义作：

$$\mathrm{sinc}(x) = \begin{cases} 1, & x = 0, \\ \dfrac{\sin x}{x}, & \text{否则}. \end{cases}$$

于是，$P_{k\to m} \propto t_1^2\mathrm{sinc}^2(\kappa t_1)$，$\kappa \equiv \omega_{mk}/2$。函数 $\mathrm{sinc}^2(\kappa t)$ 在 $\kappa = 0$ 处有峰值 1，随 $|\kappa|$ 增大迅速振荡衰减，峰宽正比于 t^{-1}。借助复分析可证

$$\int_{-\infty}^{\infty}\mathrm{sinc}^2(x)\mathrm{d}x = \pi.$$

在 $t\to\infty$ 时，函数 $\sin^2(\kappa t)/\kappa^2\to\pi t\delta(\kappa)$。如果末态为连续谱且微扰 V_{mk} 在 $|m\rangle$ 附近变化不大，则跃迁速率对末态为常数，总跃迁概率正比于 t，与观察结果符合。末态为固定的单态时，跃迁概率正比于 t^2，反而不合理。

许多情况下，微扰随时间周期地变化，$V(t)=V\cos(\omega t)$。直接积分可得

$$c_m^{(1)}=-\frac{\mathrm{i}}{\hbar}\int_0^t \mathrm{d}t' V_{mk}\cos(\omega t')\mathrm{e}^{\mathrm{i}\omega_{mk}t'}=\frac{V_{mk}}{2\mathrm{i}\hbar}\left[\frac{\mathrm{e}^{\mathrm{i}(\omega_{mk}+\omega)t}-1}{\omega_{mk}+\omega}+\frac{\mathrm{e}^{\mathrm{i}(\omega_{mk}-\omega)t}-1}{\omega_{mk}-\omega}\right].$$

虽然约定 $\omega>0$，但 ω_{mn} 对应于能级差而可正可负。上式的贡献主要来自 $\omega\approx|\omega_{mk}|$，得跃迁概率

$$P_{k\to m}=|c_m^{(1)}|^2=\frac{|V_{mk}|^2}{\hbar^2}\frac{\sin^2(\frac{1}{2}\alpha t)}{\alpha^2},\quad \alpha=|\omega_{mk}\pm\omega|.$$

基于前面关于 $\sin^2(\kappa t)/\kappa^2$ 的讨论，对于连续谱末态，跃迁速率为

$$R_{n\to m}\equiv P_{n\to m}/t\to\frac{\pi}{2}\frac{|V_{mn}|^2}{\hbar^2}\delta(|\omega_{mn}|-\omega). \tag{4-11}$$

4.2.2　弗洛凯理论[2]

前面提到空间周期的哈密顿量导致布洛赫定理：此时波函数可写成调制平面波的形式 $\psi(x)=u(x)\mathrm{e}^{\mathrm{i}kx}$，此处 $u(x)=u(x+R)$，与周期势 $V(x)=V(x+R)$ 同周期。本小节探讨时间周期性。时间周期的哈密顿量满足 $\hat{H}(t+T)=\hat{H}(t)$，典型的例子可举束缚态电子与外电磁场间的半经典相互作用。通过引入弗洛凯态扩充原先的希尔伯特空间，可将时间周期哈密顿量转化为时间无关的弗洛凯哈密顿量，有效地处理时间平移对称性。时间演化薛定谔方程为

$$\left[\hat{H}(t)-\mathrm{i}\hbar\frac{\partial}{\partial t}\right]\psi(r,t)=0,$$

此处 $\psi(r,t)$ 中的 r 代表空间及自旋等所有自由度。哈密顿量为时间周期的，意味着如果 $\psi(r,t)$ 是解，则 $\psi(r,t+T)$ 也是解。根据弗洛凯理论，可写

$$\psi(r,t)=u(r,t)\mathrm{e}^{-\mathrm{i}\mathcal{E}t/\hbar},\quad u(r,t+T)=u(r,t),$$

[2] H Sambe, Steady states and quasienergies of a quantum-mechanics system in a oscillating field, Phys Rev A**7** (1973) 2203-2213; Ya B Zel'dovich, The quasienergy of a quantum-mechanical system subjected to a periodic action, Sov Phys JETP, **24** (1967) 1006.

$$\mathcal{H}u(r,t)=\mathcal{E}u(r,t),\quad \mathcal{H}\equiv\hat{H}(t)-\mathrm{i}\hbar\frac{\partial}{\partial t}.$$

此处 $\mathcal{H}$ 称为弗洛凯哈密顿算符。记 $\omega\equiv 2\pi/T$。可以看出，如果 $u(r,t)$, $\mathcal{E}$ 为 $\mathcal{H}$ 的本征函数和本征值，则 $u(r,t)\mathrm{e}^{\mathrm{i}\nu\omega t}$ 也为 $\mathcal{H}$ 的属于本征值 $\mathcal{E}+\hbar\nu\omega$ 的本征函数，此处 ν 为整数。因而，总可以限定 $\mathcal{E}$ 满足 $-\frac{1}{2}\hbar\omega\leqslant\mathcal{E}<\frac{1}{2}\hbar\omega$，不同于通常定态薛定谔方程的能量本征值，$\mathcal{E}$ 称为准能量。

为明确起见，设 $\hat{H}=\hat{H}_0+\hat{V}(t)$，其中 $\hat{H}_0$ 不含时，$\hat{V}(t)$ 是时间周期的。设 $\hat{H}_0|n\rangle=E_n|n\rangle$，$\{|n\rangle\}$ 构成幺正基，记其所张成的空间为 $\mathcal{R}$。另一组幺正基 $\{|\nu\rangle\}$ 张成空间 $\mathcal{T}$，此处 $\langle t|\nu\rangle=(1/\sqrt{T})\mathrm{e}^{\mathrm{i}\nu\omega t}$。考虑直积空间 $\mathcal{R}\otimes\mathcal{T}$，它为扩充的希尔伯特空间，其基矢为 $|n\rangle\otimes|\nu\rangle\equiv|n,\nu\rangle$，可称作弗洛凯基矢。在此基矢中，弗洛凯哈密顿算符的表示为

$$\mathcal{H}_{m\mu,n\nu}=E_n\delta_{mn}\delta_{\nu\mu}+V_{m\mu,n\nu}+\hbar\nu\omega\delta_{mn}\delta_{\nu\mu},\quad V_{m\mu,n\nu}=\langle m,\mu|\hat{V}(t)|n,\nu\rangle.$$

弗洛凯算符 $\mathcal{H}$ 不再含时，其本征函数即弗洛凯态有如下展开：

$$|u(r,t)\rangle=\sum_{n,\nu}c_{n,\nu}|n,\nu\rangle.$$

含时薛定谔方程解最终可表成由时间周期函数 $u(r,t)$ 调制的时间指数函数的形式: $\psi(r,t)=\mathrm{e}^{-\mathrm{i}\mathcal{E}t/\hbar}u(r,t)$。至此，处理一般定态薛定谔方程的所有方法，均可移植到弗洛凯哈密顿算符。

4.2.3 光场中的原子

光场由电场和磁场组成，但磁场的效应比电场弱许多 $(\sim v/c)$，可只考虑电场。光波长 ~ 6000Å，而玻尔半径 ~ 0.5 Å，电场的空间变化可略，所以，$\boldsymbol{E}=E_0\boldsymbol{e}_z\cos(\omega t-kx)\approx E_0\boldsymbol{e}_z\cos(\omega t)$。由式 (4-11)，在长时间极限下，跃迁速率

$$R_{n\to m}\equiv P_{n\to m}/t\to\frac{\pi}{2}\frac{|V_{mn}|^2}{\hbar^2}\delta(|\omega_{mn}|-\omega)=\frac{\pi}{2}\frac{e^2E_0^2}{\hbar^2}|\langle m|z|n\rangle|^2\delta(|\omega_{mn}|-\omega).$$

主要贡献来自 $\omega_{mn}=\pm\omega$，对应于吸收和受激辐射。

电场中的电中性原子哈密顿量的电场部分，为 $V=\sum_i q_i\phi(\boldsymbol{r}_i)=-\sum_i q_i\boldsymbol{r}_i\cdot\boldsymbol{E}=-\boldsymbol{d}\cdot\boldsymbol{E}$，此处 $\boldsymbol{d}$ 为偶极矩，电场标势已取 $\phi(\boldsymbol{r})=-\boldsymbol{r}\cdot\boldsymbol{E}$。前面考虑特定偏振的单色

光，但容易得到的光场一般频率不定，偏振不定。对电场的取向 $\boldsymbol{n}$ 取平均，得

$$\langle|V_{mn}|^2\rangle_{\boldsymbol{n}} = E_0^2\langle|\boldsymbol{n}\cdot\boldsymbol{d}_{mn}|^2\rangle_{\boldsymbol{n}} = \frac{1}{3}E_0^2|\boldsymbol{d}_{mn}|^2.$$

记光场谱密度为 $I(\omega)$，对照 $I = \frac{1}{2}\epsilon_0 E_0^2 = \int I(\omega)\mathrm{d}\omega$，有

$$R_{n\to m} = \int \mathrm{d}\omega I(\omega)\frac{\pi}{3\epsilon_0\hbar^2}|\boldsymbol{d}_{mn}|^2\delta(|\omega_{mn}|-\omega) = \frac{\pi}{3\epsilon_0\hbar^2}|\boldsymbol{d}_{mn}|^2 I(|\omega_{mn}|).$$

此结果称为费米黄金定则。它由狄拉克给出，费米称之为“黄金定则”，最终被叫成费米黄金定则。

光的发射和吸收，特别是自发辐射，严格处理属于量子电动力学的范围。爱因斯坦在 1917 年建立了以旧量子论和经典电磁场为基础的光的发射和吸收理论。受激发射现象是激光的基础，直至 1960 年才观察到。原子从低能级 E_m 到高能级 E_n 的跃迁是吸收，其逆过程是发射。记单位时间的吸收几率即吸收系数为 B_{mn}，相应地，自发和受激发射系数分别为 A_{nm} 和 B_{nm}。设处于能级 E_m 和 E_n 的原子数分别为 N_m 和 N_n。在热力学平衡下，N_m/N_n 及辐射场的黑体辐射谱为

$$N_m/N_n = \mathrm{e}^{-\beta(E_m-E_n)} = \mathrm{e}^{\hbar\omega_{nm}/kT}, \quad I(\omega) = \frac{\hbar}{\pi^2c^3}\frac{\omega^3}{\mathrm{e}^{\beta\hbar\omega}-1}.$$

由原子的 $m\to n$ 和 $n\to m$ 的跃迁过程彼此平衡，得

$$N_m B_{mn} I(\omega_{nm}) = N_n[A_{nm} + B_{nm}I(\omega_{nm})], \quad \to \ I(\omega_{nm}) = \frac{A_{nm}}{\mathrm{e}^{\beta\hbar\omega_{nm}}B_{mn} - B_{nm}},$$

对照上式可得 $B_{nm} = B_{mn}$，$A_{nm} = \hbar\omega_{nm}^3 B_{mn}/\pi^2c^3$。应用费米黄金定则，最终得

$$B_{nm} = B_{mn} = \frac{\pi}{3\epsilon_0\hbar^2}|\boldsymbol{d}_{mn}|^2, \quad A_{nm} = \frac{\omega_{nm}^3}{3\epsilon_0\pi\hbar c^3}|\boldsymbol{d}_{mn}|^2.$$

在完全的量子处理中，考虑原子–光子直积空间，电场变为算符 $\sqrt{\hbar\omega/\epsilon_0 V}(\hat{a}+\hat{a}^\dagger)$，光子的生灭由 $\hat{a}^\dagger$, $\hat{a}$ 给出。

因为偶极近似下跃迁几率正比于 $|\boldsymbol{d}_{mn}|^2$，所以当 $\boldsymbol{d}_{mn}=0$ 时不出现跃迁，称为禁戒跃迁。实现跃迁必须满足 $\boldsymbol{d}_{mn}\neq 0$ 的条件，此即原子物理学中的光谱线选择定则。例如，对 φ 积分不为零的条件及由连带勒让德多项式正交性得到的对 θ 积分不为零的条件，给出有心力场中电子偶极跃迁的选择定则：$\Delta l = \pm 1$, $\Delta m = 0, \pm 1$。

已经讨论的是两个束缚能级间的跃迁。光电效应是束缚态和自由态间的跃迁。自由态不可归一，实际处理的末态通常非单一，因为只关心总离化率。考虑初态为氢原子基态，末态为平面波，初、末态波函数为 $\mathrm{e}^{-r/a_0}/\sqrt{\pi a_0^3}$, $\mathrm{e}^{\mathrm{i}\boldsymbol{k}\cdot\boldsymbol{r}}/\sqrt{2\pi}$。外光场提供含时势 $\hat{V}(t)=eE_0 z\cos(\omega t)\equiv\hat{V}\cos(\omega t)$。跃迁几率中外势矩阵元的核心部分是

$$\langle\boldsymbol{k}|\hat{z}|100\rangle=\mathrm{i}\frac{\partial}{\partial k_z}\langle\boldsymbol{k}|100\rangle=\frac{\mathrm{i}}{\sqrt{\pi a_0^3(2\pi)^3}}\frac{\partial}{\partial k_z}\frac{8\pi}{a_0(k^2+a_0^{-2})^2}=\frac{-16\mathrm{i}k_z}{\pi\sqrt{2a_0^5}(k^2+a_0^{-2})^3},$$

此处用到 $\partial k^2/\partial k_z=2k_z$。假定光子能量远大于束缚能，于是，$ka_0\gg 1$，

$$\langle\boldsymbol{k}|\hat{V}|100\rangle=\frac{-16\mathrm{i}eE_0k_z}{\pi\sqrt{2a_0^5}(k^2+a_0^{-2})^3},\ \rightarrow|\langle\boldsymbol{k}|\hat{V}|100\rangle|^2=\frac{128e^2E_0^2k^2\cos^2\theta}{\pi^2a_0^5(k^2+a_0^{-2})^6}\approx\frac{128e^2E_0^2\cos^2\theta}{\pi^2a_0^5k^{10}}.$$

引入 $\omega_{k0}\equiv\hbar k^2/2\mu$, $k_0\equiv\sqrt{2\mu\omega/\hbar}$，对角度求平均且对末态贡献积分，最终得跃迁几率

$$\langle R_{100\to\mathbf{k}}\rangle=\int\mathrm{d}k4\pi k^2\,\frac{128e^2E_0^2\langle\cos^2\theta\rangle}{\pi^2a_0^5k^{10}}\frac{\pi}{2\hbar^2}\delta(\omega_{k0}-\omega)=\frac{256\mu e^2E_0^2}{3\hbar^3a_0^5k_0^9}.$$

4.2.4 绝热近似

绝热近似涉及时间上缓变的哈密顿量，而变化本身未必是微扰。在缓变的意义下，可考虑固定时刻 t 的 “瞬时” 定态薛定谔方程

$$\hat{H}(t)|\psi_n(t)\rangle=E_n(t)|\psi_n(t)\rangle.$$

绝热近似设想，时间 $t:0\rightarrow T$，时间演化薛定谔方程 $\mathrm{i}\hbar\partial|\varPsi(t)\rangle/\partial t=\hat{H}(t)|\varPsi(t)\rangle$ 的解近似地有 $|\varPsi(t)\rangle:|\varPsi(0)\rangle=|\psi_n(0)\rangle\rightarrow|\varPsi(T)\rangle\sim|\psi_n(T)\rangle$。可以看到，该近似在简并或近简并时不成立，另外，哈密顿量的缓变性也有必要准确刻画。

对瞬时定态薛定谔方程求时间导数，可得 $\dot{H}(t)|\psi_n\rangle+\hat{H}|\dot{\psi}_n\rangle=\dot{E}_n|\psi_n\rangle+E_n|\dot{\psi}_n\rangle$，所以

$$\langle\psi_k|\dot{H}(t)|\psi_n\rangle+E_k\langle\psi_k|\dot{\psi}_n\rangle=\dot{E}_n\delta_{kn}+E_n\langle\psi_k|\dot{\psi}_n\rangle,$$

$$\rightarrow\ \dot{E}_n=\langle\psi_n|\dot{H}|\psi_n\rangle;\quad\langle\psi_k|\dot{\psi}_n\rangle=\frac{\langle\psi_k|\dot{H}|\psi_n\rangle}{E_n-E_k},\ k\neq n.$$

如果 $|\varPsi(t)\rangle=\sum\limits_n c_n(t)|\psi_n(t)\rangle$，则由时间演化薛定谔方程计算 $\langle\psi_k(t)|\dot{\varPsi}(t)\rangle$ 得

$$\mathrm{i}\hbar\dot{c}_k=E_kc_k-\mathrm{i}\hbar\sum_n c_n\langle\psi_k|\dot{\psi}_n\rangle=\Big(E_k-\mathrm{i}\hbar\langle\psi_k|\dot{\psi}_k\rangle\Big)c_k-\mathrm{i}\hbar\sum_{n\neq k}\frac{c_n\langle\psi_k|\dot{H}|\psi_n\rangle}{E_n-E_k}.$$

绝热近似假定上式最后求和项即"误差项"可略，相当于 $\dot{H} \ll \Delta_{nk} \equiv E_n - E_k = \hbar\omega_{nk}$，但二者并非同量纲，确切的特征量将在后面给出。绝热近似下 $|c_k|$ 不变，解为

$$c_k(t) = c_k(0)\mathrm{e}^{\mathrm{i}\theta_k(t)}\mathrm{e}^{\mathrm{i}\gamma_k(t)}, \qquad \theta_k(t) \equiv -\frac{1}{\hbar}\int_0^t E_k(t')\mathrm{d}t',$$

$$\gamma_k(t) \equiv \int_0^t \nu_k(t')\mathrm{d}t', \quad \nu_k \equiv \mathrm{i}\langle\psi_k|\dot{\psi}_k\rangle.$$

此处的 $\theta_k(t)$ 称为动力学相位，来自哈密顿量，而 $\gamma_k(t)$ 称为几何相位或贝里相位，是实的且与 $\hbar$ 无关，稍后再深入讨论。

现在定性考察绝热近似成立的条件。为估计误差项，考虑 $\hat{H}(t) = \hat{H}_0 + Vt/T$，此处 $\hat{V}$ 不含 t，所以 $\dot{H} = V/T$，T 为衡量缓变的参数。设能级差 $|\Delta_{nk}| \geqslant \Delta$，粗看起来误差项为 $V/T\Delta$，时间积分后 $\sim V/\Delta$，与 T 无关。实际上，不同能级因相位不同会导致相消。先略去几何相位，考虑 $c_k(t)$ 的缓变部分 $\tilde{c}_k(t) \equiv \mathrm{e}^{-\mathrm{i}\theta_k(t)}c_k(t)$，取 $\theta_n(t) - \theta_k(t) \sim -\omega_{nk}t$，记 $\dot{H}_{kn} \equiv \langle\psi_k|\dot{H}|\psi_n\rangle$，则可估计 $\dot{\tilde{c}}_k(t)$ 的误差项：

$$\int_0^T \mathrm{d}t\frac{\dot{H}_{kn}\mathrm{e}^{-\mathrm{i}\omega_{nk}t}}{E_n - E_k} \sim \frac{V}{T}\frac{\mathrm{e}^{-\mathrm{i}\omega_{nk}T} - 1}{\hbar\omega_{nk}^2} \sim \frac{V}{T\hbar\omega_{nk}^2} \sim \frac{\hbar V}{\Delta^2 T}.$$

最终的判据是 $\hbar\dot{H}_{mn} \ll \Delta^2$。

4.2.5 贝里相位

全局相位不可观察，但相对相位可引起可观察的干涉效应。假定 H 依赖于一组坐标 $\boldsymbol{R}$，则瞬时定态薛定谔方程为 $\hat{H}(\boldsymbol{R})|\psi_n(\boldsymbol{R})\rangle = E_n(\boldsymbol{R})|\psi_n(\boldsymbol{R})\rangle$，此处将时间依赖隐含在 $\boldsymbol{R}$ 中。于是，可计算贝里相位如下：

$$\frac{\mathrm{d}}{\mathrm{d}t}|\psi_n(\boldsymbol{R})\rangle = \nabla_{\boldsymbol{R}}|\psi_n(\boldsymbol{R})\rangle \cdot \frac{\mathrm{d}\boldsymbol{R}}{\mathrm{d}t},$$

$$\gamma_n(t) = \mathrm{i}\int_0^t \mathrm{d}t'\,\langle\psi_n|\nabla_{\boldsymbol{R}}|\psi_n\rangle \cdot \frac{\mathrm{d}\boldsymbol{R}}{\mathrm{d}t'} = \int_{\boldsymbol{R}(0)}^{\boldsymbol{R}(t)} \mathrm{i}\langle\psi_n|\nabla_{\boldsymbol{R}}|\psi_n\rangle \cdot \mathrm{d}\boldsymbol{R}.$$

如果改变 $|\psi_n(\boldsymbol{R})\rangle \to |\tilde{\psi}_n(\boldsymbol{R})\rangle = \mathrm{e}^{-\mathrm{i}\beta(\boldsymbol{R})}|\psi_n(\boldsymbol{R})\rangle$，则

$$\gamma_n(t) \to \tilde{\gamma}_n(t) = \int_{\boldsymbol{R}(0)}^{\boldsymbol{R}(t)} \mathrm{i}\langle\psi_n|\mathrm{e}^{\mathrm{i}\beta(\boldsymbol{R})}\nabla_{\boldsymbol{R}}\mathrm{e}^{-\mathrm{i}\beta(\boldsymbol{R})}|\psi_n\rangle \cdot \mathrm{d}\boldsymbol{R} = \gamma_n(t) + \beta\left(\boldsymbol{R}(t)\right) - \beta\left(\boldsymbol{R}(0)\right).$$

如果 $\boldsymbol{R}$ 走一回路，则 $\gamma_n(t)$ 不变，此为贝里相位的重要特征。

一维回路 C 的贝里相位为零。沿三维空间中回路 C 的贝里相位

$$\gamma_n[C]=\oint_C \mathrm{i}\langle\psi_n|\nabla_{\boldsymbol{R}}|\psi_n\rangle\cdot\mathrm{d}\boldsymbol{R}\equiv\oint_C \mathcal{A}_n(\boldsymbol{R})\cdot\mathrm{d}\boldsymbol{R}=\int_S(\nabla_{\boldsymbol{R}}\times\mathcal{A}_n)\cdot\mathrm{d}\boldsymbol{a}\equiv\int_S \boldsymbol{D}_n\cdot\mathrm{d}\boldsymbol{a}.$$

此处 S 是以 C 为周界的表面，$\mathrm{d}\boldsymbol{a}$ 为其面元，而 $\mathcal{A}_n=\mathrm{i}\langle\psi_n|\nabla_{\boldsymbol{R}}|\psi_n\rangle$ 称为贝里联络，$\boldsymbol{D}_n=\nabla_{\boldsymbol{R}}\times\mathcal{A}$ 称为贝里曲率，后者有对称形式：

$$\begin{aligned}(\boldsymbol{D}_n)_i=&\mathrm{i}\sum_{j,k}\epsilon_{ijk}\frac{\mathrm{d}}{\mathrm{d}R_j}\langle\psi_n|\frac{\mathrm{d}}{\mathrm{d}R_k}|\psi_n\rangle=\mathrm{i}\sum_{j,k}\epsilon_{ijk}\left(\frac{\mathrm{d}\langle\psi_n|}{\mathrm{d}R_j}\frac{\mathrm{d}|\psi_n\rangle}{\mathrm{d}R_k}+\langle\psi_n|\frac{\mathrm{d}^2}{\mathrm{d}R_j\mathrm{d}R_k}|\psi_n\rangle\right)\\=&\mathrm{i}\sum_{j,k}\epsilon_{ijk}\frac{\mathrm{d}\langle\psi_n|}{\mathrm{d}R_j}\frac{\mathrm{d}|\psi_n\rangle}{\mathrm{d}R_k}.\end{aligned}$$

此处最后一步用到二阶导数对称而贡献为零。于是，

$$\boldsymbol{D}_n=\mathrm{i}(\nabla_{\boldsymbol{R}}\langle\psi_n|)\times(\nabla_{\boldsymbol{R}}|\psi_n\rangle).$$

4.2.6 玻恩–奥本海默近似

考虑 N 个核和 n 个电子的体系，以 $\boldsymbol{R}$ 和 $\boldsymbol{r}$ 分别记核和电子的集体坐标。为简化记号，设所有核的质量为 M。哈密顿算符和薛定谔方程可写作

$$\hat{H}=-\frac{\hbar^2}{2M}\nabla^2_{\boldsymbol{R}}+\hat{H}_{\mathrm{el}}(\boldsymbol{R}),\quad \hat{H}\varPsi(\boldsymbol{R},\boldsymbol{r})=E\varPsi(\boldsymbol{R},\boldsymbol{r}),$$

此处 $\hat{H}_{\mathrm{el}}(\boldsymbol{R})$ 记除核动量外的所有部分。相对于电子运动，核运动很慢，可在绝热近似的意义下处理 $\boldsymbol{R}$。电子体系薛定谔方程可写作

$$\hat{H}_{\mathrm{el}}(\boldsymbol{R})|\varPhi_{\boldsymbol{R},n}(\boldsymbol{r})\rangle=E_{\mathrm{el},n}(\boldsymbol{R})|\varPhi_{\boldsymbol{R},n}(\boldsymbol{r})\rangle.$$

复合体系的本征矢可在 $\varPhi_{\boldsymbol{R},n}(\boldsymbol{r})$ 的基中展开：$\varPsi(\boldsymbol{R},\boldsymbol{r})=\sum\limits_n C_n(\boldsymbol{R})\varPhi_{\boldsymbol{R},n}(\boldsymbol{r})$，$C_n(\boldsymbol{R})=\langle\varPhi_{\boldsymbol{R},n}(\boldsymbol{r})|\varPsi(\boldsymbol{R},\boldsymbol{r})\rangle$。于是，

$$\begin{aligned}\nabla_{\boldsymbol{R}}|\varPsi(\boldsymbol{R},\boldsymbol{r})\rangle=&\sum_n\nabla_{\boldsymbol{R}}|\varPhi_{\boldsymbol{R},n}(\boldsymbol{r})\rangle\langle\varPhi_{\boldsymbol{R},n}(\boldsymbol{r})|\varPsi(\boldsymbol{R},\boldsymbol{r})\rangle=\sum_n\nabla_{\boldsymbol{R}}|\varPhi_{\boldsymbol{R},n}(\boldsymbol{r})\rangle C_n(\boldsymbol{R})\\=&\sum_n\left\{\left[\nabla_{\boldsymbol{R}}|\varPhi_{\boldsymbol{R},n}(\boldsymbol{r})\rangle\right]C_n(\boldsymbol{R})+\left[\nabla_{\boldsymbol{R}}C_n(\boldsymbol{R})\right]|\varPhi_{\boldsymbol{R},n}(\boldsymbol{r})\rangle\right\}.\\\nabla^2_{\boldsymbol{R}}|\varPsi(\boldsymbol{R},\boldsymbol{r})\rangle=&\sum_{m,n}\nabla_{\boldsymbol{R}}\left\{|\varPhi_{\boldsymbol{R},m}(\boldsymbol{r})\rangle\langle\Phi_{\boldsymbol{R},m}(\boldsymbol{r})|\left[\nabla_{\boldsymbol{R}}|\varPhi_{\boldsymbol{R},n}(\boldsymbol{r})\rangle\right]C_n(\boldsymbol{R})\right.\\&\left.+\left[\nabla_{\boldsymbol{R}}C_n(\boldsymbol{R})\right]\delta_{mn}|\varPhi_{\boldsymbol{R},m}(\boldsymbol{r})\rangle\right\},\end{aligned}$$

上式左乘 $\langle \varPhi_{\boldsymbol{R},k}(\boldsymbol{r})|$ 并仿照绝热近似略去所有交叉项，由复合体系的薛定谔方程可得

$$\left[-\frac{\hbar^2}{2M}(\nabla_{\boldsymbol{R}} - \mathrm{i}\mathcal{A})^2 + E_{\mathrm{el},k}(\boldsymbol{R})\right] C_k(\boldsymbol{R}) = EC_k(\boldsymbol{R}), \quad \mathcal{A} = \mathrm{i}\langle \varPhi_{\boldsymbol{R},k}(\boldsymbol{r})|\nabla_{\boldsymbol{R}}|\varPhi_{\boldsymbol{R},k}(\boldsymbol{r})\rangle.$$

此处也出现类似于贝里相位的 $\mathcal{A}$。详细的处理涉及多粒子体系。多粒子体系将在第 5 章讨论。

4.3　半经典近似

量子力学里的 WKB 近似，又叫半经典近似，以三位物理学家温策尔、克拉默和布里渊的姓氏字首命名。他们于 1926 年成功地将该方法发展和应用于量子力学。不过早在 1837 年，数学家刘维尔和格林就已经提出。三位物理学家各自独立提出同一近似时，似乎并不知道这个更早的研究。物理界提到这个近似方法时，常常忽略了数学家更早所做的贡献。伽莫夫首先用此近似正确解释了 α-衰变。

一类特殊微分方程，其最高阶导数项的系数含小参数 δ。定态薛定谔方程，是这类方程的二阶例子。这样的小参数一般不能做先前的微扰处理，也特别称做奇异微扰，因为二阶微分方程定解条件有两个，如果 $\delta = 0$ 则方程退化为一阶，多出一个定解条件无法满足。新的近似考虑微分方程如下渐近级数形式的解：

$$y(x) \sim \exp\left[\frac{1}{\delta}\sum_{n=0}^{\infty}\delta^n S_n(x)\right]. \tag{4-12}$$

将之代入方程，从 $S_0(x)$ 开始逐个解析级数中每一项 $S_n(x)$。通常 $y(x)$ 的渐近级数发散；当 n 大于某值后，$\delta^n S_n(x)$ 一般将开始增大。

引入 $p(x) \equiv \sqrt{2\mu[E - V(x)]}$，则薛定谔方程

$$-\frac{\hbar^2}{2\mu}\frac{\mathrm{d}^2\psi(x)}{\mathrm{d}x^2} + V(x)\psi(x) = E\psi(x), \quad \to \ \hbar^2\frac{\mathrm{d}^2\psi(x)}{\mathrm{d}x^2} + p^2(x)\psi(x) = 0.$$

如果位势 $V(x)$ 是空间缓变函数，可猜测 $\psi(x) \sim \exp\left[\pm\frac{\mathrm{i}}{\hbar}\int^x p(x')\mathrm{d}x'\right]$。假定 $\psi(x) = A(x)\mathrm{e}^{\mathrm{i}S(x)/\hbar}$，此处 $A(x)$，$S(x)$ 为实。将之代入薛定谔方程，得

$$\psi' = \left(\frac{A'}{A} + \mathrm{i}\frac{S'}{\hbar}\right)\psi, \quad \hbar^2\left[\left(\frac{A'}{A} + \mathrm{i}\frac{S'}{\hbar}\right)^2 + \frac{A''}{A} - \frac{A'^2}{A^2} + \mathrm{i}\frac{S''}{\hbar}\right] + p^2 = 0,$$

分离实部和虚部得

$$\hbar^0\left(-S'^2+\hbar^2\frac{A''}{A}+p^2\right)=0,\qquad \hbar^1\left(2\frac{A'}{A}S'+S''\right)=0.$$

略去第一式的 $\hbar^2 A''/A$ 项，得 $S'=\pm p$，进而化第二式为 $2A'/A=-S''/S'=-p'/p$，最终得

$$S=\pm\int^x p(x')\mathrm{d}x',\quad A(x)=\frac{C}{\sqrt{p(x)}},\quad \to\ \psi(x)=\frac{C}{\sqrt{p(x)}}\exp\left[\pm\frac{\mathrm{i}}{\hbar}\int^x p(x')\mathrm{d}x'\right]. \tag{4-13}$$

令 $\hbar$ 为小参数，此处的结果相当于在展开式 (4-12) 中分析级数的 $\hbar^0$ 和 $\hbar^1$ 项。于是，$|\psi|^2\sim 1/p(x)$。速度的倒数度量停留时间，概率密度反比于速度的结论合理。

现在分析一下 WKB 近似成立的条件。一个必要条件是 $\hbar^1$ 项远小于 $\hbar^0$ 项，所以，$\hbar|S''|=\hbar|p'|\ll p^2$。由 $2|pp'|\sim 2\mu|V'|$ 和德布罗意波长 $\lambda(x)=\hbar/p$，该条件可表成 $\lambda(x)|V'|\ll p^2/\mu$，即位势在一个德布罗意波长内的变化远小于动能。此为缓变场条件的具体表述。

以上的讨论适用于所谓的经典允许区，即 $E>V(x)$。如果在经典禁戒区，即 $E<V(x)$，引入 $\kappa^2=-p^2$，类似的推导得出

$$\psi(x)=\frac{D}{\sqrt{\kappa(x)}}\exp\left[\pm\frac{1}{\hbar}\int^x \kappa(x')\mathrm{d}x'\right],\quad \kappa(x)=\sqrt{2\mu[V(x)-E]}. \tag{4-14}$$

经典允许区和禁戒区的分界点，$E=V(x)$，称为转捩点。在该点两侧振荡解转换为衰减解，在该点 WKB 近似失效，无法直接连接振荡解和衰减解。在转捩点可发生反射、透射以及相移。处理连接问题的方式大致有两种。一种是解析延拓到复平面绕开转捩点，即实轴奇点 $x=a$；另一种方式，是直接解转捩点附近的方程。转捩点附近位势的主导项一般为线性的，薛定谔方程可标准化为如下的艾里方程：

$$\psi''(z)=z\psi(z).$$

它是二阶微分方程，有两个独立解，为艾里函数 $\mathrm{Ai}(z)$ 和第二类艾里函数 $\mathrm{Bi}(z)$。其具体形式可查手册等，对此处重要的只是其渐近行为。标准化的分界点为 $z=0$，

经典允许区和禁戒区分别为 $z<0$ 和 $z>0$，分别有渐近行为：

$$z\ll 0,\qquad \mathrm{Ai}(z)\sim[\pi^2(-z)]^{-\frac{1}{4}}\sin\left(\frac{2}{3}(-z)^{3/2}+\frac{\pi}{4}\right),$$
$$\mathrm{Bi}(z)\sim[\pi^2(-z)]^{-\frac{1}{4}}\cos\left(\frac{2}{3}(-z)^{3/2}+\frac{\pi}{4}\right),$$
$$z\gg 0,\qquad \mathrm{Ai}(z)\sim\frac{1}{2}[\pi^2 z]^{-\frac{1}{4}}\mathrm{e}^{-\frac{2}{3}z^{3/2}},\quad \mathrm{Bi}(z)\sim[\pi^2 z]^{-\frac{1}{4}}\mathrm{e}^{\frac{2}{3}z^{3/2}}.$$

引入 $z=\left[\dfrac{2\mu}{\hbar^2}V'(a)\right]^{1/3}x$，则薛定谔方程在转捩点附近化为艾里方程。于是，WKB 经典允许区的振荡解和禁戒区的指数解，可通过艾里解连接，连接公式为

$$\frac{2A}{\sqrt{p(x)}}\sin\left[\frac{1}{\hbar}\int_x^a p(x')\mathrm{d}x'+\frac{\pi}{4}\right]+\frac{B}{\sqrt{p(x)}}\cos\left[\frac{1}{\hbar}\int_x^a p(x')\mathrm{d}x'+\frac{\pi}{4}\right]\quad(x<a)$$

$$\rightleftharpoons\frac{A}{\sqrt{\kappa(x)}}\exp\left[-\frac{1}{\hbar}\int_a^x\kappa(x')\mathrm{d}x'\right]+\frac{B}{\sqrt{\kappa(x)}}\exp\left[\frac{1}{\hbar}\int_a^x\kappa(x')\mathrm{d}x'\right]\quad(x>a).\tag{4-15}$$

此公式适用于转捩点位势斜率为正的情形。对于转捩点位势斜率为负的情形，记转捩点为 $x=b$，只要作如下变换，不难写出类似的连接公式：

$$z\to -z,\quad x<a\to x>b,\quad x>a\to x<b,\quad \int_x^a\to\int_b^x,\quad \int_a^x\to\int_x^b.$$

解析延拓法假定在 $x=a$ 附近 $V(x)\approx E+\alpha^2(x-a)/2\mu$, $\alpha>0$。令 $x-a=\rho\mathrm{e}^{\mathrm{i}\varphi}$，则 $\kappa(x)=\alpha\rho^{1/2}\mathrm{e}^{\mathrm{i}\varphi/2}$。在式 (4-14) 的 $\varphi=0$ 的衰减解附近，延拓解为

$$\frac{A}{\sqrt{\kappa(x)}}\exp\left[-\frac{1}{\hbar}\int^x\kappa(x')\mathrm{d}x'\right]\sim\frac{A}{\sqrt{\alpha}\rho^{1/4}\mathrm{e}^{\mathrm{i}\varphi/4}}\exp\left[-\frac{2\alpha}{3\hbar}\rho^{3/2}\mathrm{e}^{\mathrm{i}3\varphi/2}\right],$$

且 $-\pi/3<\varphi<\pi/3$ 对应于衰减解。由式 (4-13)，振荡解为

$$\psi(x)=\frac{C_+}{\sqrt{p(x)}}\exp\left[\frac{\mathrm{i}}{\hbar}\int^x p(x')\mathrm{d}x'\right]+\frac{C_-}{\sqrt{p(x)}}\exp\left[-\frac{\mathrm{i}}{\hbar}\int^x p(x')\mathrm{d}x'\right],$$

此处二项中 $p(x)$ 为正，$x=a_-$ 对应于 $\varphi=\pm\pi$，在上、下复平面应取 $p(x)=\mp\mathrm{i}\alpha\rho^{1/2}\mathrm{e}^{\mathrm{i}\varphi/2}$。复变量 x 绕圆心为 $x=a$ 半径为 ρ 的半圆在上复平面移动时，(在 $\pi/3<\varphi<\pi$ 内 C_+ 项指数衰减而可略) 有

$$\kappa(x)\to\mathrm{i}p(x),\quad -\int_a^x\kappa(x)\mathrm{d}x\to-\mathrm{i}\int_a^x p(x)\mathrm{d}x,\quad \rho^{1/4}\to\rho^{1/4}\mathrm{e}^{-\mathrm{i}\pi/4},\quad A\to C_-\mathrm{e}^{\mathrm{i}\pi/4},$$

即 $C_- = A\mathrm{e}^{-\mathrm{i}\pi/4}$。类似地，考虑沿下复平面移动，得 $C_+ = A\mathrm{e}^{\mathrm{i}\pi/4}$。于是，

$$\frac{2A}{\sqrt{p(x)}}\cos\left[\frac{1}{\hbar}\int_a^x p(x')\mathrm{d}x' + \frac{\pi}{4}\right] \rightleftharpoons \frac{A}{\sqrt{\kappa(x)}}\exp\left[-\frac{1}{\hbar}\int_a^x \kappa(x')\mathrm{d}x'\right].$$

注意到式 (4-15) 中的正弦角度宗量与上式余弦角度宗量之和为 $\pi/2$，上式与式 (4-15) 完全一致。

4.3.1 量子化条件

考虑一维势阱，转捩点 $x = a, b$ 将区间分为三区：M 区 $b < x < a$，$V(x) < E$，为经典允许区；L 区 $x < b$ 和 R 区 $x > a$，$V(x) > E$，为经典禁戒区。在 L，R 区应根据式 (4-15) 保证在经典禁戒区仅取衰减解，即

$$\frac{A}{\sqrt{\kappa(x)}}\exp\left[-\frac{1}{\hbar}\int_x^b \kappa(x')\mathrm{d}x'\right],\ x < b;\quad \frac{A'}{\sqrt{\kappa(x)}}\exp\left[-\frac{1}{\hbar}\int_a^x \kappa(x')\mathrm{d}x'\right],\ x > a.$$

于是，根据分别在 $x = a, b$ 处的连接公式，可写出 M 区解的两种形式。引入 $I_{x,y} \equiv \frac{1}{\hbar}\int_x^y p(x')\mathrm{d}x' + \frac{1}{4}\pi$。由两种解形式相等，给出

$$\begin{aligned}\frac{2A}{\sqrt{p(x)}}\sin(I_{b,x}) &= \frac{2A'}{\sqrt{p(x)}}\sin(I_{x,a}) = \frac{2A'}{\sqrt{p(x)}}\sin\left(I_{b,a} - I_{b,x} + \frac{1}{4}\pi\right)\\ &= \frac{2A'}{\sqrt{p(x)}}\left[\sin\left(I_{b,a} + \frac{1}{4}\pi\right)\cos(I_{b,x}) - \cos\left(I_{b,a} + \frac{1}{4}\pi\right)\sin(I_{b,x})\right].\end{aligned}$$

因而，

$$\sin\left(I_{b,a} + \frac{1}{4}\pi\right) = 0, \quad \to \quad \frac{1}{\hbar}\int_b^a p(x')\mathrm{d}x' + \frac{\pi}{2} = n\pi,$$

此处 $n = 1, 2, \cdots$。此结果等价于如下的作用量量子化条件：

$$J = \oint p(x)\mathrm{d}x = \left(n + \frac{1}{2}\right)h, \quad n = 0, 1, 2, \cdots$$

由 WKB 近似成立的条件知，以上结果只适于高能级的束缚态。

4.3.2 势垒贯穿

一维势垒贯穿是散射问题。设势垒的转捩点为 $x = a, b$，仍将区间分为三区：M 区 $b < x < a$，$V(x) > E$，为经典禁戒区；L 区 $x < b$ 和 R 区 $x > a$，$V(x) < E$，为

经典允许区。设粒子由左方以能量 E 射入势垒。在 L 区有入射波和反射波，但在 R 区只有透射波。选 R 区的解为

$$\begin{aligned}\psi_{\mathrm{R}} &= \frac{A}{\sqrt{p(x)}}\exp\left[\mathrm{i}\int_a^x k(x')\mathrm{d}x' + \frac{\mathrm{i}\pi}{4}\right] \\ &= \frac{A}{\sqrt{p(x)}}\left[\cos(I_{a,x}) + \mathrm{i}\sin(I_{a,x})\right], \quad k(x) \equiv p(x)/\hbar.\end{aligned}$$

此处预加了相位 $\frac{1}{4}\pi$ 以方便运用连接公式。引入 $J_{x,y} \equiv \frac{1}{\hbar}\int_x^y \kappa(x')\mathrm{d}x'$。在 $x=a$ 处的连接公式给出

$$\begin{aligned}\psi_{\mathrm{M}} &= \frac{A}{\sqrt{\kappa(x)}}\left[\exp(J_{x,a}) + \frac{\mathrm{i}}{2}\exp(-J_{x,a})\right] \\ &= \frac{A}{\sqrt{\kappa(x)}}\left[\mathrm{e}^{J_{b,a}}\exp(-J_{b,x}) + \frac{\mathrm{i}}{2}\mathrm{e}^{-J_{b,a}}\exp(J_{b,x})\right].\end{aligned}$$

进而由 $x=b$ 处的连接公式得

$$\begin{aligned}\psi_{\mathrm{L}} &= \frac{A}{\sqrt{p(x)}}\left[2\mathrm{e}^{J_{b,a}}\sin(I_{x,b}) + \frac{\mathrm{i}}{2}\mathrm{e}^{-J_{b,a}}\cos(I_{x,b})\right] \\ &= \frac{\mathrm{i}A}{\sqrt{p(x)}}\left[\mathrm{e}^{\mathrm{i}I_{b,x}}\left(\mathrm{e}^{J_{b,a}} + \frac{1}{4}\mathrm{e}^{-J_{b,a}}\right) + \mathrm{e}^{-\mathrm{i}I_{b,x}}\left(\mathrm{e}^{J_{b,a}} - \frac{1}{4}\mathrm{e}^{-J_{b,a}}\right)\right].\end{aligned}$$

入射波对应于 $\mathrm{e}^{\mathrm{i}I_{b,x}} = \mathrm{e}^{-\mathrm{i}I_{x,b}}$，即上式的第一项。贯穿系数为透射波与入射波概率流密度之比：

$$D = \frac{\hbar k}{\mu}|\psi_{\mathrm{R}}|^2 \Big/ \frac{\hbar k}{\mu}|\psi_{\mathrm{L}}^{\mathrm{in}}|^2 = \frac{|\psi_{\mathrm{R}}|^2}{|\psi_{\mathrm{L}}^{\mathrm{in}}|^2} = \left(\mathrm{e}^{J_{b,a}} + \frac{1}{4}\mathrm{e}^{-J_{b,a}}\right)^{-2} \approx \mathrm{e}^{-2J_{b,a}}.$$

此处最后近似用到连接公式成立条件 $J_{b,a} \gg 1$。势垒贯穿在经典力学中不可发生，但在量子力学中动能和势能非对易，因涨落而仍有一定的概率发生。

势垒贯穿的一个例子是金属电子冷发射。金属表面电子位势可用高脱出功 V_0 的阶梯位势表示，外加电场 $\mathcal{E}$ 下位势变为 $V(x) = \Theta(x)(V_0 - e\mathcal{E}x)$，形成势垒，转捩点为 $x=0$ 和 $x=a=(V_0-E)/e\mathcal{E}$，$\kappa = \sqrt{2\mu(V-E)} = \sqrt{2\mu e\mathcal{E}(a-x)}$。于是，

贯穿系数为

$$
\begin{aligned}
D &= \mathrm{e}^{-2J_{0,a}} = \exp\left[-\frac{2}{\hbar}\int_0^a \kappa(x')\mathrm{d}x'\right] \\
&= \exp\left[-\frac{2\sqrt{2\mu e\mathcal{E}}}{\hbar}\int_0^a \sqrt{a-x'}\mathrm{d}x'\right] = \exp\left[-\frac{4}{3}\frac{\sqrt{2\mu e\mathcal{E}a^3}}{\hbar}\right] \\
&= \exp\left[-\frac{4\sqrt{2\mu(V_0-E)^3}}{3\hbar e\mathcal{E}}\right].
\end{aligned}
$$

冷发射的电流强度为单位时间射到金属表面的电子数与贯穿系数的乘积，因而它随电场增强而增大，与实验符合，不过上式给出的电流强度偏小，因为金属表面并非理想平面，致使表面附近电场比远处大许多。势垒贯穿的另一个例子是 α-衰变。

4.4 变 分 法

在第 2 章叙述薛定谔方程的普遍性质时，曾指出薛定谔方程作为本征问题与变分问题的等价性，即变分原理。如果体系的哈密顿算符 $\hat{H}$ 已知，但求解薛定谔方程比较困难，此时仍可猜测一个合理的波函数如 $\varPsi$，变分原理保证用 $\varPsi$ 得到的哈密顿算符的期望值将不低于实际的基态能量。换言之，对于任意的 $\varPsi$，有

$$
E_{\mathrm{gs}} \leqslant \langle\varPsi|\hat{H}|\varPsi\rangle/\langle\varPsi|\varPsi\rangle \equiv \langle\hat{H}\rangle_{\varPsi}. \tag{4-16}
$$

变分原理还可由波函数的展开导出。设 $\{|\phi_n\rangle\}$ 为哈密顿算符 $\hat{H}$ 的本征矢构成的正交归一完备基，$\hat{H}\phi_n = E_n\phi_n$。为简单起见，假定本征谱是可数的，并设本征能量排序为

$$
E_{\mathrm{gs}} = E_0 \leqslant E_1 \leqslant E_2 \leqslant \cdots
$$

不妨假定 $|\varPsi\rangle$ 已归一，即已用 $\langle\varPsi|\varPsi\rangle$ 除过。态矢 $|\varPsi\rangle$ 可在基 $\{|\phi_n\rangle\}$ 上展开，设 $|\varPsi\rangle = \sum\limits_{n=0}^{\infty} b_n|\phi_n\rangle$，则 $\sum\limits_{n}|b_n|^2 = 1$，

$$
\langle\varPsi|\hat{H}|\varPsi\rangle = \sum_{n=0}^{\infty}|b_n|^2E_n \geqslant \sum_{n=0}^{\infty}|b_n|^2E_0 = E_0\sum_{n=0}^{\infty}|b_n|^2 = E_0.
$$

变分原理得证。式 (4-16) 定义了一个泛函：$\mathcal{F}[\varPsi] = \langle\hat{H}\rangle_{\varPsi}$，基态能表现为泛函的极小。泛函 $\mathcal{F}[\varPsi]$ 给出 E_{gs} 的上限估计，此时用于估计的态矢 $|\varPsi\rangle$ 常称为试探波函数。

取未微扰基态波函数为试探波函数，由变分原理可证，一级非简并微扰总是高估基态能。

如果试探波函数含有多个参数如 $|\Psi(x;\alpha,\beta,\cdots)\rangle$，则可对这些参数取变分最小化 $\langle\hat{H}\rangle_\Psi$，以得到 E_0 的最佳估计。线性变分法属于此类运用变分原理的方法。设有一组线性无关的波函数 $\varphi_1,\varphi_2,\cdots,\varphi_k$，它们未必正交。将试探波函数取作线性组合：$\Psi=\sum\limits_{n=1}^{k}a_n\varphi_n$。令 $H_{mn}=\langle\varphi_m|\hat{H}|\varphi_n\rangle$，$\Delta_{mn}=\langle\varphi_m|\varphi_n\rangle$。引入泛函 $I[\Psi]$：

$$I[\Psi]\equiv\langle\Psi|\hat{H}|\Psi\rangle-\lambda\langle\Psi|\Psi\rangle.$$

对泛函 $\mathcal{F}[\Psi]=\langle\hat{H}\rangle_\Psi$ 应用变分原理，得

$$0=\delta\mathcal{F}[\Psi]/\delta\Psi,\quad\to\langle\Psi|\Psi\rangle\,\hat{H}|\Psi\rangle-\langle\Psi|\hat{H}|\Psi\rangle\,|\Psi\rangle=0,$$

相当于泛函变分 $\delta I[\Psi]/\delta\Psi=0$，并取 $\lambda=\langle\hat{H}\rangle_\Psi$。因而，从泛函变分转到对系数 $\{a_n\}$ 或 $\{a_n^*\}$ 作参数变分，得

$$\sum_{n=1}^{k}(H_{mn}-\lambda\Delta_{mn})a_n=0.$$

线性无关化 $\{\varphi_n\}$ 不是问题，不妨设矩阵 Δ 可求逆，此变分相当于对角化矩阵 $\Delta^{-1}H$，得到的 $\Delta^{-1}H$ 的最小本征值就是 E_0 的最佳估计。

正如第 2 章所述，其实变分原理也适用于激发态：对于激发态，泛函 $\mathcal{F}[\Phi]$ 是驻定的，此时 $\mathcal{F}[\Phi]$ 有鞍点。对于激发态本征矢 $|\phi_n\rangle$，记由 $\{|\phi_k\rangle\}_{k=0}^{n}$ 所张的空间为 $\mathcal{H}_1$，而由 $\{|\phi_k\rangle\}_{k=n}^{\infty}$ 所张的空间为 $\mathcal{H}_2$。由上面的证明过程知，如果试探波函数 $|\Phi\rangle$ 属于 $\mathcal{H}_2$，则泛函 $\mathcal{F}[\Phi]$ 在 $|\phi_n\rangle$ 有极小。相反地，如果试探波函数属于 $\mathcal{H}_1$，泛函有极大。例如，考虑 $n=1$，如果对 $|\Phi\rangle$ 附加了约束 $\langle\phi_0|\Phi\rangle=0$，则 $|\Phi\rangle$ 属于 $\mathcal{H}_2$，有 $E_1\leqslant\langle\Phi|\hat{H}|\Phi\rangle$。因而，如果一维势是偶的，可选奇的试探波函数由变分法估计第一激发态的能量。

4.4.1　氦原子基态

此处以氦原子基态为例说明变分原理的应用。氦原子核外有两个电子，大质量的核可视为固定不动。氦原子的哈密顿算符为

$$\hat{H}=\hat{H}_1+\hat{H}_2+\frac{k_e e^2}{r_{12}},\quad\hat{H}_i=-\frac{\hbar^2}{2\mu}\nabla_i^2-\frac{k_e Ze^2}{r_i},\quad i=1,2,\quad\boldsymbol{r}_{12}=\boldsymbol{r}_2-\boldsymbol{r}_1,$$

其中，下标 $1,2$ 是电子指标，$Z=2$，电子间相互作用项 $k_e e^2/r_{12}$，虽可用微扰法处理，但计算繁且结果差，因为微扰项实际上与 $-2k_e e^2/r$ 项相当。

应用变分法的关键是选取可应对的适当试探波函数。氦原子的试探波函数可尝试如下类氢原子基态波函数的乘积：

$$\phi(\boldsymbol{r})=\alpha^{3/2}\mathrm{e}^{-\alpha r}/\sqrt{\pi},\quad \Psi(\boldsymbol{r}_1,\boldsymbol{r}_2)=\phi(\boldsymbol{r}_1)\phi(\boldsymbol{r}_2).$$

此处 $\phi(\boldsymbol{r})$ 已归一。计算中用到如下的积分 $I_n(a,\lambda)$ (属于不完全伽玛函数)：

$$I_n(a,\lambda)\equiv\int_a^\infty \mathrm{d}r\, r^n\mathrm{e}^{-\lambda r}=\left(-\frac{\partial}{\partial\lambda}\right)^n I_0(a,\lambda)=\sum_{k=0}^{n}\frac{n!}{k!}\frac{a^k\mathrm{e}^{-\lambda a}}{\lambda^{n-k+1}},$$

$$I_0(a,\lambda)=\frac{1}{\lambda}\mathrm{e}^{-\lambda a},\quad I_n(0,\lambda)=\frac{n!}{\lambda^{n+1}}.$$

首先，直接计算

$$\langle\Psi|\nabla_i^2|\Psi\rangle=\langle\phi_1|\nabla_i^2|\phi_1\rangle=-\alpha^2,\quad \langle\Psi|r_i^{-1}|\Psi\rangle=\langle\phi_1|r_i^{-1}|\phi_1\rangle=\alpha.$$

由之可得

$$\langle\Psi|\hat{H}_1+\hat{H}_2|\Psi\rangle=\hbar^2\alpha^2/\mu-2k_eZe^2\alpha.$$

计算 r_{12} 相关的积分稍繁些。令 $\boldsymbol{r}_1$ 和 $\boldsymbol{r}_2$ 间的夹角为 θ，先计算对 θ 的积分：

$$\begin{aligned}\int_{-1}^{1}\frac{\mathrm{d}\cos\theta}{r_{12}}&=\int_{-1}^{1}\frac{\mathrm{d}\cos\theta}{\sqrt{r_1^2+r_2^2-2r_1r_2\cos\theta}}\\&=\int_{1}^{-1}\frac{\mathrm{d}\sqrt{r_1^2+r_2^2-2r_1r_2\xi}}{r_1r_2}\\&=\frac{r_1+r_2-|r_1-r_2|}{r_1r_2}\\&=\frac{2}{\max\{r_1,r_2\}}.\end{aligned}$$

如果 $r_1>r_2$，$\langle\Psi|r_{12}^{-1}|\Psi\rangle$ 中的积分为

$$\begin{aligned}4\pi\cdot2\pi\int_0^\infty r_2^2\mathrm{d}r_2\mathrm{e}^{-2\alpha r_2}\int_{r_2}^\infty r_1^2\mathrm{d}r_1\frac{2}{r_1}\mathrm{e}^{-2\alpha r_1}&=4^2\pi^2\int_0^\infty r_2^2\mathrm{d}r_2\mathrm{e}^{-2\alpha r_2}I_1(r_2,2\alpha)\\&=4^2\pi^2\left[\frac{I_3(0,4\alpha)}{2\alpha}+\frac{I_2(0,4\alpha)}{4\alpha^2}\right]=5\pi^2/16\alpha^5.\end{aligned}$$

对于 $r_1 < r_2$，计算积分仅须交换上式中的 r_1, r_2，所以积分结果不变，得 $\langle\Psi|r_{12}^{-1}|\Psi\rangle = (5\pi^2/8\alpha^5)(\alpha^6/\pi^2) = 5\alpha/8$。于是，

$$\langle\hat{H}\rangle_\Psi = \frac{\hbar^2\alpha^2}{\mu} - k_e e^2\alpha\left(2Z - \frac{5}{8}\right).$$

上式为 α 的二次式，在 $\alpha = \alpha_*$ 处有极值 $E_{\rm g}$ 如下：

$$\alpha_* = \frac{\mu k_e e^2}{\hbar^2}\left(Z - \frac{5}{16}\right), \quad E_{\rm g} = -\frac{\mu k_e^2 e^4}{\hbar^2}\left(Z - \frac{5}{16}\right)^2.$$

可解释 α_* 的意义为一个电子的屏蔽导致核对另一电子的有效电荷由 Z 减为 $Z - 5/16$。氦原子基态能的实验值为 $-2.90k_e e^2/a_0$，上面估计的 $E_{\rm g} = -2.85k_e e^2/a_0$，而一级微扰估计为 $-2.75k_e e^2/a_0$，变分法的结果为佳。

4.5 数值方法点滴

前面提到，可精确求解的量子力学问题屈指可数，必须求助于近似方法。数值方法也可看作是一种近似方法。量子力学数值方法涵盖内容极广，不可能在本讲义中讲述，只能点到为止。

定态薛定谔方程 $\psi'' + [E - V(x)]\psi = 0$ 是空间变量的二阶微分方程，此处取单位 $\hbar = 1, 2\mu = 1$。考虑简单的解一维对称势束缚态的例子。此时可限定波函数为对称或反对称的实函数。现在将求解薛定谔方程，以“初值”问题处理。不要求波函数归一，可设偶解的标准初条件为 $\psi(0) = 1$, $\psi'(0) = 0$，奇解则为 $\psi(0) = 0$, $\psi'(0) = 1$。由这样的初值出发，积分薛定谔方程得 $\psi(x)$，其在无穷远处的命运有三种：$0, \pm\infty$，因不同的 E 值而异，必须调整 E 值找到收敛的 $\psi(x)$，同时求得本征能量和波函数。此为薛定谔方程与一般二阶微分方程不同之处，即须调整方程的未知参数以便让解满足约束条件。此数值方法特别称为射击法。

对于特定参数 E 的薛定谔方程，原则上可用任何积分算法如四阶龙格–库塔法求解。数值方法解的是有限体积内的差分问题。边条件可以是周期的或非周期的。积分方向可以是正、反向。对于束缚态，转捩点扮演特殊角色，转捩点两侧波函数的匹配条件也常用于定解。对于一维束缚态问题，波函数零点数可用于调整 E 的

范围。另外，虽然不连续的位势便于解析讨论，常导致数值处理的较大误差，适当光滑化可减小误差。

基于变分原理的数值方法，也常用于量子力学问题，例如分子的量子态。适当选择有限个基，试探波函数可表成这些基的线性组合，展开系数是待定的多个变分参数。展开基可以是正交的，如平面波基。展开基也可以是非正交的，如高斯函数基。假设展开基为 $\{|b_j\rangle\}_1^n$，在 n 维的意义下满足完备性：$\sum\limits_{j=1}^{n}|b_j\rangle\langle b_j|=I$，则薛定谔方程 $\hat{H}|\psi\rangle=\lambda|\psi\rangle$ 在此有限基上的表示为

$$H_{jk}=\lambda S_{jk},\qquad H_{jk}\equiv\langle b_j|\hat{H}|b_k\rangle,\quad S_{jk}\equiv\langle b_j|b_k\rangle,$$

此处 S_{jk} 称为重叠积分。矩阵 S 为厄米的，可用幺正阵对角化，即存在幺正阵 D，使得 $D^\dagger SD=\sum,\sum\limits_{jk}=\sigma_j\delta_{jk}$。于是，问题化为矩阵 $D^\dagger\hat{H}D$ 的对角化问题。矩阵对角化的标准算法是现成的。

另外，量子力学模拟中往往必须处理非对易算符，常用铃木–特洛忒展开来近似。模拟中保持幺正算符的幺正性十分重要。特洛忒展开的误差集中在整体相位上，不改变模，有利于计算期望值和守恒量。

密度泛函理论 (DFT) 是研究多电子体系电子结构量子力学的一种方法，它在物理和化学上应用很广。N 个电子的多电子波函数有 $3N$ 个坐标变量，而电子密度仅是三个变量的函数，后者无论在概念上还是实际上均便于处理。密度泛函理论以电子密度取代波函数作为基本量，其理论依据是霍恩伯–科恩第一定理，即体系的基态能量仅仅是电子密度的泛函。在 DFT 的框架下，电子相互作用的复杂多体问题被简化成一个没有相互作用的电子在有效势场中运动的问题。此有效场包括了外场及电子间库仑相互作用。处理交换关联作用是 DFT 的难点，目前尚没有精确求解交换关联势的方法，必须采用近似方法如局域密度近似。对能量泛函求极值即作变分，可以得到基态电子密度 $n_0(\boldsymbol{r})$，进而求得所有可观测量的基态值。多粒子问题将在第 5 章讨论。

第 5 章　几个深入问题

量子力学掀起了世界科学和技术的革命，本世纪它仍然在引导世界进步。量子力学涵盖的领域极广。本讲义前几章着重介绍量子力学的基本原理和主要近似方法。本章选择少数几个论题，再作一些讨论。

5.1　散 射 问 题

散射无疑在量子力学实验中极为重要，当年卢瑟福通过散射实验揭示了原子结构。散射是发生在连续态间的过程。散射理论内容深广，此处只能简要讨论，仅限于非相对论性弹性散射。但非相对论性弹性散射被认为仍然与前沿实验如寻找宇宙暗物质的研究有关。第 2 章讨论过一维散射问题，本节分两种情形讨论三维散射问题：势场相对于入射能量很小时，势场可看作微扰用定态微扰处理；散射是慢过程时，可用分波法讨论。

散射问题中刻画入射粒子的重要量是通量，即单位时间通过单位面积的粒子数 $I = \mathrm{d}^2 N_{\mathrm{in}}/\mathrm{d}A\,\mathrm{d}t$，散射的总效果由单位时间的出射粒子数 $J = \mathrm{d}N_{\mathrm{sc}}/\mathrm{d}t$ 度量，二者之比的量纲为面积：$\sigma = J/I$，称为散射截面。单位立体角内的散射量 $J_\Omega(\theta,\phi) = \mathrm{d}^2 N_{\mathrm{sc}}/I\mathrm{d}\Omega\,\mathrm{d}t = \mathrm{d}\sigma/\mathrm{d}\Omega$，给出散射的角度依赖，含更多信息，称为微分散射截面，此处 (θ,ϕ) 表示出射方向，θ 为出、入射方向间的夹角。通常令入射波的动量方向沿 z-方向，$\theta = 0$ 表示散射不改向，背散射为 $\theta = \pi$。显然，

$$\sigma = \int \mathrm{d}\Omega\, J_\Omega = \int \mathrm{d}\Omega\,(\mathrm{d}\sigma/\mathrm{d}\Omega)$$

假定入射波包的截面积比靶大许多，入射波可视作平面波：$\psi_{\mathrm{in}} \sim \mathrm{e}^{\mathrm{i}kr - \mathrm{i}Et/\hbar}$，此处 $E = \hbar^2 k^2/2\mu$。散射问题只关注离散射中心足够远处的事件，设对于足够大的 r，势 $V(\boldsymbol{r})$ 可略，薛定谔方程渐近于

$$-\frac{\hbar^2}{2\mu}\nabla^2\psi_{\text{sc}}=E\psi_{\text{sc}},\quad -\left(\frac{1}{r}\frac{\mathrm{d}^2}{\mathrm{d}r^2}r+\frac{1}{r^2}\hat{L}^2\right)\psi_{\text{sc}}=k^2\psi_{\text{sc}}$$

$$\stackrel{r\to\infty}{\longrightarrow}\ u''+k^2u=0,\quad r\psi_{\text{sc}}\equiv u(r)f(\theta,\phi). \tag{5-1}$$

当 r 很大时，$u(r)\sim \mathrm{e}^{\pm ikr}$，其中 e^{ikr} 对应于出射波，e^{-ikr} 对应于入射波，散射波趋于球面波：$\psi_{\text{sc}}\sim f(\theta,\phi)\mathrm{e}^{ikr-\mathrm{i}Et/\hbar}/r+\mathcal{O}(r^{-2})$。因为是弹性散射，$k$, E 与入射波相同。虽然散射过程含时，但如同一维散射问题，散射截面等物理量可由定态解获得。整个散射问题可看作边值问题：取渐近的入射平面波和出射球面波，即

$$\psi(\boldsymbol{r})\stackrel{r\to\infty}{=}\mathrm{e}^{ikz}+f(\theta,\phi)\frac{\mathrm{e}^{ikr}}{r}, \tag{5-2}$$

作为边条件，解薛定谔方程。需要记住，以定态处理含时的散射问题是近似，入射波和出射波不在同一时刻出现，它们的干涉项应排除。

通过计算概率流可推得散射截面。因截面对应于流之比，归一因子同时出现在入射波和出射波中，所以无关紧要，不管箱归一的 $\sqrt{L}$ 或 δ-归一的 $\sqrt{2\pi}$，就取作 1。于是，入射流为

$$\boldsymbol{J}_{\text{in}}=\frac{\hbar}{\mu}\mathrm{Im}(\langle\psi_{\text{in}}|\nabla|\psi_{\text{in}}\rangle)=\frac{\hbar}{\mu}\mathrm{Im}(\mathrm{e}^{-ikz}\nabla\mathrm{e}^{ikz})=\frac{\hbar k}{\mu}\boldsymbol{e}_z=v\boldsymbol{e}_z.$$

类似地，出射流

$$\nabla=\frac{\partial}{\partial r}\boldsymbol{e}_r+\frac{1}{r}\frac{\partial}{\partial\theta}\boldsymbol{e}_\theta+\frac{1}{r\sin\theta}\frac{\partial}{\partial\phi}\boldsymbol{e}_\phi,\quad\to$$

$$\boldsymbol{J}_{\text{sc}}=\frac{\hbar}{\mu}\mathrm{Im}\left(\frac{\mathrm{e}^{-ikr}}{r}f^*\mathrm{i}k\frac{\mathrm{e}^{ikr}}{r}f\boldsymbol{e}_r+\mathcal{O}(r^{-3})\right)\approx\frac{v}{r^2}|f|^2\boldsymbol{e}_r.$$

利用面元与立体角的关系 $\mathrm{d}\boldsymbol{a}=r^2\mathrm{d}\Omega\,\boldsymbol{e}_r$，可得

$$J_\Omega(\theta,\phi)\,\mathrm{d}\Omega=\boldsymbol{J}_{\text{sc}}\cdot\mathrm{d}\boldsymbol{a}/v=|f|^2\,\mathrm{d}\Omega,\quad\to\ \frac{\mathrm{d}\sigma}{\mathrm{d}\Omega}=|f(\theta,\phi)|^2.$$

上述结果的适用范围不包括 $\theta=0$，在该方向未散射波和散射波间可发生干涉，导致流为

$$\begin{aligned}\boldsymbol{J}_{\text{out}}&=\frac{\hbar}{\mu}\mathrm{Im}\left(\mathrm{e}^{-ikz}+\frac{\mathrm{e}^{-ikr}}{r}f^*\right)\left(\mathrm{i}k\mathrm{e}^{ikz}\boldsymbol{e}_z+\mathrm{i}k\frac{\mathrm{e}^{ikr}}{r}f\boldsymbol{e}_r\right)\\&=v\boldsymbol{e}_z+|f|^2\frac{v\boldsymbol{e}_r}{r^2}+\frac{v}{r}\mathrm{Re}\left(f^*\mathrm{e}^{ik(z-r)}\boldsymbol{e}_z+f\mathrm{e}^{ik(r-z)}\boldsymbol{e}_r\right).\end{aligned}$$

上式第一、二项分别为未散射流和散射流，第三项为干涉项。考虑 $\theta\approx0$，则 $r=z\sqrt{1+(x^2+y^2)/z^2}\approx z+(x^2+y^2)/2z$，$\boldsymbol{e}_z\approx\boldsymbol{e}_r$，$f(\theta)\approx f(0)$，干涉流 $\boldsymbol{J}_{\text{int}}$ 贡献

$$\int\boldsymbol{J}_{\text{int}}\cdot\mathrm{d}\boldsymbol{a}=2\frac{v}{z}\mathrm{Re}\left[f(0)\int_{-\infty}^{\infty}\mathrm{e}^{ik\frac{x^2}{2z}}\mathrm{d}x\int_{-\infty}^{\infty}\mathrm{e}^{ik\frac{y^2}{2z}}\mathrm{d}y\right]=-2v\mathrm{Re}\left[\frac{f(0)}{z}\frac{2\pi z}{\mathrm{i}k}\right]=-\frac{4\pi v}{k}\mathrm{Im}f(0),$$

此处推导遇到奇异积分，但仍可用高斯积分近似适当计算。

因为总入射流和总出射流应相等，设入射束的截面为 A，应有

$$Av = Av + v\int \mathrm{d}\Omega\,|f(\theta,\phi)|^2 - \frac{4\pi v}{k}\mathrm{Im}f(0), \quad \to \int \mathrm{d}\Omega\,|f(\theta,\phi)|^2 = \frac{4\pi}{k}\mathrm{Im}f(0).$$

此结果称为“光学定理”。上述各结果依赖于 $f(\theta,\phi)$，其计算有两种近似方法可用。

5.1.1 玻恩近似

定态薛定谔方程

$$K_0|\psi\rangle \equiv (\nabla^2 + k^2)|\psi\rangle = U|\psi\rangle, \quad k^2 = 2\mu E/\hbar^2, \quad U(\boldsymbol{r}) = 2\mu V(\boldsymbol{r})/\hbar^2.$$

其解可表成积分方程的形式：

$$|\psi\rangle = |\psi_0\rangle + GU|\psi\rangle, \quad G = K_0^{-1}, \quad K_0 G = I, \quad K_0|\psi_0\rangle = 0. \tag{5-3}$$

此处 $G = (\nabla^2 + k^2)^{-1}$ 称为格林算符，借助动量表象，记 $k' \equiv p/\hbar$，可计算

$$G(\boldsymbol{r},\boldsymbol{r}') = \langle\boldsymbol{r}|\int \frac{1}{-k'^2 + k^2}|\boldsymbol{p}\rangle \mathrm{d}\boldsymbol{p}\langle\boldsymbol{p}|\boldsymbol{r}'\rangle = -\int_0^\infty \frac{1}{2\pi^2|\boldsymbol{r}-\boldsymbol{r}'|}\frac{k'\sin(k'|\boldsymbol{r}-\boldsymbol{r}'|)}{k'^2 - k^2}\,\mathrm{d}k'$$

$$= -\int_{-\infty}^\infty \frac{1}{4\pi^2\mathrm{i}|\boldsymbol{r}-\boldsymbol{r}'|}\frac{k'\mathrm{e}^{\mathrm{i}k'|\boldsymbol{r}-\boldsymbol{r}'|}}{k'^2 - k^2}\,\mathrm{d}k'.$$

因为存在一阶极点 $k' = \pm k$，上式中积分奇异。取 $k \to k \pm \mathrm{i}\epsilon$ 绕开奇点，计算得

$$G^\pm(\boldsymbol{r},\boldsymbol{r}') = -\frac{\mathrm{e}^{\pm\mathrm{i}k|\boldsymbol{r}-\boldsymbol{r}'|}}{4\pi|\boldsymbol{r}-\boldsymbol{r}'|}.$$

积分主值由 $G^0 = \frac{1}{2}(G^+ + G^-)$ 给出，$G^\pm, G^0$ 分别对应于出、入射波和驻波。

现在回到积分方程 (5-3)。散射问题中，$|\psi_0(\boldsymbol{r})\rangle = \mathrm{e}^{\mathrm{i}kz}$，取 $G = G^+$，则

$$|\psi\rangle = (I - G^+U)^{-1}|\psi_0\rangle \approx |\psi_0\rangle + G^+U|\psi_0\rangle = \mathrm{e}^{\mathrm{i}kz} - \int \mathrm{d}\boldsymbol{r}'\frac{\mathrm{e}^{\mathrm{i}k|\boldsymbol{r}-\boldsymbol{r}'|}}{4\pi|\boldsymbol{r}-\boldsymbol{r}'|}U(\boldsymbol{r}')\mathrm{e}^{\mathrm{i}kz'}.$$

此为一级玻恩近似，相当于以 $|\psi_0\rangle$ 替代积分方程 (5-3) 右边中的 $|\psi\rangle$。设散射势为局域的，在 $r' > a$ 时 $U(\boldsymbol{r}') = 0$，考虑 r 足够大而 $ka^2/r \ll 1$，则 $r \gg r'$，$|\boldsymbol{r}-\boldsymbol{r}'| \approx r - \boldsymbol{r}'\cdot\boldsymbol{e}_r$。记 $\boldsymbol{k}' \equiv k\boldsymbol{e}_r$，应有

$$G^+U|\psi_0\rangle \approx -\frac{\mathrm{e}^{\mathrm{i}kr}}{4\pi r}\int \mathrm{e}^{\mathrm{i}(kz' - \boldsymbol{k}'\cdot\boldsymbol{r}')}U(\boldsymbol{r}')\mathrm{d}\boldsymbol{r}' = -\frac{\mathrm{e}^{\mathrm{i}kr}}{4\pi r}\int \mathrm{e}^{\mathrm{i}(\boldsymbol{k}-\boldsymbol{k}')\cdot\boldsymbol{r}'}U(\boldsymbol{r}')\mathrm{d}\boldsymbol{r}' \to \frac{\mathrm{e}^{\mathrm{i}kr}}{r}f(\theta,\phi).$$

此式的确给出正确的渐近解式 (5-2) 的形式。对照看出，$f(\theta,\phi)$ 可用 $V(\boldsymbol{r})$ 的傅里叶分量表示：

$$f_1(\theta,\phi)=-\frac{\sqrt{2\pi}\mu}{\hbar^2}\tilde{V}(\boldsymbol{k}-\boldsymbol{k}'),\quad \tilde{V}(\boldsymbol{k})=(2\pi)^{-3/2}\int \mathrm{d}\boldsymbol{r}\,V(\boldsymbol{r})\mathrm{e}^{-\mathrm{i}\boldsymbol{k}\cdot\boldsymbol{r}}.$$

此处下标 1 记一级近似。如果 $V(\boldsymbol{r})=V_0\delta(\boldsymbol{r})$，则 $f_1=-\mu V_0/2\pi\hbar^2$。对于有心势 $V(\boldsymbol{r})=V(r)$，散射与 ϕ 无关，且

$$\tilde{V}(\boldsymbol{k})=\frac{1}{\sqrt{2\pi}}\int_0^\infty \mathrm{d}r\int_{-1}^1\mathrm{d}(\cos\theta)\,r^2V(r)\mathrm{e}^{\mathrm{i}kr\cos\theta}=\sqrt{\frac{2}{\pi}}\frac{1}{k}\int_0^\infty\mathrm{d}r\,rV(r)\sin(kr).$$

例如，对于汤川势 $V(r)=-\beta\mathrm{e}^{-\alpha r}/r$，可得 $f_1(\theta)=2\mu\beta^2/\hbar^2(\alpha^2+q^2)$，此处 $\boldsymbol{q}=\boldsymbol{k}'-\boldsymbol{k}$。卢瑟福散射是库仑势，即汤川势 $\alpha=0$ 的特例，可从玻恩近似得近似解。卢瑟福散射也可在抛物线坐标系中直接求解薛定谔方程精确处理，是例外。玻恩近似在低能情况下相对于其他近似方法在收敛速度上有优势。

5.1.2 分波法

此处仍考虑有心势 $V(\boldsymbol{r})=V(r)$。因为解与 ϕ 无关，$m=0$，解一般形式为

$$\psi(r,\theta)=\sum_{l=0}^\infty R_l(r)P_l(\cos\theta),\tag{5-4}$$

此处 P_l 为勒让德多项式，展开式的每一项称为一个分波，相应的径向方程为

$$\frac{1}{r^2}\frac{\mathrm{d}}{\mathrm{d}r}\left(r^2\frac{\mathrm{d}R_l}{\mathrm{d}r}\right)+\left[k^2-U(r)-\frac{l(l+1)}{r^2}\right]R_l=0.\tag{5-5}$$

假设 r 很大时 $r^2V(r)\to 0$，则渐近解应取式 (5-2) 的形式。利用平面波的球面波展开，可写

$$\mathrm{e}^{\mathrm{i}kz}=\mathrm{e}^{\mathrm{i}kr\cos\theta}=\sum_{l=0}^\infty \mathrm{i}^l(2l+1)j_l(kr)P_l(\cos\theta)\sim\sum_{l=0}^\infty\mathrm{i}^l(2l+1)\frac{\sin(kr-l\pi/2)}{kr}P_l(\cos\theta),$$

此处 $j_l(z)$ 为第一类球贝塞函数。将之代入式 (5-2)，得渐近解的一个形式。另外，根据本节开头对渐近方程 (5-1) 的一般讨论，还可将分波解 (5-4) 的渐近形式写成

$$\psi(r,\theta)=\sum_{l=0}^\infty A_lP_l(\cos\theta)\frac{\sin(kr-l\pi/2+\delta_l)}{kr}.\tag{5-6}$$

弹性散射效果主要表现为此处的相移 δ_l。借助 $f(\theta)$ 的如下展开：

$$f(\theta)=\sum_{l=0}^{\infty} f_l P_l(\cos\theta), \quad f_l\equiv\left(l+\frac{1}{2}\right)\int_0^{\pi} f(\theta)P_l(\cos\theta)\sin\theta\,\mathrm{d}\theta,$$

并利用 $\sin z=(\mathrm{e}^{\mathrm{i}z}-\mathrm{e}^{-\mathrm{i}z})/2\mathrm{i}$，将正弦函数转成指数函数，由均衡渐近解二形式中 $\mathrm{e}^{\pm\mathrm{i}kr}P_l$ 的系数，得

$$A_l\mathrm{e}^{-\mathrm{i}\delta_l}=\mathrm{i}^l(2l+1), \quad \left[A_l\mathrm{e}^{\mathrm{i}\delta_l}-\mathrm{i}^l(2l+1)\right]\mathrm{e}^{-\mathrm{i}l\pi/2}=2\mathrm{i}kf_l,$$

$$\rightarrow f_l=\frac{2l+1}{2\mathrm{i}k}\left(\mathrm{e}^{2\mathrm{i}\delta_l}-1\right), \quad f(\theta)=\frac{1}{k}\sum_{l=0}^{\infty}(2l+1)\mathrm{e}^{\mathrm{i}\delta_l}\sin\delta_l\,P_l(\cos\theta).$$

在分波形式下，散射问题退化为每个分波的一系列一维问题，δ_l 是 l-分波散射前后的相移，各分波独立演化，类似于绝热近似。总散射截面最终为

$$\sigma=\int\mathrm{d}\Omega|f(\theta,\phi)|^2=\frac{4\pi}{k^2}\sum_{l=0}^{\infty}(2l+1)\sin^2\delta_l\equiv\sum_{l=0}^{\infty}\sigma_l,$$

$$\sigma_l\equiv\frac{4\pi}{k^2}(2l+1)\sin^2\delta_l\leqslant\frac{4\pi}{k^2}(2l+1).$$

此处 σ_l 称为 l-分波散射截面。

原则上，分波法是处理散射问题的普遍方法，但通常计算相移十分困难，分波法有其适用范围。在 kr 很小时，$j_l(kr)$ 渐近于 $(kr)^l/(2l+1)!!$，很快趋于零，且 l 愈大趋于零愈快。如果势场局限于半径为 b 的球内，入射波的重要分波的分量限于 $l\sim kb$。当 $kb\ll 1$ 时，可仅须计算 δ_0。从径向方程看，有效势 $V_{\text{eff}}=V+l(l+1)/r^2$ 中的 l 相关项提供“位垒”，所以位势贡献也随 l 增大趋弱。对于低能散射，可能一个 δ_0 就给出相当准确的散射截面。

现在以局域常数位势 $V(r)=V_0\,\Theta(b-r)$ 为例计算相移。令 $k'^2=2\mu(E-V_0)/\hbar^2\overset{V_0=0}{\rightarrow}k^2$，径向方程为球贝塞方程：

$$\frac{\mathrm{d}^2R_l}{\mathrm{d}r^2}+\frac{2}{r}\frac{\mathrm{d}R_l}{\mathrm{d}r}+\left[k'^2-\frac{l(l+1)}{r^2}\right]R_l=0.$$

在 $r>b$ 处 $V(r)=0$，解式 (5-6) 对应于

$$\psi(r,\theta)\sim(1/kr)[\sin(kr-l\pi/2)\cos\delta_l+\cos(kr-l\pi/2)\sin\delta_l]\sim j_l(kr)\cos\delta_l-n_l(kr)\sin\delta_l.$$

此处 j_l, n_l 为第一类和第二类球贝塞函数，且已用到其渐近行为：$j_l(z) \sim \sin(z - l\pi/2)/z$, $n_l(z) \sim -\cos(z - l\pi/2)/z$。如果势为半径 b 的刚球，由 $\psi(b,\theta) = 0$，得 $\delta_l = \arctan[j_l(kb)/n_l(kb)]$。利用 $j_0(z) = \sin z/z$, $n_0(z) = -\cos z/z$，得 $\delta_0 = -\arctan[\tan(kb)] = -kb$，表明排斥势有负相移。当 z 很小时，$j_l(z) \sim z^l$, $n_l(z) \sim z^{-l-1}$，$\delta_l \sim (kb)^{2l+1}$，相移随 l 增大指数衰减。由 δ_0 给出的散射截面为 $4\pi b^2$，比经典值大 4 倍。

对于有限势阱，$V_0 < 0$，有 $k' > k$。如果仅考虑 s-散射即 $l = 0$，则阱内解为 $\psi^<(r) = A\sin(k'r + \delta_0')/r$，由 $r\psi^<(r) \overset{r\to 0}{\to} 0$，得 $\delta_0' = 0$。阱外解为 $\psi^>(r) = B\sin(kr + \delta_0)/r$，在 $r = b$ 处波函数及其一阶导数连续的连接条件为

$$A\sin(k'b) = B\sin(kb + \delta_0), \quad Ak'\cos(k'b) = Bk\cos(kb + \delta_0),$$

给出 $\delta_0 = \arctan[(k/k')\tan(k'b)] - kb$，因 $\tan z/z$ 为升函数，吸引势的相移为正。低能散射 $k \to 0$ 下，$\delta_0 \approx (k/k_0)[\tan(k_0 b) - k_0 b] \ll 1$, $k_0^2 \equiv 2\mu V_0/\hbar^2$。对于有限势垒，$V_0 > 0$，低能散射的 k' 为虚，令 $k' = \mathrm{i}\kappa$，将势阱结果中的 k' 换成 $\mathrm{i}\kappa$ 即得到势垒的结果。

5.2 自　旋

1922 年斯特恩和盖拉赫让银原子束穿过不均匀的磁场，发现原子磁矩取两个值。1924 年，泡利首先引入“双值量子自由度”描述，但未进一步解释。泡利形式化地表述不相容原理，即没有两个电子可以在同一时间共享相同的量子态。克龙尼希 1925 年设想该自由度来自电子自转，被泡利严厉批驳，因为根据角动量值，电子的假想表面必须以超过光速运动，论文胎死腹中。同年乌伦贝克和古德施密特也有类似想法，得到埃伦费斯特的鼓励后发表了，成为电子自旋的提出者。1927 年泡利建立了自旋的数学描述。直到此时，人们才意识到斯特恩–盖拉赫实验测定了电子自旋。

一个闭环电流有磁矩为 $\boldsymbol{m} = I\boldsymbol{A}$，此处 I 为电流强度，$\boldsymbol{A}$ 为闭环面积矢量，方向由右手定则确定。设电流由速度为 v 的均匀分布电荷 Q 产生，闭环半径为 R，则 $I = vQ/2\pi R$。设闭环质量为 M，则角动量 $J = MvR = m(2M/Q)$，表明磁矩和

角动量之比与 R 无关，是普适常数。

电子有内禀磁矩, 是微观粒子的一种性质，没有经典对应。在电子的点模型中，自转的图像显然不合适，但磁矩和角动量间的经典关系仍建议电子的磁矩 $\boldsymbol{m}$ 和角动量 $\boldsymbol{S}$ 间有关系

$$\boldsymbol{m} = g\boldsymbol{S}(e/2m_e) = -g\mu_{\mathrm{B}}\boldsymbol{S}/\hbar,$$

此处 g 为附加因子，$\mu_{\mathrm{B}} \equiv e\hbar/2m_e \approx 9.3\times10^{-24}\ \mathrm{J/T}$，为玻尔磁子。自旋作为一种内禀性质，为粒子与生俱来带有的一种角动量，并且其量值是量子化的，无法被改变，只是自旋角动量的指向可通过操作改变。自旋对原子尺度的系统格外重要，诸如单一原子、质子、电子甚至是光子，都带有半整数或者整数包括零的自旋；前者称为费米子，后者称为玻色子。复合粒子也带有自旋，由其组成粒子的自旋及各组成部分间的相对轨道角动量得到。自旋角动量是系统的一个可观测量，其三个空间分量满足与轨道角动量相同的对易关系，遵从角动量的普遍规律，如 $J^2 = J(J+1)\hbar^2$，此处 J 为自旋角动量量子数，J_z 可取 $2J+1$ 个不同值。与轨道角动量所不同的是，自旋的本征矢量不再是球谐函数。

斯特恩–盖拉赫实验中，磁场沿 z-方向，磁矩受力为 $\boldsymbol{F} = \nabla(\boldsymbol{m}\cdot\boldsymbol{B}) = m_z(\mathrm{d}B_z/\mathrm{d}z)\boldsymbol{e}_z$。实验测得 $g=2$，$S=\dfrac{1}{2}\hbar$。后面将会简要说明，实验用的银原子有 47 个电子，填满四个壳层后余下一个在 5s 态。这个电子的自旋角动量成为角动量的唯一来源。

为描述自旋自由度，波函数 $\psi(\boldsymbol{r})$ 应扩充为 $\psi(\boldsymbol{r},\sigma)$，$\sigma\in\{-S,-S+1,\cdots,S\}$，有 $(2S+1)$ 个分量。各种方程也应相应地扩充，如归一条件改为

$$\sum_{\sigma=-S}^{S}\int \mathrm{d}^3\boldsymbol{r}\,\psi^*(\boldsymbol{r},\sigma)\psi(\boldsymbol{r},\sigma) = 1.$$

实质上，应考虑直积空间。下面的讨论假设空间自由度与自旋自由度可以分离，仅关注于自旋，且着重于自旋-$\dfrac{1}{2}$。

自旋-$\dfrac{1}{2}$ 粒子有自旋向上和向下态，可用 $\hat{S}_z = \dfrac{1}{2}\hbar\sigma_z$ 表示自旋的 z-分量有本征值 $\pm\dfrac{1}{2}\hbar$，相应的本征矢可记作 $\langle +| \sim (1\ 0)$，$\langle -| \sim (0\ 1)$。根据 σ_i 满足的对易关系，

可合理地指定自旋角动量算符 $\hat{S}_i=\dfrac{1}{2}\hbar\sigma_i$。考虑自旋取向为

$$\boldsymbol{n}=(n_x,n_y,n_z)=(\sin\theta\cos\phi,\sin\theta\sin\phi,\cos\theta),$$

引入指向 $\boldsymbol{n}$ 的自旋算符 $\hat{S}_{\boldsymbol{n}}\equiv\boldsymbol{n}\cdot S=\dfrac{1}{2}\hbar(n_x\sigma_x+n_y\sigma_y+n_z\sigma_z)$。显然当 $\boldsymbol{n}=(0,0,1)$ 时，$\hat{S}_{\boldsymbol{n}}=\hat{S}_z$；对于 x 和 y 方向也有类似结果。物理上要求 $\hat{S}_{\boldsymbol{n}}$ 的本征值必须为 $\pm\dfrac{1}{2}\hbar$。的确，$\hat{S}_{\boldsymbol{n}}$ 有所要的本征值，且其表示及其本征矢为

$$\hat{S}_{\boldsymbol{n}}=\frac{\hbar}{2}\begin{pmatrix}\cos\theta & \sin\theta\mathrm{e}^{-\mathrm{i}\phi}\\ \sin\theta\mathrm{e}^{\mathrm{i}\phi} & -\cos\theta\end{pmatrix},$$

$$|+\rangle_{\boldsymbol{n}}=\begin{pmatrix}\cos\vartheta\\ \sin\vartheta\,\mathrm{e}^{\mathrm{i}\phi}\end{pmatrix},\quad |-\rangle_{\boldsymbol{n}}=\begin{pmatrix}-\sin\vartheta\,\mathrm{e}^{-\mathrm{i}\phi}\\ \cos\vartheta\end{pmatrix},\quad \vartheta\equiv\frac{\theta}{2}. \tag{5-7}$$

此处本征矢已归一，彼此正交。以此二本征矢为列的矩阵记作 U，则不难验证 U 是幺正的，且

$$U=|+\rangle_{\boldsymbol{n}}\langle+|+|-\rangle_{\boldsymbol{n}}\langle-|,\quad U^{\dagger}\hat{S}_{\boldsymbol{n}}U=\hat{S}_z,\quad |\pm\rangle_{\boldsymbol{n}}=U|\pm\rangle.$$

自旋-$\dfrac{1}{2}$ 的体系在沿 z-方向的磁场中的哈密顿量为

$$H_s=-\boldsymbol{\mu}\cdot\boldsymbol{B}=-\gamma\boldsymbol{B}\cdot\boldsymbol{S}=-\gamma B\hat{S}_z,\qquad \gamma\equiv gq/2m_q.$$

此处 m_q 为电荷 q 的质量。设 $t=0$ 时初态为 $|\psi(0)\rangle=|+\rangle_{\boldsymbol{n}}$，即自旋指向为 $\boldsymbol{n}$，则

$$\begin{aligned}|\psi(t)\rangle&=\mathrm{e}^{-\mathrm{i}\hat{H}_s t/\hbar}|+\rangle_{\boldsymbol{n}}=\mathrm{e}^{\mathrm{i}\gamma Bt/2}\cos\vartheta|+\rangle+\mathrm{e}^{-\mathrm{i}\gamma Bt/2}\sin\vartheta\,\mathrm{e}^{\mathrm{i}\phi}|-\rangle\\&=\mathrm{e}^{\mathrm{i}\gamma Bt/2}\left(\cos\vartheta|+\rangle+\sin\vartheta\,\mathrm{e}^{\mathrm{i}(\phi-\gamma Bt)}|-\rangle\right).\end{aligned}$$

前置因子 $\mathrm{e}^{\mathrm{i}\gamma Bt/2}$ 非实质，因子 $(\phi-\gamma Bt)$ 表明磁场的效果是引起自旋以角速度 $\omega=-\gamma B$ 绕 z-轴旋转。在经典电磁学中，磁矩受到的力矩为 $\boldsymbol{\mu}\times\boldsymbol{B}$，力矩引起角动量变化 $\mathrm{d}\boldsymbol{S}/\mathrm{d}t=\boldsymbol{\mu}\times\boldsymbol{B}=\gamma\boldsymbol{S}\times\boldsymbol{B}=-\gamma\boldsymbol{B}\times\boldsymbol{S}$，表明 $\boldsymbol{S}$ 同样以角速度 $\omega_L=-\gamma B$ 旋转，ω_L 称为拉摩进动频率。任意的二能级哈密顿算符可写作 $\hat{H}=g_0 I+\boldsymbol{g}\cdot\boldsymbol{\sigma}=g_0 I+(2/\hbar)\,\boldsymbol{g}\cdot\boldsymbol{S}$。记 $g=\sqrt{g_x^2+g_y^2+g_z^2}$，则本征值为 $g_0\pm g$，动力学对应于角速度为 $\boldsymbol{\omega}=2\boldsymbol{g}/\hbar$ 的旋转。

自旋-$\frac{1}{2}$ 粒子可看作二能级体系，二者的数学处理是同一的。二能级体系曾在第 2 章简要描述。典型的二能级体系可举自旋-$\frac{1}{2}$ 粒子的自旋态和氨分子的两个简并基态，后者将在 5.2.1 节讨论。二能级状态有二分量，相应的力学量算符表示为 2×2 即二秩的厄米阵，可写作单位阵和三个泡利阵的实线性组合。

5.2.1　氨分子二能级模型

氨分子 NH_3 的大致图像是三个氢原子形成正三角形，不妨令其平面为过原点的水平面，则氮原子可处于三角形的上方或下方，任何氢氮氢三原子的夹角均为 $108°$。氨分子的二能级模型，略去振动、转动和电子激发，只关注氮原子的上下两态间跨越有限位垒的转换。氨分子的二能级哈密顿算符可写作 $\hat{H}=E_0I-\Delta\sigma_x$，本征值为 $E_0\mp\Delta$，二者间距为 $2\Delta=0.99\times10^{-4}\text{eV}$，对应于频率 $\nu_0=24\text{GHz}$ 或波长 $\lambda_0=1.26\text{cm}$，本征矢为 $|G\rangle=(|+\rangle+|-\rangle)/\sqrt{2}$, $|E\rangle=(|+\rangle-|-\rangle)/\sqrt{2}$。因为电场中偶极子的能量为 $-\boldsymbol{\mu}\cdot\mathcal{E}$，而氨分子有一背向氮原子的偶极矩 $\boldsymbol{\mu}$，在沿 z-轴电场中的氨分子哈密顿算符为 $\hat{H}=E_0I-\Delta\sigma_x+\mu\mathcal{E}\sigma_z$，本征值变为 $E_0\pm\sqrt{\mu^2\mathcal{E}^2+\Delta^2}$。设电场有沿 z-轴的梯度，则基态 $|G_{\mathcal{E}}\rangle$ 分子倾向于向上运动以降低能量，而 $|E_{\mathcal{E}}\rangle$ 分子倾向于向下。梯度电场将分子束分成上下两束。现在想法设计频率在 ν_0 的电磁共振腔，$|E_{\mathcal{E}}\rangle$ 态分子束由左方小孔进入腔，此分子束由右方小孔离开腔。

为方便进一步分析，取 σ_x 为对角的表示，相当于作幺正变换 $U_x=(1-\mathrm{i}\sigma_y)/\sqrt{2}$，则 $U_x^\dagger\hat{H}U_x=E_0+\Delta\sigma_z+\mu\mathcal{E}\sigma_x\equiv\hat{H}_x$。记 $\omega_0\equiv2\Delta/\hbar$，考虑态矢 $|\psi(t)\rangle=E(t)|+\rangle_x+G(t)|-\rangle_x$，略去只影响能量零点的 E_0，

$$
\mathrm{i}\hbar\frac{\mathrm{d}\psi(t)}{\mathrm{d}t}=\hat{H}_x\psi(t),\quad \psi(t)=\begin{bmatrix}E(t)\\G(t)\end{bmatrix}=\begin{bmatrix}\mathrm{e}^{-\mathrm{i}\Delta t/\hbar}\tilde{E}(t)\\ \mathrm{e}^{\mathrm{i}\Delta t/\hbar}\tilde{G}(t)\end{bmatrix},
$$

$$
\rightarrow \mathrm{i}\hbar\frac{\mathrm{d}}{\mathrm{d}t}\begin{bmatrix}\tilde{E}(t)\\ \tilde{G}(t)\end{bmatrix}=\begin{bmatrix}0 & \mathrm{e}^{\mathrm{i}\omega_0t}\mu\mathcal{E}\\ \mathrm{e}^{-\mathrm{i}\omega_0t}\mu\mathcal{E} & 0\end{bmatrix}\begin{bmatrix}\tilde{E}(t)\\ \tilde{G}(t)\end{bmatrix}.
$$

(其实上述处理对应于相互作用绘景。) 选初条件 $\tilde{G}(0)=0$，考虑谐振场 $\mathcal{E}(t)=\mathcal{E}_0\cos\omega_0t$, $\mu\mathcal{E}_0\ll\Delta$，可得解的主导项为 $\tilde{E}(t)=\cos(\mu\mathcal{E}_0t/\hbar)$, $\tilde{G}(t)=-\mathrm{i}\sin(\mu\mathcal{E}_0t/\hbar)$,

所以体系处于 E 态的概率为

$$P_E(t) = |E(t)|^2 = |\mathrm{e}^{-\mathrm{i}\Delta t/\hbar}\tilde{E}(t)|^2 = \cos^2(\mu\mathcal{E}_0 t/\hbar),$$

如果分子穿越腔体的时间 T 满足 $P_E(T) = 0$，则分子将以 E 态入腔且以 G 态出腔。于是，

$$\cos(\mu\mathcal{E}_0 T/\hbar) = 0, \quad \rightarrow \quad \mu\mathcal{E}_0 T/\hbar = \frac{1}{2}\pi, \frac{3}{2}\pi, \cdots$$

在此条件下，每个分子给予腔电磁场 2Δ 的能量，腔场也会引起分子 $E \rightarrow G$ 的跃迁，导致受激辐射，释放谐振能量，协助建立起腔内相干场。此类腔构成了微波激射器。分子不带电，在电磁场中运动不会产生散粒噪声，有优势。

5.2.2 核磁共振

核磁共振，涉及含时磁场中的自旋。设磁场由纵向静场和横向射频场组成：

$$\boldsymbol{B}(t) = B_0\boldsymbol{e}_z + B_1(\cos(\omega t)\,\boldsymbol{e}_x - \sin(\omega t)\,\boldsymbol{e}_y).$$

自旋哈密顿量为

$$\hat{H}_s = -\gamma\boldsymbol{B}(t)\cdot\boldsymbol{S} = \hat{H}_z + \hat{H}_{xy}, \quad \hat{H}_z \equiv -\gamma B_0\hat{S}_z, \quad \hat{H}_{xy}(t) \equiv -\gamma B_1(\cos(\omega t)\,\hat{S}_x - \sin(\omega t)\,\hat{S}_y).$$

引入 $\hat{H}_0 = -\omega\hat{S}_z$，$U_0 = \mathrm{e}^{-\mathrm{i}\hat{H}_0 t/\hbar}$。在相互作用绘景中，

$$\hat{H}_s \rightarrow \hat{H}_R = U_0^\dagger(-H_0 + \hat{H}_s)U_0 = (-\gamma B_0 + \omega)\hat{S}_z + U_0^\dagger\hat{H}_{xy}U_0.$$

直接计算 $U_0^\dagger\hat{H}_{xy}U_0$ 稍繁。计算

$$\begin{aligned}
&\frac{\partial}{\partial t}U_0^\dagger\hat{H}_{xy}U_0 \\
=& -\gamma B_1\,U_0^\dagger\left\{-\frac{\mathrm{i}\omega}{\hbar}\left[\hat{S}_z, \cos(\omega t)\,\hat{S}_x - \sin(\omega t)\,\hat{S}_y\right] + \omega\left[-\sin(\omega t)\,\hat{S}_x - \cos(\omega t)\,\hat{S}_y\right]\right\}U_0 \\
=& -\gamma B_1\,U_0^\dagger\left\{\omega\left[\cos(\omega t)\,\hat{S}_y + \sin(\omega t)\,\hat{S}_x\right] - \omega\left[\sin(\omega t)\,\hat{S}_x + \cos(\omega t)\,\hat{S}_y\right]\right\}U_0 = 0,
\end{aligned}$$

表明 $U_0^\dagger\hat{H}_{xy}U_0$ 为常量。在 $t = 0$ 时，$U_0^\dagger\hat{H}_{xy}U_0 = \hat{H}_{xy}(0) = -\gamma B_1\hat{S}_x$，所以 $\hat{H}_R = (-\gamma B_0 + \omega)\hat{S}_z - \gamma B_1\hat{S}_x$。相互作用绘景相当于横场为静止的坐标架。引入 $\boldsymbol{B}_R \equiv B_1\boldsymbol{e}_x + (B_0 - \omega/\gamma)\boldsymbol{e}_z$，最终得

$$|\varPsi(t)\rangle = U_0|\varPsi_R(t)\rangle = U_0\mathrm{e}^{-\mathrm{i}\hat{H}_R t/\hbar}|\Psi_R(0)\rangle = \mathrm{e}^{\mathrm{i}\omega t\hat{S}_z/\hbar}\mathrm{e}^{\mathrm{i}\gamma t\boldsymbol{B}_R\cdot\boldsymbol{S}/\hbar}|\varPsi_R(0)\rangle. \tag{5-8}$$

通常 $B_1 \ll B_0$，如果 $\omega \ll \omega_0 \equiv \gamma B_0$，则 $\boldsymbol{B}_R \approx B_1\boldsymbol{e}_x + B_0\boldsymbol{e}_z$，自旋绕 $\boldsymbol{B}_R$ 的运动为大致以角速度 ω_0 绕 z-轴的进动，附带有绕 x-轴的小角速度 ω 的转动。如果 $\omega = \omega_0$，则 $\boldsymbol{B}_R = B_1\boldsymbol{e}_x$，式 (5-8) 的 $\boldsymbol{B}_R$ 项使自旋绕 x-轴从 z-轴转向 y-轴，以角速度 $\omega_1 = \gamma B_1$ 进动。如果射频持续一段时间 T，满足 $\omega_1 T = \dfrac{1}{2}\pi$，则 $|\Psi_R(T)\rangle$ 将指向 y-轴，式 (5-8) 的另一指数算符使自旋在 xy-平面转动。在 $t < T$ 时，$|\Psi(t)\rangle = \mathrm{e}^{\mathrm{i}\omega t\hat{S}_z/\hbar}|\Psi_R(t)\rangle$，如果在 T 时刻关闭射频，则在 $t > T$ 时，$|\Psi(t)\rangle = \mathrm{e}^{\mathrm{i}\omega t\hat{S}_z/\hbar}|\Psi_R(T)\rangle$。态矢 $|\Psi(t)\rangle$ 可看作是自旋绕 z-轴以角速度 ω 的快速转动，同时以小角速度 ω_1 从 z-轴转向 xy-平面，自旋矢端在半球表面作螺旋运动。当极角达到 $\pi/2$ 时射频关闭，自旋在 xy-平面转动，称为 90° 脉冲。

核磁共振成像，基于核磁共振，可用于分辨软组织，有不同于 X-光的独特优势。人体组成含大量水，水的氢核即质子提供自旋核磁。在 B_0 纵场作用下，多数自旋沿纵场，施加 90° 脉冲后，自旋在 xy-平面以角速度 ω_0 转动，转动的自旋发出可被探测的交变磁信号，信号强度正比于质子密度，给出区分不同组织的信息。转动的自旋具有衰减时间 T_2，其值反映自旋相互作用，也可测量，可用于诊断水肿等。另一时间 T_1，是重获纵向磁化的恢复时间，反映自旋与周围静止原子的相互作用，可用于区分白质、灰质和脑脊液等。

5.3 电磁场中的荷电粒子

本节讨论粒子在电磁场中的运动。第 4 章曾涉及电场引起的斯塔克效应。电磁场施加在点电荷 Q 上的力为洛伦兹力：$\boldsymbol{F} = Q\boldsymbol{E} + Q\boldsymbol{v}\times\boldsymbol{B}$，磁场项依赖于速度，所以，粒子哈密顿量中的电磁场项不可能写成位势的形式。研究电磁场中的粒子，首先遇到的问题是如何写哈密顿量。电磁场理论是相对论协变的，电磁场四维势为 $\varphi^\alpha = (\mathrm{i}\varphi/c, \boldsymbol{A})$。狭义相对论里的四维矢 $x^\alpha = (x^0, x^1, x^2, x^3) = (\mathrm{i}ct, x, y, z)$，对固有时 τ 的导数是 4-速度 $u^\alpha = \eta(\mathrm{i}c, v_x, v_y, v_z)$，其中 $\eta = \mathrm{d}t/\mathrm{d}\tau = 1/\sqrt{1 - v^2/c^2}$ 是洛伦兹因子，$\boldsymbol{v}$ 是粒子速度。记 m 为粒子的静质量，则四维动量为 $p^\alpha = \eta m u^\alpha = (\mathrm{i}E/c, p_x, p_y, p_z)$，$E \equiv \eta mc^2$，其模方为 $p^\mu p_\mu = -E^2/c^2 + p^2 = -m^2c^2$。如果粒子拉格朗日量为 $L = -mc^2/\eta - V$，则由勒让德变换关系有 $\boldsymbol{p} = \partial L/\partial\boldsymbol{v} = \eta m\boldsymbol{v}$，且其对应的拉格朗日方程与牛顿方程一致：

$$\frac{\mathrm{d}}{\mathrm{d}t}\left(\frac{\partial L}{\partial \dot{q}_i}\right)-\frac{\partial L}{\partial q_i}=0,\quad \rightarrow\quad \frac{\mathrm{d}}{\mathrm{d}t}(\eta m\boldsymbol{v})=-\nabla V,$$

表明拉格朗日量的写法正确。

无电磁场的拉格朗日量为一能量量纲的标量。由 4-速度 $\eta(\mathrm{i}c,\boldsymbol{v})$ 和 4-电磁势 $(\mathrm{i}\varphi/c,\boldsymbol{A})$ 的内积可构造另一能量量纲的标量：$\eta Q(-\varphi+\boldsymbol{v}\cdot\boldsymbol{A})$，此处粒子电荷 Q 为标量。参照前面的拉格朗日量，电磁场中粒子的拉格朗日量的一个合理选择是

$$L=-mc^2/\eta,\quad\rightarrow\ L=[-mc^2+\eta Q(-\varphi+\boldsymbol{v}\cdot\boldsymbol{A})]/\eta=-mc^2/\eta-Q\varphi+Q\boldsymbol{v}\cdot\boldsymbol{A}.$$

由此 L 的拉格朗日方程给出的电磁力为

$$F_i=\frac{\mathrm{d}}{\mathrm{d}t}(\eta m\dot{x}_i)=-Q\frac{\mathrm{d}A_i}{\mathrm{d}t}-Q\frac{\partial\phi}{\partial x_i}+Q\sum_{j=1}^{3}v_j\frac{\partial A_j}{\partial x_i}.$$

注意到 $\boldsymbol{E}=-\nabla\phi-\partial\boldsymbol{A}/\partial t$，$\boldsymbol{B}=\nabla\times\boldsymbol{A}$，以及

$$\boldsymbol{v}\times\boldsymbol{B}=\boldsymbol{v}\times(\nabla\times\boldsymbol{A})=\nabla(\boldsymbol{v}\cdot\boldsymbol{A})-\boldsymbol{v}\cdot\nabla\boldsymbol{A},\quad \frac{\mathrm{d}\boldsymbol{A}}{\mathrm{d}t}=\frac{\partial\boldsymbol{A}}{\partial t}+\boldsymbol{v}\cdot\nabla\boldsymbol{A},$$

表明上面导出的 F_i 与洛伦兹力公式一致。于是，在非相对论性极限下，动量和哈密顿量分别为

$$\boldsymbol{p}=\frac{\partial L}{\partial\boldsymbol{v}}=m\boldsymbol{v}+Q\boldsymbol{A},\quad H=\frac{1}{2}m\boldsymbol{v}^2+Q\varphi=\frac{1}{2m}(\boldsymbol{p}-Q\boldsymbol{A})^2+Q\varphi.$$

(此处 H 与 $\boldsymbol{p}\cdot\boldsymbol{v}-L$ 相差 mc^2/η，但后者在非相对论性极限下为常数，可不问。) 计及可能的外势 V，电子的量子哈密顿算符可写作

$$\hat{H}=\frac{1}{2\mu}\left(\hat{\boldsymbol{p}}+e\boldsymbol{A}\right)^2-e\varphi+\hat{V}.$$

考虑到电子有自旋 $\boldsymbol{S}$，其磁矩为 $\boldsymbol{M}=-(e/\mu c)\boldsymbol{S}=-(e\hbar/2\mu c)\boldsymbol{\sigma}$，在磁场 $\mathcal{H}$ 中有附加能 $-\boldsymbol{M}\cdot\mathcal{H}$，哈密顿算符变为

$$\hat{H}=\frac{1}{2\mu}\left(\hat{\boldsymbol{p}}+e\boldsymbol{A}\right)^2-e\varphi+\hat{V}+\frac{e\hbar}{2\mu c}\boldsymbol{\sigma}\cdot\mathcal{H},\tag{5-9}$$

此为泡利哈密顿算符。包含自旋自由度的波函数可写成二分量的形式：

$$\langle\varPsi|=(\langle\psi_+|\ \langle\psi_-|),$$

归一性表示作 $\langle\Psi|\Psi\rangle = \langle\psi_+|\psi_+\rangle + \langle\psi_-|\psi_-\rangle = 1$。薛定谔方程 $\mathrm{i}\hbar\partial|\Psi\rangle/\partial t = \hat{H}|\Psi\rangle$，亦即泡利方程，实际上是两个联立方程。以下讨论如何用泡利方程解释类氢原子光谱线在磁场中的分裂现象，即塞曼效应。

5.3.1　塞曼效应

原子光谱线在外磁场中的分裂，1896 年由荷兰物理学家塞曼发现，随后洛伦兹给出一个理论解释。这种现象称为“塞曼效应”。他们共同获得了 1902 年的诺贝尔物理学奖。进一步的研究发现，光谱分裂情况非常复杂，称为反常塞曼效应。反常塞曼效应的机制在其后二十余年时间里一直没能得到很好的解释，困扰了一大批物理学家。现在知道，电子的轨道磁矩和自旋磁矩耦合成总磁矩，并且空间取向是量子化的，磁场作用下的附加能量不同，引起能级分裂。在外磁场中，总自旋为零的原子表现出正常塞曼效应，总自旋不为零的原子表现出反常塞曼效应。塞曼效应是继 1845 年法拉第效应和 1875 年克尔效应之后发现的电磁场对光的第三种影响。塞曼效应证实了原子磁矩的空间量子化，为研究原子结构提供了重要途径，被认为是 19 世纪末 20 世纪初物理学最重要的发现之一。利用塞曼效应可以测量电子的荷质比。在天体物理中，塞曼效应可以用来测量天体的磁场。塞曼效应也在核磁共振频谱学、电子自旋共振频谱学、磁振造影以及穆斯堡尔谱学方面有重要的应用。

设类氢原子在沿 z-轴方向的均匀外磁场 $\mathcal{H}_x = \mathcal{H}_y = 0, \mathcal{H}_z = \mathcal{H}$ 中，相应的电磁势为 $A_x = -\dfrac{1}{2}\mathcal{H}_y, A_y = \dfrac{1}{2}\mathcal{H}_x, A_z = \varphi = 0$。由式 (5-9)，定态泡利方程为

$$\left[-\frac{\hbar^2}{2\mu}\nabla^2 - \frac{\mathrm{i}e\hbar}{\mu}\boldsymbol{A}\cdot\nabla - \frac{\mathrm{i}e\hbar}{\mu}\nabla\cdot\boldsymbol{A} + \frac{e^2}{2\mu}A^2 + U(r) + \frac{e\hbar}{2\mu c}\boldsymbol{\sigma}\cdot\mathcal{H}\right]|\Psi\rangle = E|\Psi\rangle.$$

此处 $U(r)$ 是原子实对价电子的有心势。注意到

$$\boldsymbol{A}\cdot\nabla = \frac{\mathcal{H}}{2}\left(x\frac{\partial}{\partial y} - y\frac{\partial}{\partial x}\right) = \frac{\mathrm{i}\mathcal{H}}{2\hbar}\hat{L}_z, \quad \nabla\cdot\boldsymbol{A} = 0, \quad A^2 = \frac{\mathcal{H}^2}{4}(x^2+y^2),$$

且因 $\mathcal{H}$ 比原子内场弱许多而 A^2 项可略，泡利方程化为

$$\left[-\frac{\hbar^2}{2\mu}\nabla^2 + U(r)\right]|\Psi\rangle + \frac{e\mathcal{H}}{2\mu c}(\hat{L}_z + \hbar\sigma_z)|\Psi\rangle = E|\Psi\rangle.$$

当外磁场不存在时，泡利方程的解为 $|\psi_+\rangle = |\psi_-\rangle = |nlm\rangle$，对于氢原子，本征能量 E_n 只与 n 有关，但对于类氢原子，因核外电子的屏蔽导致 $|nlm\rangle$ 的本征能

量 E_{nl} 也依赖于角量子数 l。当有外磁场时，$|nlm\rangle$ 也是 $\hat{L}_z$ 的本征矢：$\hat{L}_z|nlm\rangle = m\hbar|nlm\rangle$。如果轨道和自旋的耦合可略，则泡利方程给出的本征能量为 $E_{nlm} = E_{nl} + (e\hbar\mathcal{H}/2\mu c)(m \pm 1)$，在磁场中的能级与 m 有关，原先不同 m 的简并消除。对于 $l = m = 0$ 的 s 态，能级 E_{nl} 分裂为二。原子在两个能级 E_{nlm} 和 $E_{n'l'm'}$ 之间跃迁的能量差为

$$\Delta E = \hbar\omega_0 + (e\hbar\mathcal{H}/2\mu c)\Delta m, \quad \hbar\omega_0 = E_{nl} - E_{n'l'}.$$

由于偶极跃迁的选择定则，只能取 $\Delta m = 0, \pm 1$，谱线分裂为三，且频率间隔相等。

如果磁场较弱，自旋–轨道耦合不可略，将出现反常塞曼效应。微扰项为 $\hat{V} = -(\boldsymbol{\mu}_L + \boldsymbol{\mu}_S) \cdot \boldsymbol{B} = (L_z + 2S_z)eB/2mc$。因为轨道和自旋的 g-因子不同，后者为前者的二倍，微扰项并非正比于总角动量 $J_z = L_z + S_z$，带来复杂性。在弱场下，选择基矢 $|nljm_j\rangle$ 比较合适。总之，需要根据磁场的强弱，选择合适的未微扰基矢，描绘不同的物理过程。

5.3.2 朗道能级

考虑粒子在如下的电磁场中：$\boldsymbol{E} = 0$, $\boldsymbol{B} = (0, 0, B)$。经典运动方程为 $m\ddot{\boldsymbol{x}} = q\dot{\boldsymbol{x}} \times \boldsymbol{B}$，表明粒子在 xy-平面上以拉摩频率 $\omega_L = qB/m$ 作圆周运动。圆周运动是周期的，猜测其量子行为可能与谐振子相像。在 z-方向上的运动独立，如果有初速度 v_z，它将保持不变，此处可不考虑。

从电场和磁场到电磁势的变换，存在规范选择的冗余自由度，往往须在计算简单性和对称性之间折中。此处选非对称的朗道规范 $\boldsymbol{A} = (-B_y, 0, 0), \varphi = 0$ 较便于计算。于是，哈密顿算符为

$$\hat{H} = \frac{1}{2m}\left(\hat{p}_x + qBy\right)^2 + \frac{\hat{p}_y^2}{2m}.$$

因为 $[\hat{H}, \hat{p}_x] = 0$，算符 $\hat{H}$ 和 $\hat{p}_x$ 共本征矢。如果限定在 $\hat{p}_x$ 的 $\hbar k_x$ 本征子空间，则哈密顿算符可写作

$$\hat{H}_{k_x} = \frac{\hat{p}_y^2}{2m} + \frac{1}{2m}\left(\hbar k_x + qBy\right)^2 = \frac{\hat{p}_y^2}{2m} + \frac{1}{2}m\omega^2\left(y - y_0\right)^2,$$

$$\omega \equiv \frac{qB}{m} = \omega_L, \quad y_0 \equiv -\frac{\hbar k_x}{qB} \equiv -l_0^2 k_x.$$

上式正是频率为拉摩频率的量子谐振子，其中 l_0 为特征长度。马上可写下本征能量和本征矢：

$$E_{k_x,n_y} = \hbar\omega_L(n_y + 1/2), \quad \psi_{k_x,n_y} = \mathrm{e}^{\mathrm{i}k_x x} l_0^{-1/4} \phi_{n_y}\left(\frac{y - y_0}{l_0}\right),$$

此处 $\phi_n(y)$ 是标准谐振子的第 n 个本征矢。此 n_y 标识的能级称为朗道能级，它带有指标 k_x，因而是无穷简并的。

量子波函数看起来与经典的圆周运动很不同：在 x-方向延展，在 y-方向局域于由 k_x 决定的位置附近。如果采用另一朗道规范 $\boldsymbol{A} = (0, B_x, 0)$，$x, y$ 的角色将互换。对称规范 $\boldsymbol{A} = \left(-\frac{1}{2}B_y, \frac{1}{2}B_x, 0\right)$ 的图像接近经典运动。各种规范图像不同，与无穷简并密切相关。

5.4　多粒子体系

多粒子体系的许多概念出现在二粒子体系中。先考虑粒子可分辨的情形，稍后讨论全同粒子，全同性对波函数有额外限制。设粒子 1 有态矢空间 $\mathcal{V}$，算符 $T_1, T_2, \cdots$，粒子 2 有态矢空间 $\mathcal{W}$，算符 $S_1, S_2, \cdots$。对于它们组成的体系，首先会想到用有序对 $(|v\rangle, |w\rangle)$，$|v\rangle \in \mathcal{V}, |w\rangle \in \mathcal{W}$，表示体系状态。这样的有序对只对应体系的小部分状态，远非一般。

最主要的概念是直积空间，此处只作简要介绍。空间 $\mathcal{V}$ 和 $\mathcal{W}$ 的直积，记作 $\mathcal{V} \otimes \mathcal{W}$，它包含 $\mathcal{V}$ 和 $\mathcal{W}$ 的元素的一切线性组合并满足双线性关系。上述有序对 $(|v\rangle, |w\rangle)$ 将记作 $|v\rangle \otimes |w\rangle$。例如，对于 $|v_1\rangle, |v_2\rangle \in \mathcal{V}$，

$$(c_1|v_1\rangle + c_2|v_2\rangle) \otimes |w\rangle = c_1|v_1\rangle \otimes |w\rangle + c_2|v_2\rangle \otimes |w\rangle \ \in \mathcal{V} \otimes \mathcal{W}.$$

另有关于 $\mathcal{W}$ 的相应关系。特别地，$\boldsymbol{0} \in \mathcal{V} \otimes \mathcal{W}$，它可以是 $\boldsymbol{0} \otimes |w\rangle$ 或 $|v\rangle \otimes \boldsymbol{0}$。如果 $\mathcal{V}$ 和 $\mathcal{W}$ 分别有完备基 $\{|e_i\rangle\}$ 和 $\{|f_j\rangle\}$，则 $\{|e_i\rangle \otimes |f_j\rangle\}$ 构成直积空间 $\mathcal{V} \otimes \mathcal{W}$ 的完备基，任何二粒子态可用之展开。一般的二粒子态通常不能因子化成 $|v\rangle \otimes |w\rangle$ 的形式。直积空间的维数是其因子空间维数的乘积。

作用于直积空间 $\mathcal{V} \otimes \mathcal{W}$ 的线性算符，可用 $\mathcal{V}$ 和 $\mathcal{W}$ 的线性算符合成即构造算符直积。记 $\mathcal{V}$ 的算符集为 $\mathcal{L}(\mathcal{V})$。设 $T \in \mathcal{L}(\mathcal{V})$，$S \in \mathcal{L}(\mathcal{W})$，则算符直积 $T \otimes S \in$

$\mathcal{L}(\mathcal{V}\otimes\mathcal{W})$，

$$T\otimes S(|v\rangle\otimes|w\rangle)\equiv T|v\rangle\otimes S|w\rangle,\quad T\otimes I,\ I\otimes S\in\mathcal{L}(\mathcal{V}\otimes\mathcal{W}),$$

此处 I 记恒等算符。由此定义出发可证对易关系

$$[T\otimes I, I\otimes S]=0.$$

其实直积空间的概念也适用于单粒子的不同自由度，例如坐标和自旋。包含自旋自由度的电子波函数由坐标空间波函数和二维的自旋波函数的乘积表示，此乘积实质上是直积。当不引起混淆时，常略去 $\otimes$。

5.4.1 全同性粒子

上面的讨论只适用于可分辨的粒子。量子粒子具有全同性。泡利于 1925 年通过分析实验结果提出他的不相容原理：在量子力学里，所有同种微观粒子是不可分辨的，两个电子不能处于相同的量子态。泡利不相容原理引申出的全同性原理，其数学表述是：多粒子体系的波函数对于同种粒子的交换不导致新态。考虑 N 个粒子的波函数 $\psi(\boldsymbol{r}_1,\cdots,\boldsymbol{r}_N)$。如果粒子是可分辨的，则粒子可标号，$(\boldsymbol{r}_1,\cdots,\boldsymbol{r}_N)$ 是有序行，其第 i 元属于粒子 i，即标记第 i 个粒子的位置。如果粒子是不可分辨的，则 $(\boldsymbol{r}_1,\cdots,\boldsymbol{r}_N)$ 只是 N 个位置的集合，顺序改变后意义仍相同。

为具体起见，考虑二粒子。仍保留粒子标号，不过全同性将导致波函数 $\psi(\boldsymbol{r}_1,\boldsymbol{r}_2) = \mathrm{e}^{\mathrm{i}\theta}\psi(\boldsymbol{r}_2,\boldsymbol{r}_1)$，即二者只差一相位。引入交换二粒子的算符 F：$F(|\alpha\rangle\otimes|\beta\rangle)\equiv|\beta\rangle\otimes|\alpha\rangle$，以 F 记上述的粒子交换，可写 $F|\psi\rangle=\mathrm{e}^{\mathrm{i}\theta}|\psi\rangle$。但是，$F^2=I$，表明 F 的本征值只能为 ±1，即 $F|\psi\rangle=\pm|\psi\rangle$。如果 $F|\psi\rangle=|\psi\rangle$，粒子具有交换对称，称为玻色子，而如果 $F|\psi\rangle=-|\psi\rangle$，粒子具有交换反对称，称为费米子。

设 $|\alpha\rangle,|\beta\rangle$ 来自空间 $\mathcal{V}$ 的归一正交完备基，则 $|\alpha\rangle\otimes|\beta\rangle$ 构成 $\mathcal{V}\otimes\mathcal{V}$ 的基矢。算符 $P_\pm\equiv\frac{1}{2}(F\pm I)$ 是投影算符，将 $\mathcal{V}\otimes\mathcal{V}$ 分解为对称和反对称子空间。如果 $|\alpha\rangle\neq|\beta\rangle$，基矢 $P_\pm(|\alpha\rangle\otimes|\beta\rangle)$ 分别属于对称和反对称子空间，但 $P_-(|\alpha\rangle\otimes|\alpha\rangle)=0$，而 $P_+(|\alpha\rangle\otimes|\alpha\rangle)=|\alpha\rangle\otimes|\alpha\rangle$，属于对称子空间。所有这些基矢彼此正交。

对于 N 个粒子的情形，态矢在空间 $\mathcal{V}^{\otimes N}$ 中。引入对换算符 $F^{ij}=F^{ji}$，$i\neq j$，不妨令 $i<j$，则

$$\begin{aligned}&F^{ij}|\alpha_1\rangle\otimes\cdots\otimes|\alpha_{i-1}\rangle\otimes|\alpha_i\rangle\otimes\cdots\otimes|\alpha_j\rangle\otimes\cdots\otimes|\alpha_N\rangle\\&\quad\equiv|\alpha_1\rangle\otimes\cdots\otimes|\alpha_{i-1}\rangle\otimes|\alpha_j\rangle\otimes\cdots\otimes|\alpha_i\rangle\otimes\cdots\otimes|\alpha_N\rangle.\end{aligned}$$

对称和反对称子空间可分别定义如下:

$$\mathrm{Sym}^N\mathcal{V}\equiv\{|\psi\rangle\in\mathcal{V}^{\otimes N}:\ F^{ij}|\psi\rangle=|\psi\rangle,\ \ \forall i\neq j\},$$

$$\mathrm{Anti}^N\mathcal{V}\equiv\{|\psi\rangle\in\mathcal{V}^{\otimes N}:\ F^{ij}|\psi\rangle=-|\psi\rangle,\ \ \forall i\neq j\}.$$

波函数相应地表现为

$$\psi(\boldsymbol{r}_1,\cdots,\boldsymbol{r}_i,\cdots,\boldsymbol{r}_j,\cdots,\boldsymbol{r}_N)=\pm\psi(\boldsymbol{r}_1,\cdots,\boldsymbol{r}_j,\cdots,\boldsymbol{r}_i,\cdots,\boldsymbol{r}_N).$$

构造对称和反对称子空间的基矢比 $N=2$ 时复杂。令 S_N 为 N 个对象的置换，总共有 $|S_N|=N!$ 种。对于一般的置换 π，将 F^{ij} 推广为 F^{π}，其作用对象仍为直积因子 $|\alpha_i\rangle$，在其作用下，$|\alpha_i\rangle\to|\alpha_{\pi^{-1}(i)}\rangle$。对称和反对称投影算符可定义作

$$P_{\mathrm{sym}}\equiv\frac{1}{N!}\sum_{\pi\in S_N}F^{\pi},\quad P_{\mathrm{anti}}\equiv\frac{1}{N!}\sum_{\pi\in S_N}\mathrm{sgn}(\pi)F^{\pi},$$

此处 $\mathrm{sgn}(\pi)$ 是符号函数，当 π 为偶、奇置换时分别取 ±1。可以证实，$P_{\mathrm{sym}}|\psi\rangle$ 在任何置换 F^{ν} 下不变:

$$F^{\nu}P_{\mathrm{sym}}|\psi\rangle=\frac{1}{N!}\sum_{\pi\in S_N}F^{\nu}F^{\pi}|\psi\rangle=\frac{1}{N!}\sum_{\pi\in S_N}F^{\nu\pi}|\psi\rangle=\frac{1}{N!}\sum_{\pi\in S_N}F^{\pi}|\psi\rangle=P_{\mathrm{sym}}|\psi\rangle,$$

此处用到 $\{\nu\pi:\pi\in S_N\}=\{\pi:\pi\in S_N\}$。类似地，$P_{\mathrm{anti}}|\psi\rangle$ 也是不变子空间。根据矩阵行列式的定义不难证实，在乘积为直积的意义下，

$$\Psi^{\mathrm{anti}}_{\boldsymbol{\alpha}}(\boldsymbol{r}_1,\cdots,\boldsymbol{r}_N)=\frac{1}{\sqrt{N!}}\det\begin{pmatrix}\psi_{\alpha_1}(\boldsymbol{r}_1)&\cdots&\psi_{\alpha_1}(\boldsymbol{r}_N)\\\vdots&&\vdots\\\psi_{\alpha_N}(\boldsymbol{r}_1)&\cdots&\psi_{\alpha_N}(\boldsymbol{r}_N)\end{pmatrix}.$$

它称为斯莱特行列式，此处的 $\boldsymbol{r}_i$ 代表单电子的所有自由度。行列式每一列对应于一个粒子，两列对换则行列式反号，并且，如果两列相同则行列式为零，表明任何两个粒子不能状态相同。

粒子为玻色子或费米子，取决于其内禀性质自旋为整数或半整数。费米子的波函数对于粒子交换具有反对称性，因此遵守泡利不相容原理，必须用费米–狄拉克统计描述其统计行为。玻色子的波函数对于粒子交换具有对称性，因此它不遵守泡利不相容原理，其统计行为符合玻色–爱因斯坦统计。任意数量的全同玻色子可以处于同一量子态，如激光产生的光子和玻色–爱因斯坦凝聚。粒子全同性影响统计力学中构象数的计算，在统计力学中有重大后果。玻色统计在 1924 年提出，而费米统计在 1926 年提出。粒子全同性不涉及任何位势或任何相互作用，是纯粹的一种量子性质，完全没有经典物理学对应。曾经有过许多努力企图推导自旋和统计间的关联，但并不成功，应该将全同性原理和自旋–统计关联作为独立的原理提出。

现在再稍详细地考察一下二电子的情形。单电子的归一态矢可写作 $|\alpha(\boldsymbol{r})\rangle|s\rangle$，其中 $|s\rangle$ 为自旋的二分量归一态矢。先考察二电子的自旋态 $|s_1\rangle|s_2\rangle$。自旋态 $|+\rangle|+\rangle$ 和 $|-\rangle|-\rangle$ 为交换对称的，而 $(|+\rangle|-\rangle \pm |-\rangle|+\rangle)/\sqrt{2}$ 分别为交换对称和反对称的。记合成自旋算符 $\boldsymbol{S} = \boldsymbol{S}_1 + \boldsymbol{S}_2$，$S_z = S_{1z} + S_{2z}$，则可证此四个对称化自旋态为算符 $\boldsymbol{S}^2$，S_z 的共本征矢，对称自旋态有 $S = 1$ 和 $S_z = \pm 1$，0，而反对称自旋态有 $S = S_z = 0$。

[问题] 写出二电子的四个对称化自旋态的 4×1 矩阵表示，以及合成自旋算符 $\boldsymbol{S} = \boldsymbol{S}_1 + \boldsymbol{S}_2$，$S_z = S_{1z} + S_{2z}$ 的 4×4 矩阵表示，证明此四态为算符 $\boldsymbol{S}^2$，S_z 的共本征矢，并求相应的本征值。如果用狄拉克记号又如何呢？

二电子的波函数有交换反对称性，合成的态矢可取如下二者的任意线性组合：

$$\frac{1}{2}[P_+|\alpha_1(\boldsymbol{r}_1)\rangle|\alpha_2(\boldsymbol{r}_2)\rangle]\otimes[P_-|s_1\rangle|s_2\rangle],\quad \frac{1}{2}[P_-|\alpha_1(\boldsymbol{r}_1)\rangle|\alpha_2(\boldsymbol{r}_2)\rangle]\otimes[P_+|s_1\rangle|s_2\rangle].$$

空间作用可由自旋作用模拟，是泡利不相容原理导致二者交联的结果。如果略去电子间自旋相互作用，但考虑库仑作用，则上述两种整体波函数间有能差 ϵ，可引入有效哈密顿量将之表成自旋相互作用形式：$H_{\text{eff}} = -J\boldsymbol{S}_1\cdot\boldsymbol{S}_2$，其中的 J 将依赖于 ϵ。海森伯意识到由之可解释铁磁。有效自旋作用比直接自旋作用约大两个量级。

假如 $\boldsymbol{r}_1, \boldsymbol{r}_2$ 是空间上远离的，$\alpha_i(\boldsymbol{r})$ 只在 $\boldsymbol{r}_i$ 附近显著不为零，则 $\alpha_1(\boldsymbol{r})\alpha_2(\boldsymbol{r}) \approx 0$，即不同空间位置的波函数不重叠。此时粒子可用空间位置标识，不再不可分辨。对于这样的二电子在外磁场中，说 "$\boldsymbol{r}_1$ 处的电子与 $\boldsymbol{r}_1$ 处的磁场作用"，是意义明确的。

5.4.2　氦原子: 微扰法

氦原子基态问题，曾在第 4 章介绍变分法应用时提到。氦原子的哈密顿算符为

$$\hat{H}=\hat{H}_1+\hat{H}_2+\hat{V},\quad \hat{H}_i=-\frac{\hbar^2}{2\mu}\nabla_i^2-\frac{k_e Ze^2}{r_i},\ i=1,2,\quad \hat{V}=\frac{k_e e^2}{r_{12}},\quad \boldsymbol{r}_{12}=\boldsymbol{r}_2-\boldsymbol{r}_1,$$

其中，下标 1,2 是电子指标，电子间相互作用项为 $\hat{V}=k_e e^2/r_{12}$。由于 $\hat{H}$ 不含自旋，可不必明确写出波函数自旋部分。设 $H_1\psi_m=E_m\psi_m$，记 $\hat{H}^0\equiv\hat{H}_1+\hat{H}_2$。因为 $\hat{H}^0$ 不含互作用，所以，其本征函数和本征值有如下形式:

$$\varPsi_1(\boldsymbol{r}_1,\boldsymbol{r}_2)=\psi_m(\boldsymbol{r}_1)\psi_n(\boldsymbol{r}_2),\quad \hat{H}^0\varPsi_1(\boldsymbol{r}_1,\boldsymbol{r}_2)=(E_m+E_n)\varPsi_1(\boldsymbol{r}_1,\boldsymbol{r}_2).$$

算符 $\hat{H}^0$ 是粒子交换简并的，$\varPsi_2(\boldsymbol{r}_1,\boldsymbol{r}_2)=\psi_n(\boldsymbol{r}_1)\psi_m(\boldsymbol{r}_2)$ 是同本征值的本征函数。设 $m\neq n$，则 $\langle\varPsi_1|\varPsi_2\rangle=0$。

根据简并微扰理论，需要对角化哈密顿算符在 $\varPsi_1(\boldsymbol{r}_1,\boldsymbol{r}_2),\varPsi_2(\boldsymbol{r}_1,\boldsymbol{r}_2)$ 所张成二维子空间中的表示。算符 $\hat{H}^0$ 的矩阵元为: $\langle\varPsi_1|\hat{H}^0|\varPsi_2\rangle\equiv H_{12}^0=0$，$H_{21}^0=0$，$H_{11}^0=H_{22}^0=E_m+E_n$，通常较难计算的是 $\hat{V}$ 的矩阵元:

$$\begin{aligned}V_{11}&=\int\mathrm{d}\boldsymbol{r}_1\int\mathrm{d}\boldsymbol{r}_2\,\psi_m^*(\boldsymbol{r}_1)\psi_n^*(\boldsymbol{r}_2)\frac{k_e e^2}{r_{12}}\psi_m(\boldsymbol{r}_1)\psi_n(\boldsymbol{r}_2)\\&=\int\mathrm{d}\boldsymbol{r}_1\int\mathrm{d}\boldsymbol{r}_2\,|\psi_m(\boldsymbol{r}_1)|^2|\psi_n(\boldsymbol{r}_2)|^2\frac{k_e e^2}{r_{12}}=V_{22}\equiv K,\\V_{12}&=\int\mathrm{d}\boldsymbol{r}_1\int\mathrm{d}\boldsymbol{r}_2\,\psi_m^*(\boldsymbol{r}_1)\psi_n^*(\boldsymbol{r}_2)\frac{k_e e^2}{r_{12}}\psi_m(\boldsymbol{r}_2)\psi_n(\boldsymbol{r}_1)\\&=\int\mathrm{d}\boldsymbol{r}_1\int\mathrm{d}\boldsymbol{r}_2\,\psi_m^*(\boldsymbol{r}_1)\psi_n(\boldsymbol{r}_1)\frac{k_e e^2}{r_{12}}\psi_n^*(\boldsymbol{r}_2)\psi_m(\boldsymbol{r}_2)=V_{21}\equiv A,\end{aligned}$$

矩阵为对称的，其本征值为 $E=E_m+E_n+K\pm A$，即微扰修正为 $K\pm A$，此处 A 称为交换积分。相应的本征矢为

$$\varPsi_{\mathrm{S}}=\frac{1}{\sqrt{2}}(\varPsi_1+\varPsi_2),\quad \varPsi_{\mathrm{A}}=\frac{1}{\sqrt{2}}(\varPsi_1-\varPsi_2),$$

此处 $\varPsi_{\mathrm{S}},\varPsi_{\mathrm{A}}$ 分别为对称和反对称本征矢，它们由微扰自动得到。为使包括自旋的总波函数是反对称的，自旋波函数应分别取反对称和对称的形式，前者对应于反平行自旋为单重态，而后者对应于平行自旋为三重态。前面已提及，即使无自旋相互作用，泡利不相容原理导致波函数空间部分与自旋部分有交联，以至于库仑相互作用可表成自旋相互作用的形式。

5.4.3　哈特里–福克方程

在玻恩–奥本海默近似下，一个多电子体系的电子自由度可与原子核自由度分离，将后者看作参数，此时电子哈密顿算符可写作

$$\hat{H}=\sum_{i=1}^{N}\hat{h}_i+\hat{V}+V_I,\quad \hat{h}_i=-\frac{\hbar^2}{2\mu}\nabla_i^2+U_i,\quad \hat{V}=\frac{1}{2}\sum_{i\neq j}^{N}\frac{k_e e^2}{r_{ij}},$$

此处 $\hat{h}_i$ 是第 i 个电子的单电子有效哈密顿算符，$\hat{V}$ 是电子间的相互作用，V_I 是离子间的作用能，看作固定参数。前面提到，由 N 个单电子基矢，可通过构造斯莱特行列式得到对称化的多电子波函数。首先遇到的问题是如何得到单电子基矢，哈特里和福克提出一个解决方法。

假设多电子波函数 $\Phi(q_1,q_2,\cdots,q_N)$ 可用正交归一的单电子基矢 $\varphi_k(q_i)$ 所组成的斯莱特行列式表示，且 $\hat{H}\Phi=E\Phi$，则体系的定态能量 $E=\langle\Phi|\hat{H}|\Phi\rangle$。算符 $\hat{H}$ 只含单体项 $\hat{h}_i$ 和形如 $1/r_{ij}$ 的二体项。因为单电子基矢的正交性，单体项对 E 的贡献，只当左右矢对偶时算符平均值不为零，得到形如 $\langle\varphi_k(q_i)|\hat{h}_i|\varphi_k(q_i)\rangle$ 之项，此处已对 q_i 以外的 q_j 积分，且用到单电子基矢的归一性。对于固定的 k,i，其项数为 $(N-1)!$，所以其权重为 $(N-1)!/N!=1/N$。类似地，二体项贡献形如下式：

$$\langle\varphi_k(q_i)|\langle\varphi_l(q_j)|1/r_{ij}|\varphi_k(q_i)\rangle|\varphi_l(q_j)\rangle-\langle\varphi_k(q_i)|\langle\varphi_l(q_j)|1/r_{ij}|\varphi_l(q_i)\rangle|\varphi_k(q_j)\rangle,$$

此处二项分别称为库仑能和交换能，第二式前的负号来自电子交换的反对称性，其权重也可类似于单体项估计。如果交换能项中的 $|\varphi_k(q_j)\rangle$ 和 $|\varphi_l(q_j)\rangle$ 的自旋相反，则由自旋波函数的正交性对自旋求和后该项为零，所以只需计及自旋平行情形。最终可得如下的福克能量式：

$$\begin{aligned}E=&\sum_k\langle\varphi_k(q_i)|\hat{h}_i|\varphi_k(q_i)\rangle+\frac{1}{2}\sum_{k,l}\langle\varphi_k(q_i)|\langle\varphi_l(q_j)|\frac{k_e e^2}{r_{ij}}|\varphi_k(q_i)\rangle|\varphi_l(q_j)\rangle\\&-\frac{1}{2}\sum_{k,l}\langle\varphi_k(q_i)|\langle\varphi_l(q_j)|\frac{k_e e^2}{r_{ij}}|\varphi_l(q_i)\rangle|\varphi_k(q_j)\rangle.\end{aligned}\tag{5-10}$$

下一步是根据变分原理，引入 $\tilde{E}\equiv E-\sum\limits_{k,l}E_{kl}\langle\varphi_l(q_1)|\varphi_k(q_1)\rangle$，此处 E_{kl} 为拉格朗日乘子，通过求 $\tilde{E}$ 对 $\langle\varphi_k|$ 的变分，推导得 $|\varphi_k\rangle$ 所满足的方程：

$$\begin{aligned}&\hat{h}_1|\varphi_k(q_1)\rangle+\sum_l\left[\langle\varphi_l(q_2)|\frac{k_e e^2}{r_{12}}|\varphi_l(q_2)\rangle\right]|\varphi_k(q_1)\rangle\\&-\sum_l\left[\langle\varphi_l(q_2)|\frac{k_e e^2}{r_{12}}|\varphi_k(q_2)\rangle\right]|\varphi_l(q_1)\rangle-\sum_l E_{kl}|\varphi_l(q_1)\rangle=0.\end{aligned}$$

单电子基矢 $|\varphi_k\rangle$ 的正交性，要求 $E_{kl}=E_k\delta_{kl}$。最后写成比较对称的形式为

$$E_k|\varphi_k(q_1)\rangle=\hat{h}_1|\varphi_k(q_1)\rangle+\sum_l\left[\langle\varphi_l(q_2)|\frac{k_e e^2}{r_{12}}|\varphi_l(q_2)\rangle\right]|\varphi_k(q_1)\rangle$$

$$-\sum_l\left[\varphi_k^*(q_1)\langle\varphi_l(q_2)|\ \frac{k_e e^2}{r_{12}}|\varphi_k(q_2)\rangle\varphi_l(q_1)\Big/\ \varphi_k^*(q_1)\varphi_k(q_1)\right]|\varphi_k(q_1)\rangle. \tag{5-11}$$

此为福克方程。此处的 φ_l 描写单电子在其他所有电子构成的平均势场中运动。方程右边后二项也含待求的 φ_l，通常只能自洽求解。平均势场和迭代算法的思路，首先由哈特里提出，但是，由于未考虑电子波函数的反对称性，实际上不很成功。哈特里–福克方程在现代量子化学中的广泛应用，还有赖于后来计算技术的进步。

第 4 章提到与哈特里–福克方法关系密切的量子密度泛函理论。此处再提一下量子蒙特卡洛方法。哈特里–福克方法中多电子基态波函数近似为单行列式的形式，多体问题分解成平均场中的单电子问题，不能有效处理电子之间的关联。在量子蒙特卡罗法中，体系的基态波函数以显式写成关联的波函数，而给定波函数下力学量的期望值涉及甚高维空间的积分，则通过蒙特卡罗方法计算。量子与经典的一个显著差别是量子算符间存在非对易关系，直接模拟十分困难。铃木基于特洛忒乘积近似公式，提出通过增加一个量子维度可将量子体系变换为等价的经典体系。特洛忒公式是：令 A,B 为线性算符，则在适当条件下，

$$\mathrm{e}^{(A+B)}=\lim_{n\to\infty}\left(\mathrm{e}^{\frac{A}{n}}\mathrm{e}^{\frac{B}{n}}\right)^n,$$

其之所以成立的依据是对易子引起的误差为二级小量：

$$\mathrm{e}^{\delta(A+B)}=\lim_{\delta\to 0}\left[\mathrm{e}^{\delta A}\mathrm{e}^{\delta B}\right]+O(\delta^2).$$

量子力学模拟中保持幺正算符的幺正性十分重要。特洛忒展开的误差集中在整体相位上，不改变模，所以可用于计算期望值和守恒量。因为它是相空间体积守恒的，类似于辛积分算子。

5.4.4 元素周期表

用以区分元素的特征，最重要的是原子所拥有的核电荷，也就是电子数。一个体系能量越低，状态也越稳定。假如电子是玻色子，如果忽略电子间的相互作用，

则一个原子的电子能量最低态是所有电子均在单电子的能量最低态即类氢原子的电子基态上。如果是那样，元素间的差异不很大，世界会很无聊。但是，因为电子是费米子，原子内只能有一个电子在基态上，考虑到自旋简并，实际上有两个。

最简单的原子是元素氢，氢原子只有一个电子，当然最稳定的氢原子它的电子在基态上。下一个元素是氦，是惰性气体，氦原子有两个电子，将主量子数 $n=1$ 的两个基态能级所组成的壳层填满。再后面的元素电子数大于 2，电子只能往能量更高的能级上填充。基态能级之上的主量子数 $n=2$ 的壳层最多可容纳 $2n^2=2\times2^2=8$ 个电子。这两层都填满时，电子数为 $2+8=10$，对应于惰性气体元素氖。再加 8 个电子是电子数为 18 的惰性气体元素氩。如果不考虑电子间的库仑排斥，类氢电子能量只依赖于主量子数 n，但排斥作用使轨道量子数 l 较小态在能量上有利。粗略而言，大 l 的电子总体上倾向于远离核，感受到的有效核电荷偏小。氩原子填满由 $n=3$ 的 $l=0$ 和 $l=1$ 能级组成的壳层。每一壳层填满时，对应于惰性气体元素，它们在化学上很稳定。在氩之后的钾，$Z=19$，本该继续填 $n=3$, $l=2$ 的能级，但选择了 $n=4$, $l=0$，因为后者能量上更有利。此类复杂细节是原子物理学的内容。

食盐是氯化钠，钠原子有 11 个电子，比氖多一个电子，到氖时前两层能级已经填满，多出的一个只好填到能量更高的第三层上。这多出的电子容易丢失，以便能像氖那样稳定；而氯原子有 17 个电子，比氩少一个电子，再多一个电子就能填满第三层，所以氯倾向于再捕获一个电子以便能像氩那样稳定。相反倾向导致二者容易结合。

原子物理学中传统上用不同的原子态记号。不同的 l 态从 0 开始，依次记 s,p,d,g,h,i,k,l，等等。例如，$n=3$, $l=2$ 态记作 $(3d)$，所以，氢原子的电子组态记作 H: $(1s)$；氦为 He: $(1s)^2$；锂为 Li: $(1s)^2\,(2s)$；氖为 Ne: $(1s)^2\,(2s)^2\,(2p)^6$；氩为 Ar: $(\mathrm{Ne})\,(3s)^2\,(3p)^6$，此处 (Ne) 简记氖的电子组态；氪为 Kr: $(\mathrm{Ar})\,(4s)^2\,(3d)^{10}\,(4p)^6$；等等。银原子 Ag，$Z=47$，比 $Z=36$ 的惰性气体元素 Kr 多 11 个电子，其电子组态为 $(\mathrm{Kr})\,(4d)^{10}\,(5s)$，总自旋贡献来自满壳层之外的唯一电子 $(5s)$，正如斯特恩–盖拉赫实验中所观察到的。设原子中电子的总自旋为 S，总轨道角动量为 L，总角动量为 J，一般表示作 ${}^{2S+1}L_J$，其中总轨道角动量 L 用大写字母记。例如，H: $^2S_{1/2}$，表明氢原子的总自旋、总轨道角动量和总角动量分别为 $1/2, 0, 1/2$。类似地，Li: $^2S_{1/2}$；He: $^1S_0$ 和 Ne: $^1S_0$；等等。

泡利不相容原理是原子物理学与分子物理学的基础。泡利不相容原理可用来解释多种不同的物理与化学现象，包括原子的性质、大块物质的稳定性与性质、中子星或白矮星的稳定性、固态能带理论，直至夸克色荷概念的提出。假若泡利不相容原理不成立，则各种原子中的所有电子都将处于基态轨道，原子的尺寸会变得很小；除了与原子核的电荷平方成正比的电离能以外，元素与元素之间不会有什么显著差别；元素的性质不会出现周期性；化学与生物学不复存在，更不会有任何地球生命！只因原子内绝对不能有两个或多个的电子处于同样状态，才有化学的变幻多端，才有绚丽多彩的世界。全同性原理在量子力学中的地位以致在物理学中的地位无可替代。

5.5　分子轨道法

化学中往往混用术语轨道和波函数，例如，原子轨道指原子中电子的波函数。多原子问题极为复杂，只能寻求近似方法。1927 年，物理学家海特勒和伦敦提出计算氢分子量子力学的方法，开启了量子化学的时代。统计力学在宏观层面统一了物理和化学，量子化学则在微观层面实现统一。本节简要讨论量子化学最基本的一些概念和方法。

5.5.1　氢分子基态

不考虑自旋的影响，选择单位 $\hbar = 1, \mu = 1, k_e e^2 = 1$，在玻恩–奥本海默近似下氢分子的哈密顿算符是

$$\hat{H} = \hat{h}_1 + \hat{h}_2 + \hat{V} + \frac{1}{R_{AB}}, \quad \hat{h}_i = -\frac{1}{2}\nabla_i^2 - \frac{1}{r_{iA}} - \frac{1}{r_{iB}}, \ i = 1, 2, \quad \hat{V} = \frac{1}{r_{12}}, \quad \boldsymbol{r}_{ij} = \boldsymbol{r}_j - \boldsymbol{r}_i,$$

此处 $1, 2$ 和 A, B 分别标记两个电子和两个核，R_{AB} 是两核距离，处理作外参数。

基矢的自然选择是用氢原子轨道，因为当 R_{AB} 很大时，电子波函数可用原子 A 和 B 的原子轨道的乘积近似。因而，描述氢分子基态的最小基，可选归一的基态原子 1s 轨道或其适当变形 $\phi_{i1} \equiv |\phi(\boldsymbol{r}_{iA})\rangle, \phi_{i2} \equiv |\phi(\boldsymbol{r}_{iB})\rangle$。

分子轨道是分子电子结构理论的基础，首先是定义单电子有效哈密顿算符 $\hat{h}_{\text{eff}}$，对于氢分子可选 $\hat{h}_1, \hat{h}_2$。只要不引起混淆，将不特别标出角标 i。在最小基 $\{\phi_1, \phi_2\}$ 下，假定基态分子轨道为 $\psi = c_1\phi_1 + c_2\phi_2$，则它可由对角化如下矩阵得到：

$$\begin{pmatrix} \langle\phi_1|\hat{h}|\phi_1\rangle & \langle\phi_1|\hat{h}|\phi_2\rangle \\ \langle\phi_2|\hat{h}|\phi_1\rangle & \langle\phi_2|\hat{h}|\phi_2\rangle \end{pmatrix} \equiv \begin{pmatrix} K & J \\ J & K \end{pmatrix}.$$

此矩阵有本征值 $K_\pm = K \pm J$ 和相应的本征矢 $|\psi_\pm\rangle = |\phi_1\rangle \pm |\phi_2\rangle$，此处 $\hat{h}$ 可为 $\hat{h}_1$ 或 $\hat{h}_2$，而 K 为单电子自能，J 常称为“共振”积分。上述矩阵正是 $\hat{h}$ 在二维最小基下的表示。本征矢 $|\psi_\pm\rangle$ 称为分子轨道，是单电子函数。现在 $|\phi_1\rangle$ 和 $|\phi_2\rangle$ 不再正交，$|\psi_\pm\rangle$ 的归一因子需要重新计算。引入重叠积分 $S \equiv \langle\phi_1|\phi_2\rangle$, $\Delta \equiv \frac{1}{2}(S + S^*)$，则

$$\langle\psi_+|\psi_+\rangle = \langle\phi_1|\phi_1\rangle + \langle\phi_1|\phi_2\rangle + \langle\phi_2|\phi_1\rangle + \langle\phi_2|\phi_2\rangle = 2(1+\Delta), \quad \langle\psi_-|\psi_-\rangle = 2(1-\Delta).$$

归一的分子轨道，用 $|\tilde{\psi}_\pm\rangle$ 记为

$$|\tilde{\psi}_\pm\rangle = (|\phi_1\rangle \pm |\phi_2\rangle)/\sqrt{2(1\pm\Delta)}.$$

习惯上，$|\tilde{\psi}_\pm\rangle$ 分别记为 $|\sigma\rangle$ 和 $|\sigma^*\rangle$。

下一步是用分子轨道构造待求的波函数。以氢分子基态为例，因为 $J < 0$，$|\sigma\rangle$ 比 $|\sigma^*\rangle$ 能量低，微扰选最低单态 $|\sigma\rangle$，构造氢分子基态波函数 $|\varPhi_{\text{MO}}\rangle = |\sigma(1)\rangle|\sigma(2)\rangle$。于是，基态能为 $E_{\text{gr}} = \langle\varPhi_{\text{MO}}|\hat{H}|\varPhi_{\text{MO}}\rangle$，可具体计算如下：

$$E_{\text{gr}} = 2\epsilon_\sigma + v_{\sigma\sigma} + 1/R_{AB}, \quad \epsilon_\sigma \equiv \langle\sigma(1)|\hat{h}_1|\sigma(1)\rangle, \quad v_{\sigma\sigma} \equiv \langle\sigma(1)|\langle\sigma(2)|\hat{V}|\sigma(1)\rangle|\sigma(2)\rangle.$$

简单取 ϕ 为原子 1s 轨道，以上分子轨道法得到的分子键长为 0.72Å，键能为 5.0 eV，比起实验值 0.74 Å和 4.75 eV，结果虽然不十分完美，但也算足够好。分子轨道法的最大问题是分子永不解离。为考察根源，再稍作一些分析。因为 $\hat{H}$ 不含自旋，波函数的自旋部分只影响空间部分的对称性选择，所以略去。

$$
\begin{aligned}
|\Phi_{\mathrm{MO}}\rangle &\sim (\,|\phi_A(1)\rangle + |\phi_B(1)\rangle\,)(\,|\phi_A(2)\rangle + |\phi_B(2)\rangle\,)\\
&=|\phi_A(1)\rangle|\phi_A(2)\rangle + |\phi_B(1)\rangle|\phi_B(2)\rangle + |\phi_A(1)\rangle|\phi_B(2)\rangle + |\phi_B(1)\rangle|\phi_A(2)\rangle,
\end{aligned}
$$

此处末行的前二项表示两个电子在一个原子里，是 H^+—H^- 构象，后二项表示一个原子有一个电子，称为共价构象。在分子轨道法中，两种构象的比例定死，只适于分子平衡构象附近。在共价键 (VB) 理论中，只保留共价构象：$|\Psi_{\mathrm{VB}}\rangle = |\phi_A(1)\rangle|\phi_B(2)\rangle + |\phi_B(1)\rangle|\phi_A(2)\rangle$。其归一因子为 $\langle\Psi_{\mathrm{VB}}|\Psi_{\mathrm{VB}}\rangle = 2(1+|\langle\phi_A(1)|\phi_B(1)\rangle|^2) = 2(1+\Delta^2)$。除已有的 $\langle\phi_A(1)|\hat{h}_1|\phi_A(1)\rangle = K$, $\langle\phi_A(1)|\hat{h}_1|\phi_B(1)\rangle = J$ 外，再引入

$$
\langle\phi_B(2)|\langle\phi_A(1)|\hat{V}|\phi_A(1)\rangle|\phi_B(2)\rangle \equiv \tilde{K}, \quad \langle\phi_B(1)|\langle\phi_A(2)|\hat{V}|\phi_A(1)\rangle|\phi_B(2)\rangle \equiv \tilde{J},
$$

此处 $\tilde{K}$, $\tilde{J}$ 分别称为库仑积分和交换积分，则基态能为

$$
E_{\mathrm{gr}}^{\mathrm{VB}} = \frac{\langle\Psi_{\mathrm{VB}}|\hat{H}|\Psi_{\mathrm{VB}}\rangle}{\langle\Psi_{\mathrm{VB}}|\Psi_{\mathrm{VB}}\rangle} = 2\frac{K+\Delta J}{1+\Delta^2} + \frac{(\tilde{K}+\tilde{J})}{1+\Delta^2} + \frac{1}{R_{AB}}.
$$

上式右端三项中后二项为正，所以，仅剩第一项即单电子自能 K 和共振积分 J，可导致原子结合。如果 K 为主导，则称结合源于非局域化，如果 J 主导，则结合来自共振。

共价键理论可以正确解释解离现象。在平衡点附近其结果仍好得惊人：分子键长为 0.71Å，键能为 5.2eV。更为重要的是，此例展示了在发现理论的明显缺陷后如何修正和改善理论。

共价键理论可以推广到一般的多原子分子如水分子。分子波函数可写成空间波函数和自旋波函数的乘积：$|\Phi\rangle|\chi_{\mathrm{spin}}\rangle$。共价键理论假定 $|\Phi\rangle$ 可写成类原子轨道的乘积，例如，对于水分子，二氢原子各有一电子，氧原子有八电子，得

$$
|\Phi\rangle = |1\mathrm{s_{H1}}\rangle|1\mathrm{s_{H2}}\rangle|1\mathrm{s_O}\rangle|1\mathrm{s'_O}\rangle|2\mathrm{s_O}\rangle|2\mathrm{s'_O}\rangle|2\mathrm{p}_{x\mathrm{O}}\rangle|2\mathrm{p}'_{x\mathrm{O}}\rangle|2\mathrm{p}_{y\mathrm{O}}\rangle|2\mathrm{p}_{z\mathrm{O}}\rangle.
$$

但是，此波函数有两个主要毛病。首先，分子中的原子轨道应是杂化的，例如水的氧 sp^3 杂化：

$$
|\mathrm{sp}_i^3\rangle = c_{si}|2\mathrm{s}\rangle + c_{xi}|2\mathrm{p}_x\rangle + c_{yi}|2\mathrm{p}_y\rangle + c_{zi}|2\mathrm{p}_z\rangle.
$$

因此，更合适的水分子波函数应该用

$$
|\Phi\rangle = |1\mathrm{s_{H1}}\rangle|1\mathrm{s_{H2}}\rangle|1\mathrm{s_O}\rangle|1\mathrm{s'_O}\rangle|\mathrm{sp}^3_{1\mathrm{O}}\rangle\rangle|\mathrm{sp}^3_{1'\mathrm{O}}\rangle|\mathrm{sp}^3_{2\mathrm{O}}\rangle|\mathrm{sp}^3_{2'\mathrm{O}}\rangle|\mathrm{sp}^3_{3\mathrm{O}}\rangle|\mathrm{sp}^3_{4\mathrm{O}}\rangle.
$$

其次，到此为止波函数尚缺费米子应有的交换反对称性。此方面可参照关于斯莱特行列式的讨论。余下的步骤可参照上述的氢分子处理。

5.6 纠 缠 态

在二粒子的纠缠态中，每个粒子的状态无法独立地给定，二者被“绑定”在一起。纠缠态并不罕见。例如，η_0 介子可衰变为一对电性相反的 μ 子：$\eta_0 \to \mu^+ + \mu^-$。η_0 无自旋，静止的 η_0 无轨道角动量，μ 有自旋 $\frac{1}{2}$。衰变生成的两个 μ 反向飞行，无轨道角动量，自旋必定反向，形成如下单态：

$$|\Psi\rangle = \frac{1}{\sqrt{2}}(|+\rangle_1|-\rangle_2 + |-\rangle_1|+\rangle_2).$$

设粒子 1 和 2 的各自状态空间的基分别为 $\{|u_i\rangle\}$ 和 $\{|v_j\rangle\}$，则二粒子联合状态空间的基为粒子 1 和 2 状态基的直积或张量积：$\{|u_i\rangle \otimes |v_j\rangle\}$。二粒子的纠缠态是指不可能因子化为单粒子态的直积的二粒子态。例如，如下的可因子化态

$$\begin{aligned}&(a_1|u_1\rangle + a_2|u_2\rangle) \otimes (b_1|v_1\rangle + b_2|v_2\rangle)\\&\quad = a_1b_1|u_1\rangle \otimes |v_1\rangle + a_1b_2|u_1\rangle \otimes |v_2\rangle + a_2b_1|u_2\rangle \otimes |v_1\rangle + a_2b_2|u_2\rangle \otimes |v_2\rangle,\end{aligned}$$

不是纠缠态，而 $|u_1\rangle \otimes |v_1\rangle + |u_2\rangle \otimes |v_2\rangle$ 是纠缠态。假如存在因子化且不涉及如 $|u_3\rangle$ 或 $|v_3\rangle$ 这样的其他态，则要求 $a_1b_1 = a_2b_2 = 1$，$a_1b_2 = a_2b_1 = 0$，显然无法满足。引入 $|u_3\rangle$ 或 $|v_3\rangle$ 等也无济于事。

考虑二电子的沿 z 方向的自旋纠缠态 $|\uparrow\rangle \otimes |\downarrow\rangle + |\downarrow\rangle \otimes |\uparrow\rangle$，二电子自旋永远反向，存在关联。想象二电子彼此分离很远，地球上的某甲得到二电子之一，而月球上的某乙得到另一个。如果某甲测得自旋向上，则某甲的测量选中了纠缠态中叠加态的第一分量，月球上的某乙得到的电子必定自旋向下。有人提出“隐变量假说”，认为存在指示选择第一分量或第二分量的隐变量。1964 年贝尔指出，如果某甲和某乙能测量三个任意方向的自旋，则量子纠缠态预言的关联将不同于隐变量假说。精巧设计的量子纠缠态实验验证了贝尔的不等式关系，支持量子理论。

5.6.1 贝尔基

考虑两个自旋-$\frac{1}{2}$ 粒子的自旋态。为简化记号略去 $\otimes$。二自旋的态矢空间的非纠缠态基矢为

$$|+\rangle|+\rangle, \quad |+\rangle|-\rangle, \quad |-\rangle|+\rangle, \quad |-\rangle|-\rangle.$$

引入二自旋的归一纠缠态 $|\Phi_0\rangle=(|+\rangle|+\rangle+|-\rangle|-\rangle)/\sqrt{2}$，由之可生成 $|\Phi_i\rangle=(I\otimes\sigma_i)|\Phi_0\rangle$，即

$$|\Phi_0\rangle=\frac{1}{\sqrt{2}}(|+\rangle|+\rangle+|-\rangle|-\rangle),\quad |\Phi_1\rangle=\frac{1}{\sqrt{2}}(|+\rangle|-\rangle+|-\rangle|+\rangle),$$

$$|\Phi_2\rangle=\frac{\mathrm{i}}{\sqrt{2}}(|+\rangle|-\rangle-|-\rangle|+\rangle),\quad |\Phi_3\rangle=\frac{1}{\sqrt{2}}(|+\rangle|+\rangle-|-\rangle|-\rangle),$$

直接计算可证实 $\langle\Phi_0|\Phi_i\rangle=\delta_{i0}$。再由

$$(I\otimes\sigma_i)(I\otimes\sigma_j)=I\otimes\sigma_i\sigma_j=I\otimes(I\delta_{ij}+i\epsilon_{ijk}\sigma_k),$$

$$\to\ \langle\Phi_i|\Phi_j\rangle=\delta_{ij}\langle\Phi_0|\Phi_0\rangle+i\epsilon_{ijk}\langle\Phi_0|\Phi_k\rangle=\delta_{ij},$$

表明 $\{|\Phi_i\rangle\}_0^3$ 归一且两两正交，构成二自旋的态矢空间的一组完备基。此组纠缠态基矢称为贝尔基矢。在贝尔基中，二自旋的非纠缠态基矢为

$$|+\rangle_A|+\rangle_B=\frac{1}{\sqrt{2}}(|\Phi_0\rangle+|\Phi_3\rangle),\quad |-\rangle_A|-\rangle_B=\frac{1}{\sqrt{2}}(|\Phi_0\rangle-|\Phi_3\rangle),$$

$$|+\rangle_A|-\rangle_B=\frac{1}{\sqrt{2}}(|\Phi_1\rangle-\mathrm{i}|\Phi_2\rangle),\quad |-\rangle_A|+\rangle_B=\frac{1}{\sqrt{2}}(|\Phi_1\rangle+\mathrm{i}|\Phi_2\rangle).$$

值得指出，泡利矩阵是幺正的，对应于幺正算符，其实验上的实现，可由施加确定方向的一定大小的磁场一定时间来完成。

设 $\{|u_i\rangle\}$ 为一组正交归一完备基。根据量子力学基本原理，算符 $|u_i\rangle\langle u_i|$ 作用于状态 $|\Psi\rangle$，给出测量 $|\Psi\rangle$ 得基矢态 $|u_i\rangle$ 的概率：$P(i)=|\langle u_i|\Psi\rangle|^2$，测量后状态由 $|\Psi\rangle$ 变为 $|u_i\rangle$。如同二自旋态，考虑 $\Psi\in V_A\otimes V_B$。设 V_A,V_B 分别有正交归一完备基 $\{|u_i\rangle\},\{|v_i\rangle\}$，$|\Psi\rangle=\sum\limits_{i,j}c_{ij}|u_i\rangle|v_j\rangle$。如果观察者甲只关心 V_A，用算符 $(|u_i\rangle\langle u_i|)\otimes I$ 作用于状态 $|\Psi\rangle$，测量 $|\Psi\rangle$ 处于基矢态 $|u_i\rangle$ 的概率 $P(i)$，则

$$P(i)=\langle V_i|_B|V_i\rangle_B,\quad |V_i\rangle_B\equiv\sum_j c_{ij}|v_j\rangle.$$

此为“部分测量”。测量后体系状态由 $|\Psi\rangle$ 变为 $|u_i\rangle|V_i\rangle$。以上讨论可推广至更多粒子的状态和测量。

5.6.2 量子传态

设想某甲拥有自旋-$\frac{1}{2}$ 粒子的自旋态：$|\Psi\rangle=\alpha|+\rangle+\beta|-\rangle$，即一个 q-比特，他试图将该状态传给远处的某乙。根据量子“不可克隆”原理，甲不可能直接复制该状态然后传给乙。获得 α,β 须作多次测量，一次测量毫无用处。

利用纠缠态，甲可以传态给乙，即量子传态。额外的一对纠缠粒子允许传态一个 q-比特。用 $|\Psi\rangle_C$ 标记上述的 q-比特态，即以下标 C 标记相应粒子，额外的一对粒子为 A 和 B。A 和 B 的纠缠态与 q-比特先形成联合态。甲拥有检测纠缠态 $|\Phi_\mu\rangle_{AC}$，$(\mu=0,1,2,3)$ 的探测器。如果探测到 μ 贝尔态，则告知乙。乙拥有粒子 B 及标号为 $0,1,2,3$ 的四个装置，装置 0 不操作，其余装置 i 则施加 σ_i。如果甲探测到 μ 贝尔态，则乙将粒子 B 送入装置 μ。从装置出来的 $|\Psi\rangle_B$ 将重现 q-比特 (如图 5.1)。以下给出证明。

设纠缠的 AB 态为 $|\Phi_0\rangle_{AB}=\dfrac{1}{\sqrt{2}}(|+\rangle_A|+\rangle_B+|-\rangle_A|-\rangle_B)$，$A$ 传甲方而 B 传乙方。A,B,C 的联合态为

$$
\begin{aligned}
|\Phi_0\rangle_{AB}\otimes|\Psi\rangle_C=&\frac{1}{\sqrt{2}}\left(|+\rangle_A|+\rangle_B+|-\rangle_A|-\rangle_B\right)\left(\alpha|+\rangle_C+\beta|-\rangle_C\right)\\
=&\frac{1}{\sqrt{2}}(\alpha|+\rangle_A|+\rangle_C|+\rangle_B+\beta|-\rangle_A|-\rangle_C|-\rangle_B\\
&+\alpha|-\rangle_A|+\rangle_C|-\rangle_B+\beta|+\rangle_A|-\rangle_C|+\rangle_B)\\
=&\frac{1}{2}\left[(|\Phi_0\rangle_{AC}+|\Phi_3\rangle_{AC})\alpha|+\rangle_B+(|\Phi_0\rangle_{AC}-|\Phi_3\rangle_{AC})\beta|-\rangle_B\right.\\
&\left.+(|\Phi_1\rangle_{AC}-\mathrm{i}|\Phi_2\rangle_{AC})\beta|+\rangle_B+(|\Phi_1\rangle_{AC}+\mathrm{i}|\Phi_2\rangle_{AC})\alpha|-\rangle_B\right]\\
=&\frac{1}{2}\left[|\Phi_0\rangle_{AC}(\alpha|+\rangle_B+\beta|-\rangle_B)+|\Phi_1\rangle_{AC}(\alpha|-\rangle_B+\beta|+\rangle_B)\right.\\
&\left.+|\Phi_2\rangle_{AC}(\mathrm{i}\alpha|-\rangle_B-\mathrm{i}\beta|+\rangle_B)+|\Phi_3\rangle_{AC}(\alpha|+\rangle_B-\beta|-\rangle_B)\right]\\
=&\frac{1}{2}\left[|\Phi_0\rangle_{AC}\otimes|\Psi\rangle_B+|\Phi_1\rangle_{AC}\otimes\sigma_1|\Psi\rangle_B\right.\\
&\left.+|\Phi_2\rangle_{AC}\otimes\sigma_2|\Psi\rangle_B+|\Phi_3\rangle_{AC}\otimes\sigma_3|\Psi\rangle_B\right].
\end{aligned}
$$

以上单粒子态带下标，所以顺序可动，不至导致混淆。约定 $\sigma_0=I$。上式表明如果甲检测到贝尔态 $|\Phi_\mu\rangle_{AC}$，则 B 态变为 $\sigma_\mu|\Psi\rangle_B$。乙将粒子 B 送入装置 μ 是对之施加 σ_μ，结果从装置出来的确是 $|\Psi\rangle_B$。

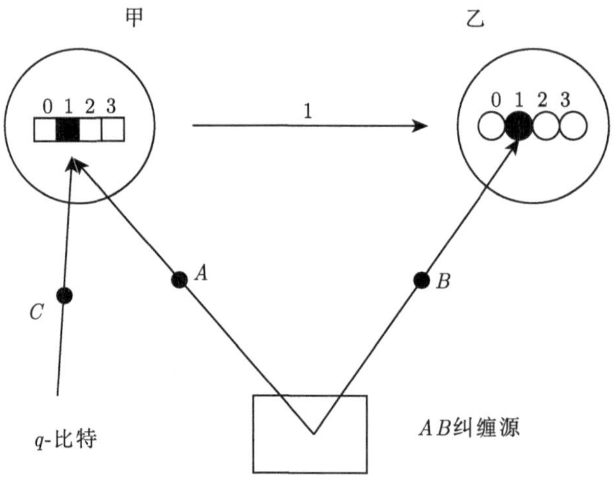

图 5.1　量子传态示意图。来自纠缠 AB 源的纠缠态与 C 的 q-比特形成联合态。甲的探测器检测到纠缠态 $|\Phi_1\rangle_{AC}$，甲告知乙让 B 粒子进入装置 1，出装置 1 的 B 粒子态重现 C 的 q-比特

上述过程中，甲获得某个 $|\Phi_\mu\rangle_{AC}$，并无关于 α,β 或 q-比特的信息，此时原先的 $|\Psi\rangle_C$ 已破坏，未被复制。上面的数学推导的结果，可归纳为如下恒等式：

$$|\Phi_0\rangle_{AB}\otimes|\Psi\rangle_C=\frac{1}{2}\sum_{i=0}^{3}|\Phi_i\rangle_{AC}\otimes\sigma_i|\Psi\rangle_B.$$

此三粒子态恒等式对任意的 $|\Psi\rangle$ 成立。

5.6.3　贝尔不等式

前面所举的 η_0 介子衰变得到的纠缠态，它是转动不变的，所以对于任意取向 $\boldsymbol{n}$ 的基，态的表示不变：

$$|\Psi\rangle=\frac{1}{\sqrt{2}}\left(|\boldsymbol{n};+\rangle_1|\boldsymbol{n};-\rangle_2+|\boldsymbol{n};-\rangle_1|\boldsymbol{n};+\rangle_2\right).$$

记 $P(\boldsymbol{a},\boldsymbol{b})$ 为处于态 $|\boldsymbol{a};+\rangle_1|\boldsymbol{b};+\rangle_2$ 的概率。为计算此概率，可在上式选 $\boldsymbol{n}=\boldsymbol{a}$ 表示 $|\Psi\rangle$，则

$$P(\boldsymbol{a},\boldsymbol{b})=|\,{}_1\langle\boldsymbol{a};+|_2\langle\boldsymbol{b};+|\Psi\rangle\,|^2=\frac{1}{2}\,|\langle\boldsymbol{b};+|\boldsymbol{a};-\rangle|^2=\frac{1}{2}\sin^2\left(\frac{1}{2}\theta_{ab}\right).\tag{5-12}$$

此处 θ_{ab} 为矢量 $\boldsymbol{a},\boldsymbol{b}$ 间的夹角，最后一步用到式 (5-7) 中取 z-轴沿 $\boldsymbol{a}$ 时 $|+\rangle_{\boldsymbol{b}}$ 的表

达式。检验上式正确性的简单特例是，取 $\boldsymbol{a}=-\boldsymbol{b}$，则 $\theta_{ab}=\pi$，$P(\boldsymbol{a},-\boldsymbol{a})=\dfrac{1}{2}$，正如所料。根据上式，应有 $P(\boldsymbol{n}_z,\boldsymbol{n}_x)=\dfrac{1}{2}\sin^2 45^\circ=\dfrac{1}{4}$。

爱因斯坦、波多尔斯基和罗森 (EPR) 主张“局域性原则”，认为：(1) 可观测量的观测值是状态的属性；(2) 某处的测量值不应依赖于远处的任何同时测量。量子测量改变状态，即波函数变到本征态，违背了第一条。第二条从直觉上看很自然，但量子力学似乎也违背了。

在 EPR 看来，纠缠态不过是一对粒子的特定自旋态，如果有如下的粒子对的大系综，则可重现量子测量结果：系综中一半粒子对之中的粒子 1 的自旋相对于 z-轴向上而粒子 2 的自旋向下，另一半粒子对中的粒子自旋则反过来。例如，$P(\boldsymbol{n}_z,-\boldsymbol{n}_z)=1/2$ 可以得到解释。对 EPR 的挑战是更复杂的测量。只考虑粒子对的单次粒子自旋测量，不多次测量单个粒子的自旋。如果测得粒子 1 沿 z-轴的自旋为正，而沿 x-轴的自旋为负，则记该粒子属性为 $(\boldsymbol{n}_z,-\boldsymbol{n}_x)_1$。于是，EPR 要求系综具有以下四属性的比例各为 1/4

$$(\boldsymbol{n}_z,\boldsymbol{n}_x)_1\,(-\boldsymbol{n}_z,-\boldsymbol{n}_x)_2,\quad (\boldsymbol{n}_z,-\boldsymbol{n}_x)_1\,(-\boldsymbol{n}_z,\boldsymbol{n}_x)_2,$$

$$(-\boldsymbol{n}_z,\boldsymbol{n}_x)_1\,(\boldsymbol{n}_z,-\boldsymbol{n}_x)_2,\quad (-\boldsymbol{n}_z,-\boldsymbol{n}_x)_1\,(\boldsymbol{n}_z,\boldsymbol{n}_x)_2.$$

显然，该系综具有量子单态要求的完全关联，即粒子对中二粒子的自旋相反。上式第 1、2 两项贡献 $P(\boldsymbol{n}_z,-\boldsymbol{n}_z)=1/2$，上式仅第 2 项贡献 $P(\boldsymbol{n}_z,\boldsymbol{n}_x)=1/4$，也与量子测量一致。但是，一旦考虑三方向属性如 $(\boldsymbol{a},\boldsymbol{b},\boldsymbol{c})_1$，则出现麻烦。此时有 8 种情形：

$$N_1:\ (\boldsymbol{a},\boldsymbol{b},\boldsymbol{c})_1,\ N_2:\ (\boldsymbol{a},\boldsymbol{b},-\boldsymbol{c})_1,\ N_3:\ (\boldsymbol{a},-\boldsymbol{b},\boldsymbol{c})_1,\ N_4:\ (\boldsymbol{a},-\boldsymbol{b},-\boldsymbol{c})_1,$$

$$N_5:\ (-\boldsymbol{a},\boldsymbol{b},\boldsymbol{c})_1,\ N_6:\ (-\boldsymbol{a},\boldsymbol{b},-\boldsymbol{c})_1,\ N_7:\ (-\boldsymbol{a},-\boldsymbol{b},\boldsymbol{c})_1,\ N_8:\ (-\boldsymbol{a},-\boldsymbol{b},-\boldsymbol{c})_1,$$

此处因二粒子存在自旋相反的完全关联，只列粒子 1 的自旋三方向属性，N_i 为 EPR 系综的 i 属性比例。现在根据 EPR，应有

$$P(\boldsymbol{a},\boldsymbol{b})=N_3+N_4,\ P(\boldsymbol{a},\boldsymbol{c})=N_2+N_4,\ P(\boldsymbol{c},\boldsymbol{b})=N_3+N_7,$$

$$N_3+N_4\leqslant N_3+N_7+N_2+N_4,\quad \rightarrow\ P(\boldsymbol{a},\boldsymbol{b})\leqslant P(\boldsymbol{a},\boldsymbol{c})+P(\boldsymbol{c},\boldsymbol{b}).$$

根据量子力学，由式 (5-12)，上式意味着如下的贝尔不等式：

$$\sin^2\left(\frac{1}{2}\theta_{ab}\right)\leqslant\sin^2\left(\frac{1}{2}\theta_{ac}\right)+\sin^2\left(\frac{1}{2}\theta_{cb}\right).$$

但是，对于多种的角度选择，上式不成立。例如，取 $\theta_{ab}=2\theta$，$\theta_{ac}=\theta_{cb}=\theta$，上式退化为 $\sin^2\theta\leqslant 2\sin^2(\theta/2)$，只要 $\theta<\pi$ 就不满足。实验结果违背贝尔不等式，因而，EPR 的局域性原则不成立。

5.7　维格纳分布和魏耳变换

经典粒子具有确定的位置和动量，其状态由相空间中的点表示。在统计力学中，粒子在相空间中特定点的概率由一个概率分布决定。由于不确定性关系，这种描述不适于量子粒子。1932 年维格纳提出一个准概率分布，充当此角色。维格纳分布 $P(x,p)$ 定义如下：

$$P(x,p)\equiv\frac{1}{\pi\hbar}\int_{-\infty}^{\infty}\psi^*(x+y)\psi(x-y)\mathrm{e}^{2\mathrm{i}py/\hbar}\,\mathrm{d}y \tag{5-13}$$

其中 $\psi(x)$ 为波函数，x 和 p 为位置和动量，但也可以是任何共轭变量对，如时间信号分析中的频率和时间。维格纳分布也可以写成

$$P(x,p)\equiv\frac{1}{\pi\hbar}\int_{-\infty}^{\infty}\phi^*(p+k)\phi(p-k)\mathrm{e}^{-2\mathrm{i}kx/\hbar}\,\mathrm{d}k,$$

此处 $\phi(p)$ 为动量表象波函数。对照 $\psi^*(x+y)\psi(x-y)=\langle x-y|\psi\rangle\langle\psi|x+y\rangle$，可将 $|\psi\rangle\langle\psi|$ 替换为包含混合态的一般密度算符 $\hat{\rho}$，维格纳分布推广为

$$P(x,p)=\frac{1}{\pi\hbar}\int_{-\infty}^{\infty}\langle x-y|\hat{\rho}|x+y\rangle\mathrm{e}^{2\mathrm{i}py/\hbar}\,\mathrm{d}y.$$

维格纳变换是密度矩阵 $\hat{\rho}$ 到相空间函数 $P(x,p)$ 的映射。它可写成如下的对称形式：

$$P_\rho(x,p)=\frac{1}{(2\pi)^2}\int\mathrm{d}s\int\mathrm{d}t\,\mathrm{Tr}\left[\hat{\rho}\mathrm{e}^{\mathrm{i}(s\hat{x}+t\hat{p})}\right]\mathrm{e}^{-\mathrm{i}(sx+tp)}, \tag{5-14}$$

含一个带算符的傅里叶变换和一个普通的反傅里叶变换，其中 $\mathrm{Tr}\left[\hat{\rho}\mathrm{e}^{\mathrm{i}(s\hat{x}+t\hat{p})}\right]$ 可称为量子特征函数。

引入 $I(\lambda)=\mathrm{e}^{A(\lambda)}\mathrm{e}^{\lambda s\hat{x}}\mathrm{e}^{\lambda t\hat{p}}$，此处 $A(\lambda)$ 非算符，且 $A(0)=0$，则 $I(0)=1$，$I'=A'I+s\hat{x}I+tI\hat{p}$。利用 $\mathrm{e}^{s\lambda\hat{x}}\hat{p}\mathrm{e}^{-s\lambda\hat{x}}=\mathrm{e}^{[s\lambda\hat{x},\ ]}\hat{p}=\hat{p}+\mathrm{i}s\hbar\lambda$，可得

$$I\hat{p}=\mathrm{e}^{A(\lambda)}\mathrm{e}^{s\lambda\hat{x}}\mathrm{e}^{t\lambda\hat{p}}\hat{p}=\mathrm{e}^{A(\lambda)}\mathrm{e}^{s\lambda\hat{x}}\hat{p}\mathrm{e}^{t\lambda\hat{p}}=\mathrm{e}^{A(\lambda)}[\hat{p}+\mathrm{i}s\hbar\lambda]\mathrm{e}^{s\lambda\hat{x}}\mathrm{e}^{t\lambda\hat{p}}=\hat{p}I+\mathrm{i}s\hbar\lambda I.$$

如果取 $A(\lambda)=-\mathrm{i}st\hbar\lambda^2/2$，有 $A'+\mathrm{i}st\hbar\lambda=0$，则此时 $I'=(s\hat{x}+t\hat{p})I$，得 I 的另一表达式 $I=\mathrm{e}^{\lambda(s\hat{x}+t\hat{p})}$。对照前一表达式，得 $\mathrm{e}^{\lambda(s\hat{x}+t\hat{p})}=\mathrm{e}^{-\mathrm{i}st\hbar\lambda^2/2}\mathrm{e}^{s\lambda\hat{x}}\mathrm{e}^{t\lambda\hat{p}}$。类似地，可证 $\mathrm{e}^{\lambda(s\hat{x}+t\hat{p})}=\mathrm{e}^{\mathrm{i}st\hbar\lambda^2/2}\mathrm{e}^{t\lambda\hat{p}}\mathrm{e}^{s\lambda\hat{x}}$。令 $\lambda=\mathrm{i}$，得

$$\mathrm{e}^{\mathrm{i}(s\hat{x}+t\hat{p})}=\mathrm{e}^{\mathrm{i}st\hbar/2}\mathrm{e}^{\mathrm{i}s\hat{x}}\mathrm{e}^{\mathrm{i}t\hat{p}}=\mathrm{e}^{-\mathrm{i}st\hbar/2}\mathrm{e}^{\mathrm{i}t\hat{p}}\mathrm{e}^{\mathrm{i}s\hat{x}}. \tag{5-15}$$

在坐标表象中，对任意的 $\psi(x)$ 有 $\mathrm{e}^{\mathrm{i}t\hat{p}}\psi(x)=\mathrm{e}^{t\hbar\mathrm{d}/\mathrm{d}x}\psi(x)=\psi(x+t\hbar)$，可用狄拉克记号写作

$$\langle x|\mathrm{e}^{\mathrm{i}t\hat{p}}|\psi\rangle=\langle x+t\hbar|\psi\rangle,\quad\rightarrow\ \langle x|\mathrm{e}^{\mathrm{i}t\hat{p}}=\langle x+t\hbar|,$$

进而，$\mathrm{e}^{-\mathrm{i}t\hat{p}}|x\rangle=|x+t\hbar\rangle$，作替换 $t\rightarrow -t$，可写 $\mathrm{e}^{\mathrm{i}t\hat{p}}|x\rangle=|x-t\hbar\rangle$。利用式 (5-15)，可得

$$\mathrm{e}^{\mathrm{i}(s\hat{x}+t\hat{p})}|y\rangle=\mathrm{e}^{\mathrm{i}st\hbar/2}\mathrm{e}^{\mathrm{i}s\hat{x}}\mathrm{e}^{\mathrm{i}t\hat{p}}|y\rangle=\mathrm{e}^{\mathrm{i}s(y-t\hbar/2)}|y-t\hbar\rangle.$$

于是，可在坐标表象下计算式 (5-14)：

$$\begin{aligned}P(x,p)&=\frac{1}{(2\pi)^2}\int\mathrm{d}s\int\mathrm{d}t\int\mathrm{d}y\ \left\langle y\left|\hat{\rho}\mathrm{e}^{\mathrm{i}(s\hat{x}+t\hat{p})}\right|y\right\rangle\mathrm{e}^{-\mathrm{i}(sx+tp)}\\&=\frac{1}{(2\pi)^2}\int\mathrm{d}s\int\mathrm{d}t\int\mathrm{d}y\ \left\langle y\left|\hat{\rho}\mathrm{e}^{\mathrm{i}s(y-t\hbar/2-x)}\right|y-t\hbar\right\rangle\mathrm{e}^{-\mathrm{i}tp}\\&=\frac{1}{2\pi}\int_{-\infty}^{\infty}\left\langle x+\frac{1}{2}t\hbar\right|\hat{\rho}\left|x-\frac{1}{2}t\hbar\right\rangle\mathrm{e}^{-\mathrm{i}tp}\,\mathrm{d}t.\end{aligned}$$

对于纯态 $\hat{\rho}=|\psi\rangle\langle\psi|$，有

$$P(x,p)=\frac{1}{2\pi}\int_{-\infty}^{\infty}\psi^*\left(x-t\hbar/2\right)\psi\left(x+t\hbar/2\right)\mathrm{e}^{-\mathrm{i}tp}\,\mathrm{d}t.$$

作变换 $\hbar t\rightarrow 2y$，上式即化为式 (5-13)。

维格纳分布有如下的主要数学性质。

(1) $P(x,p)$ 是实的。

(2) x 和 p 的概率分布由边缘决定：

$$\int_{-\infty}^{\infty} \mathrm{d}p\, P(x,p) = \langle x|\hat{\rho}|x\rangle, \quad \int_{-\infty}^{\infty} \mathrm{d}x\, P(x,p) = \langle p|\hat{\rho}|p\rangle, \quad \int_{-\infty}^{\infty} \mathrm{d}x \int_{-\infty}^{\infty} \mathrm{d}p\, P(x,p) = \mathrm{Tr}(\hat{\rho}).$$

通常密度算符 $\hat{\rho}$ 的迹为 1。

(3) $P(x,p)$ 的反演对称性包括：

- 时间对称性：$\psi(x) \to \psi^*(x) \Rightarrow P(x,p) \to P(x,-p)$
- 空间对称性：$\psi(x) \to \psi(-x) \Rightarrow P(x,p) \to P(-x,-p)$

(4) $P(x,p)$ 有伽利略协变性：$\psi(x) \to \psi(x+y) \Rightarrow P(x,p) \to P(x+y,p)$，但不是洛伦兹协变的。

(5) 波函数的重叠积分：$|\langle\psi|\chi\rangle|^2 = 2\pi\hbar \int_{-\infty}^{\infty} \mathrm{d}x \int_{-\infty}^{\infty} \mathrm{d}p\, P_\psi(x,p) P_\chi(x,p)$，此处 P_ψ 是对应于 $\hat{\rho} = |\psi\rangle\langle\psi|$ 的维格纳分布。一般地，

$$|\langle\psi|\hat{\rho}\psi\rangle|^2 = 2\pi\hbar \int_{-\infty}^{\infty} \mathrm{d}x \int_{-\infty}^{\infty} \mathrm{d}p\, P_\psi(x,p) P_\rho(x,p).$$

记 $\alpha = v + \mathrm{i}u$，相干态 $|\alpha\rangle$ 及其维格纳分布为

$$\psi_\alpha(x) = \pi^{-\frac{1}{4}} \mathrm{e}^{-\frac{1}{2}\alpha^2 - \alpha^*\alpha}\, \mathrm{e}^{-\frac{1}{2}x^2 + \sqrt{2}\alpha x}, \quad P_\alpha(x,p) = \frac{1}{\pi} \mathrm{e}^{-\left(x-\sqrt{2}v\right)^2 - \left(p-\sqrt{2}u\right)^2}.$$

一般分布与相干态重叠的维格纳分布是如下的伏见分布：

$$\begin{aligned} P(v,u) \equiv Q(\alpha) = & \langle\alpha|\hat{\rho}|\alpha\rangle = \frac{1}{2\pi} \int P(x,p) P_\alpha(x,p)\, \mathrm{d}x\, \mathrm{d}p \\ = & \frac{1}{2\pi} \int P(x,p) \mathrm{e}^{-\left(x-\sqrt{2}v\right)^2 - \left(p-\sqrt{2}u\right)^2}\, \mathrm{d}x\, \mathrm{d}p. \end{aligned}$$

维格纳分布不保证处处为正。然而，伏见分布作为高斯粗拉化的维格纳分布，处处非负且归一，虽不直接给出位形空间和动量空间中的概率分布，但仍可用作描述量子体系的相空间概率分布。

在式 (5-14) 中将密度算符 $\hat{\rho}$ 替换为一般算符 $\hat{G}$，可得如下的维格纳变换：

$$g(x,p) = \frac{1}{(2\pi)^2} \int \mathrm{d}s \mathrm{d}t\, \mathrm{Tr}\left[\hat{G} \mathrm{e}^{\mathrm{i}(s\hat{x}+t\hat{p})}\right] \mathrm{e}^{-\mathrm{i}(sx+tp)}.$$

它将希尔伯特空间算符映射为相空间函数，维格纳分布是其特例。它是魏耳 1927 年提出的一个变换的逆变换。魏耳变换即所谓的魏耳量子化为

$$\hat{G} = \frac{1}{(2\pi)^2} \int \mathrm{d}s \mathrm{d}t \mathrm{d}x \mathrm{d}p\, g(x,p) \mathrm{e}^{\mathrm{i}(s\hat{x}+t\hat{p})} \mathrm{e}^{-\mathrm{i}(sx+tp)},$$

$$\langle x|\ \hat{G}\ |y\rangle = \int_{-\infty}^{\infty} \frac{\mathrm{d}p}{h}\ \mathrm{e}^{\mathrm{i}p(x-y)/\hbar} g\left(\frac{x+y}{2}, p\right).$$

它将经典相空间函数映射到量子算符。量子力学中的维格纳–魏耳变换是相空间函数与薛定谔绘景算符之间的可逆映射。特别地，$\hat{G}$ 的期望值是维格纳变换的“相空间平均”:

$$\langle \hat{G} \rangle = \int \mathrm{d}x\, \mathrm{d}p\, P(x,p) g(x,p).$$

狄拉克最早讨论了将经典力学量映射为量子算符的问题，他认为除了应将 1 映射为单位算符外，应将经典泊松括号映射为量子算符对易子。后来知道，经典正则变换不对应量子等价性。

维格纳分布是量子力学在相空间的基石。维格纳分布是否出现负值，可作为方便的指标指示量子波干涉。不过，负值的区域不会延伸几个 $\hbar$ 以外。维格纳分布在其他领域特别是经典光学和信号处理中也很有用，它与信号分析中的小波分析关系密切。

5.8 电子的狄拉克方程

到此为止的薛定谔方程 $\mathrm{i}\hbar\partial\Psi/\partial t = \hat{H}\Psi$ 不是相对论协变的。前面提到，相对论 4-动量为 $(\mathrm{i}E/c, \boldsymbol{p})$，其模方为 $-\mu^2c^2$，此处 $E = \mu c^2/\sqrt{1-v^2/c^2}$。变换 $E \to \mathrm{i}\hbar\partial/\partial t$, $\boldsymbol{p} \to -\mathrm{i}\hbar\nabla$ 下，4-动量算符给出方程

$$\left(\nabla^2 - \frac{1}{c^2}\frac{\partial^2}{\partial t^2}\right)\Psi = \frac{\mu^2c^2}{\hbar^2}\Psi.$$

它含时间的二阶导数，称为克莱因–高登方程，是相对论协变的，但它不含泡利矩阵，只能描写自旋为零的粒子。

对于 4-动量模，狄拉克提出可因子化假定:

$$\nabla^2 - \frac{1}{c^2}\frac{\partial^2}{\partial lt^2} = \left(\boldsymbol{\gamma}\cdot\nabla + \frac{\mathrm{i}\gamma_0}{c}\frac{\partial}{\partial t}\right)^2.$$

此处 $\boldsymbol{\gamma}, \gamma_0$ 为与坐标和动量无关的算符。于是，可写

$$\left(\boldsymbol{\gamma}\cdot\nabla + \frac{\mathrm{i}\gamma_0}{c}\frac{\partial}{\partial t}\right)\Psi = \frac{\mu c}{\hbar}\Psi. \tag{5-16}$$

引入 $\partial_0 \equiv \partial/c\partial t$，可因子化假定意味着：

$$\nabla^2 - \partial_0^2 = (\boldsymbol{\gamma}\cdot\nabla + \mathrm{i}\gamma_0\partial_0)^2 = (\boldsymbol{\gamma}\cdot\nabla)^2 - \gamma_0^2\partial_0^2 + \mathrm{i}(\boldsymbol{\gamma}\cdot\nabla)(\gamma_0\partial_0) + \mathrm{i}(\gamma_0\partial_0)(\boldsymbol{\gamma}\cdot\nabla),$$

于是，

$$\gamma_x^2 = \gamma_y^2 = \gamma_z^2 = 1,\ \gamma_0^2 = 1,\quad \gamma_x\gamma_y + \gamma_y\gamma_x = 0,\ \gamma_y\gamma_z + \gamma_z\gamma_y = 0,\ \gamma_z\gamma_x + \gamma_x\gamma_z = 0,$$

$$\gamma_x\gamma_0 + \gamma_0\gamma_x = 0,\ \gamma_y\gamma_0 + \gamma_0\gamma_y = 0,\ \gamma_z\gamma_0 + \gamma_0\gamma_z = 0.$$

即 $\gamma_x, \gamma_y, \gamma_z, \gamma_0$ 是四个相互反对易的算符，其平方均为 1，所以本征值为 ± 1。此四个矩阵的反对易约束太多，二阶矩阵自由度不够，四阶则可以，在不同基中有不同形式，最常见的形式为：$\boldsymbol{\gamma} = -\sigma_y \otimes \boldsymbol{\sigma}$，$\gamma_0 = \sigma_z \otimes I$，即

$$\gamma_0 = \begin{pmatrix} I & \boldsymbol{0} \\ \boldsymbol{0} & -I \end{pmatrix}, \qquad \boldsymbol{\gamma} = \mathrm{i}\begin{pmatrix} \boldsymbol{0} & \boldsymbol{\sigma} \\ -\boldsymbol{\sigma} & \boldsymbol{0} \end{pmatrix},$$

此处的 $\boldsymbol{\sigma}$ 是泡利矩阵，满足

$$\sigma_i\sigma_j = \delta_{ij}I + \mathrm{i}\varepsilon_{ijk}\sigma_k, \quad (\boldsymbol{a}\cdot\boldsymbol{\sigma})(\boldsymbol{b}\cdot\boldsymbol{\sigma}) = (\boldsymbol{a}\cdot\boldsymbol{b})I + \mathrm{i}(\boldsymbol{a}\times\boldsymbol{b})\cdot\boldsymbol{\sigma}. \tag{5-17}$$

文献中常见的狄拉克方程另一形式，相当于式 (5-16) 两边乘以 γ_0，为

$$\left(\mathrm{i}\hbar\boldsymbol{\alpha}\cdot\nabla + \frac{1}{c}\,\mathrm{i}\hbar\frac{\partial}{\partial t}\right)\Psi = \beta\mu c\Psi, \quad \rightarrow \ (\mathrm{i}c\hbar\boldsymbol{\alpha}\cdot\nabla + E)\,\Psi = \beta\mu c^2\Psi. \tag{5-18}$$

所以，两套矩阵的关系为 $(\boldsymbol{\gamma},\ \gamma_0) = (\mathrm{i}\gamma_0\boldsymbol{\alpha},\ \beta)$，$\boldsymbol{\alpha} = -\mathrm{i}\gamma_0\boldsymbol{\gamma} = \sigma_x \otimes \boldsymbol{\sigma}$。

考虑电子在电磁场中，设 4-电磁势为 $(i\varphi/c, \boldsymbol{A})$，由第三节讨论的代换 $E \rightarrow E + e\varphi$，$\boldsymbol{p} \rightarrow \boldsymbol{p} + e\boldsymbol{A}$，得对应于式 (5-18) 的方程：

$$\left[-c\boldsymbol{\alpha}\cdot(\boldsymbol{p} + e\boldsymbol{A}) + (E + e\varphi) - \beta\mu c^2\right]\Psi = 0. \tag{5-19}$$

此方程有四分量形式，但可写作如下的两个二分量方程：

$$(E + e\varphi)\psi_+ - c\boldsymbol{\sigma}\cdot(\boldsymbol{p} + e\boldsymbol{A})\psi_- = \mu c^2\psi_+, \quad -(E + e\varphi)\psi_- + c\boldsymbol{\sigma}\cdot(\boldsymbol{p} + e\boldsymbol{A})\psi_+ = \mu c^2\psi_-,$$

假设外场很弱，且电子为非相对论性：$E + e\varphi \approx \mu c^2$，$\boldsymbol{p} \approx \mu\boldsymbol{v}$，则第二方程可写作 $\psi_- \approx \boldsymbol{\sigma}\cdot(\boldsymbol{p} + e\boldsymbol{A})\psi_+/2\mu c \sim v/c$，是小量，将之代入第一方程，得

$$(E - \mu c^2)\psi_+ = \frac{1}{2\mu}[\boldsymbol{\sigma}\cdot(\boldsymbol{p} + e\boldsymbol{A})]^2\psi_+ - e\varphi\,\psi_+.$$

此处左边算符只是移动了一个静止能的经典能，所以，右边算符可看作哈密顿算符，展开后得

$$\hat{H}=\frac{1}{2\mu}(\boldsymbol{p}+e\boldsymbol{A})^2-e\varphi+\frac{e\hbar}{2\mu}\boldsymbol{\sigma}\cdot\boldsymbol{B}.$$

此处已用到式 (5-17)，$\boldsymbol{B}=\nabla\times\boldsymbol{A}$，以及对于任意函数 f 有 $(\nabla\times\boldsymbol{A}+\boldsymbol{A}\times\nabla)f=(\nabla\times\boldsymbol{A})f+(\nabla f)\times\boldsymbol{A}+\boldsymbol{A}\times(\nabla f)=(\nabla\times\boldsymbol{A})f$。于是，从狄拉克方程导出了泡利的自旋唯象理论，且得到正确的 $g=2$ 因子。

另外，从狄拉克的可因子化假定知道，对应于每个电子正能级，就有负能级，但是实验上电子无法带有负能量。狄拉克假设负能级是已被占据的无限负能电子海，电子无法跳入，但电子海的电子可激发成正能电子，此时的正能电子和电子海留下的“空穴”可被观察。此空穴解释预言了反粒子的存在，1932 年安德森的确发现了正电子。更自然的解释留待量子场论。

第 6 章 量子路径积分

量子力学有三种等价表述。前面介绍过薛定谔方程的微分表述和海森伯的矩阵代数表述，本章介绍费曼的路径积分表述。微分方程时常被用来表述物理定律。哈密顿原理用积分方程来表述物理系统的运动。量子力学的路径积分表述，是从经典力学的作用原理延伸而来对量子物理的一种概括和公式化，提供经典力学到量子力学的最直接过渡。为此，先回顾经典力学，然后再介绍路径积分。路径积分表述的基本思想可以追溯到维纳，他用之描写扩散和布朗运动。薛定谔方程在数学形式上是虚扩散系数的扩散方程，而路径积分表述是描述并计算所有可能路径的相位影响，建立量子力学。

6.1 经典力学回顾

本章除介绍量子力学的路径积分表述之外，着重从路径积分出发，基于变分原理探讨量子与经典的对应。拉格朗日力学以时间为独立变量，而哈密顿–雅可比力学以能量为独立变量。二者的区别在量子力学中重要。力学中的路径是任何坐标连续函数 $q(\tau)$，其中 τ 为从初值 t_0 变到终值 t_1 的时间变量，记 $q(t_0)=q_0$，$q(t_1)=q_1$。轨道是运动方程的解，所以对于特定的初值 (t_0,q_0) 和终值 (t_1,q_1)，轨道未必存在，也未必唯一。周期轨道满足 $q_0=q_1, p_0=p_1$，在经典–量子过渡中扮演关键角色。经典力学只循轨道从 (t_0,q_0) 到 (t_1,q_1)。在量子力学中，从 (t_0,q_0) 到 (t_1,q_1) 的所有路径均有贡献。

6.1.1 哈密顿–雅可比方程

哈密顿–雅可比方程(HJE) 被认为是从经典力学进入量子力学的最近途径。牛顿力学、拉格朗日力学、哈密顿力学，这几个表述互相等价。拉格朗日力学使用抽象的位形空间描述力学，摆脱了笛卡儿坐标的限制。哈密顿力学，其方程形式对称性明显，提供以纯粹几何描述运动的可能性，正则变换更大大扩展了描述方式。通常不直接积分正则方程，其价值主要在于其形式的变换不变性。在物理学里，哈密顿–雅可比方程是经典力学的另一种表述。

在哈密顿力学里，正则变换将一组正则变量 $(\boldsymbol{q},\boldsymbol{p})$ 变换为一组新的正则变量 $(\boldsymbol{Q},\boldsymbol{P})$，而同时维持哈密顿方程的型式不变。新、旧哈密顿方程为

$$\dot{\boldsymbol{q}}=\frac{\partial H}{\partial \boldsymbol{p}},\ \dot{\boldsymbol{p}}=-\frac{\partial H}{\partial \boldsymbol{q}},\quad \rightarrow\ \dot{\boldsymbol{Q}}=\frac{\partial K}{\partial \boldsymbol{P}},\ \dot{\boldsymbol{P}}=-\frac{\partial K}{\partial \boldsymbol{Q}}, \tag{6-1}$$

这里，$H(\boldsymbol{q},\boldsymbol{p})$, $K(\boldsymbol{Q},\boldsymbol{P})$ 分别为旧的与新的哈密顿量。(特殊的哈密顿量 $K(\boldsymbol{Q},\boldsymbol{P})=\boldsymbol{b}\cdot\boldsymbol{P}$，解为 $P_i=a_i$，$Q_i=b_it+\beta_i$，此处 $\boldsymbol{a},\boldsymbol{b}$ 为常矢量。) 借助第二型生成函数 $G_2(\boldsymbol{q},\boldsymbol{P},t)$ 来生成新正则变量，有如下的新旧正则变量的关系及新旧哈密顿量的关系：

$$\boldsymbol{p}=\frac{\partial G_2}{\partial \boldsymbol{q}},\quad \boldsymbol{Q}=\frac{\partial G_2}{\partial \boldsymbol{P}},\quad K=H+\frac{\partial G_2}{\partial t}. \tag{6-2}$$

如果可找到一个第二型生成函数 $S=G_2$ 使得新哈密顿量 K 恒等于 0，则这样的生成函数 $S(\boldsymbol{q},\boldsymbol{P};t)$ 为哈密顿主函数。此时新哈密顿量 K 的所有偏导数都等于 0，哈密顿方程变得非常简单：$\dot{\boldsymbol{P}}=\dot{\boldsymbol{Q}}=0$。于是，新正则变量成为运动常数：$\boldsymbol{P}=\boldsymbol{a}=(a_1,\cdots,a_N)$，$\boldsymbol{Q}=\boldsymbol{b}=(b_1,\cdots,b_N)$。将 S 代入旧哈密顿量，可得到哈密顿–雅可比方程：

$$H\left(\{q_i\};\left\{\frac{\partial S}{\partial q_i}\right\};t\right)+\frac{\partial S}{\partial t}=0. \tag{6-3}$$

作为 HJE 的解，哈密顿主函数 $S(\boldsymbol{q},\boldsymbol{a},t)$ 含 $N+1$ 个待定常数，其中 N 个记为 $\boldsymbol{a}$，另一由积分 $\partial S/\partial t$ 得到。一旦 S 知道，关系式 $\boldsymbol{p}=\partial S(\boldsymbol{q},\boldsymbol{a},t)/\partial \boldsymbol{q}$ 以运动常数描述相空间中的轨道，关系式 $\boldsymbol{Q}=\boldsymbol{b}=\partial S(\boldsymbol{q},\boldsymbol{a},t)/\partial \boldsymbol{a}$ 给出另外的运动常数，由之可反解得 $\boldsymbol{q}$ 作为 $\boldsymbol{a}$ 和 $\boldsymbol{b}$ 的函数。因而，给定在 $t=t_0$ 的初始值 $\boldsymbol{q}_0$ 和 $\boldsymbol{p}_0$，求出运动常数 $\boldsymbol{a}$ 和 $\boldsymbol{b}$，立刻可得任意时刻的 $\boldsymbol{q}$ 和 $\boldsymbol{p}$。

设哈密顿量不显含时间，$\partial H/\partial t=0$，则

$$\frac{\mathrm{d}H(\boldsymbol{q},\boldsymbol{p})}{\mathrm{d}t}=\frac{\partial H}{\partial \boldsymbol{p}}\cdot\dot{\boldsymbol{p}}+\frac{\partial H}{\partial \boldsymbol{q}}\cdot\dot{\boldsymbol{q}}+\frac{\partial H}{\partial t}=0.$$

哈密顿量是一个运动常数，记为 $H(\boldsymbol{q},\boldsymbol{p})=E$，$\partial S/\partial t=K-H=-E$。哈密顿主函数可以分离成两部分：$S=W(\boldsymbol{q},\boldsymbol{a})-Et$，下面将看到，其中不含时间的函数 $W(\boldsymbol{q},\boldsymbol{a})$

是作用量函数。以 $W(\boldsymbol{q},\boldsymbol{a})$ 为第二型生成函数 G_2，则 $\boldsymbol{p}=\partial W/\partial \boldsymbol{q}$，$\boldsymbol{Q}=\partial W/\partial \boldsymbol{a}$。哈密顿–雅可比方程变为

$$H(\boldsymbol{q},\partial W/\partial \boldsymbol{q})=E. \tag{6-4}$$

新旧哈密顿量的关系为 $K=H$，记 a_1 为 E，新正则变量满足

$$\dot{\boldsymbol{P}}=-\partial K/\partial Q=0,\quad \dot{Q}_1=\partial K/\partial a_1=1,\quad \dot{Q}_i=\partial K/\partial a_i=0,\ i>1.$$

于是，

$$\boldsymbol{P}=\boldsymbol{a},\quad Q_1=t+b_1,\quad Q_i=b_i,\ i>1.$$

由 $W(\boldsymbol{q},\boldsymbol{a})$ 可解得 $\boldsymbol{q}$ 和 $\boldsymbol{p}$。

哈密顿主函数的时间微分

$$\frac{\mathrm{d}S}{\mathrm{d}t}=\sum_i\frac{\partial S}{\partial q_i}\dot{q}_i+\frac{\partial S}{\partial t}=\sum_i p_i\dot{q}_i-H=L.$$

此处 L 为拉格朗日量。因而，$S=\int L\,\mathrm{d}t$。如果 H 不显含时间，则 $W=S+Et=S+Ht=\int(L+H)\mathrm{d}t=\int\boldsymbol{p}\cdot\mathrm{d}\boldsymbol{q}$，表明 W 为作用量。

6.1.2　经典变分原理

6.1.1 节提到，哈密顿主函数是拉格朗日量的时间积分。设初值 (t_0,q_0)、终值 (t_1,q_1) 及其间的轨道 $q_0(t)$ 给定。考虑该轨道附近有微小位移 $\delta q(\tau)$ 的所有路径 $q(\tau)=q_0(\tau)+\delta q(\tau)$，$\delta q(t_0)=\delta q(t_1)=0$。对每一特定的路径可计算哈密顿主函数：

$$S(q_1,t_1;q_0,t_0)=\int_{t_0}^{t_1}\mathrm{d}\tau\,L(\dot{q},q,\tau).$$

此处 q 实际上是 $\boldsymbol{q}$ 的简化记号，如果不引起混淆，则二者混用。考虑到 S 只应依赖于 $t=t_1-t_0$，可写 $S(q_1,t_1;q_0,t_0)=S(q_1,q_0,t)$。哈密顿主函数相对于轨道附近位移路径的变分为

$$\delta S(q_1,t_1;q_0,t_0)=\left.\frac{\partial L}{\partial \dot{q}}\delta q\right|_{t_0}^{t_1}+\left[\frac{\partial L}{\partial q}-\frac{\mathrm{d}}{\mathrm{d}t}\frac{\partial L}{\partial \dot{q}}\right]\delta q, \tag{6-5}$$

拉格朗日方程等价于哈密顿最小作用原理：

$$\delta\int_{t_0}^{t_1}\mathrm{d}\tau\,L(\dot{q},q,\tau)=0.$$

考虑轨道端点的位移，根据式 (6-5) 有

$$p(t_1)=\left.\frac{\partial L}{\partial \dot{q}}\right|_{t_1}=\frac{\partial}{\partial q_1}S(q_1,t_1;q_0,t_0),\quad p(t_0)=\left.\frac{\partial L}{\partial \dot{q}}\right|_{t_0}=-\frac{\partial}{\partial q_0}S(q_1,t_1;q_0,t_0). \tag{6-6}$$

哈密顿量 H 是拉格朗日量 L 从 $\dot{\boldsymbol{q}}$ 到 $\boldsymbol{p}$ 的勒让德变换：

$$H(\boldsymbol{p},\boldsymbol{q},t)=\dot{\boldsymbol{q}}\cdot\boldsymbol{p}-L(\dot{\boldsymbol{q}},\boldsymbol{q},t),\quad \boldsymbol{p}=\partial L/\partial\dot{\boldsymbol{q}}.$$

作用量函数 W 实际上是负哈密顿主函数 $-S$ 从 t 到 E 的勒让德变换：

$$W(q_1,q_0,E)=\int_{q_0}^{q_1}p\,\mathrm{d}q=S(q_1,q_0,t)+Et,$$

$$E=-\frac{\partial S}{\partial t},\quad t=\frac{\partial W}{\partial E},\quad p_1=\frac{\partial W}{\partial q_1},\quad p_0=-\frac{\partial W}{\partial q_0}. \tag{6-7}$$

从哈密顿主函数 S 到作用量函数 W，独立变量从 t 换成 E，导致 W 的 $\mathrm{d}q$ 积分不再依赖于时间的参数化。

哈密顿原理的极值性质，须由二阶变分确定。如果 L 是 $\dot{\boldsymbol{q}}$ 的二次正定函数，当 t_1-t_0 充分小且 $|\boldsymbol{q}_1-\boldsymbol{q}_0|\sim O(t_1-t_0)$ 时，满足 $\delta S(C_{01})=0$ 的轨迹 C_{01} 唯一且其 S 极小。证明如下：主函数 S 的二阶变分

$$\delta^2 S=\frac{1}{2}\int_{t_0}^{t_1}\sum_{j,k}\left[\frac{\partial^2 L}{\partial q_j\partial q_k}\delta q_j\delta q_k+2\frac{\partial^2 L}{\partial q_j\partial\dot{q}_k}\delta q_j\delta\dot{q}_k+\frac{\partial^2 L}{\partial\dot{q}_j\partial\dot{q}_k}\delta\dot{q}_j\delta\dot{q}_k\right]\mathrm{d}t.$$

因为 $|\delta q_j(\tau)|\leqslant(t_1-t_0)\max_{\tau\in[t_0,t_1]}|\delta\dot{q}_j(\tau)|$，当 t_1-t_0 充分小时，$|\delta q_j(\tau)|\ll|\delta\dot{q}_j(\tau)|$，又因为 $|\boldsymbol{q}_1-\boldsymbol{q}_0|\sim O(t_1-t_0)$，上式右边各项系数有界，所以第三项主导。由命题中的正定性条件，有 $\delta^2 S>0$，极小性得证。假如另有轨迹 D_{01} 也满足 $\delta S(D_{01})=0$，则 $\delta S(C_{01})>\delta S(D_{01})$，且 $\delta S(D_{01})>\delta S(C_{01})$，矛盾，唯一性得证。

有限长的轨迹情况复杂，可出现如焦散现象之类奇异行为。依据式 (6-6) 的第二式，可将 q_1 看作是 q_0,p_0,t 的函数。现在固定 t,q_0，让 p_0 在动量空间的某个 N 维体元 δp_0 内变动，此时由 q_0 出发的轨迹的终点 q_1，将占据位形空间中的一个体元 δq_1。此二体元的体积比为雅可比矩阵

$$\frac{|\delta\boldsymbol{q}_1|}{|\delta\boldsymbol{p}_0|}=\det J,\quad J\equiv\frac{\partial\boldsymbol{q}_1}{\partial\boldsymbol{p}_0},\quad \left(J^{-1}\right)_{jk}=-\frac{\partial^2 S(\boldsymbol{q}_1,\boldsymbol{q}_0,t)}{\partial q_{0j}\partial q_{1k}}. \tag{6-8}$$

当体系有时间反演对称时，J 为对称阵。如果在 $t=t_0$ 时 $\det J=0$，从 q_0 出发的轨迹族将在 q_1 处聚集，轨迹族形成包络面，称为焦散面，其维数 $m=N-\mathrm{rank}(J)$，其中 N 为体系维数。轨迹与焦散面的交点 q_1 称为起点 q_0 的 m 阶共轭点。

矩阵 J^{-1} 也可用 W 表示。在式 (6-8) 中求 S 的偏导时 t 不变，所以

$$\frac{\partial t}{\partial q_j}=\frac{\partial^2 W_{01}}{\partial E\,\partial q_j}+\frac{\partial^2 W_{01}}{\partial E^2}\frac{\partial E}{\partial q_j}=0.$$

依据式 (6-7) 的第一式并借助上式得

$$-\frac{\partial^2 S_{01}}{\partial q_{0j}\partial q_{1k}}=-\frac{\partial^2 W_{01}}{\partial q_{0j}\partial q_{1k}}+\frac{\partial^2 W_{01}}{\partial E\,\partial q_{0j}}\left[\frac{\partial^2 W_{01}}{\partial E\,\partial q_{1k}}\left(\frac{\partial^2 W_{01}}{\partial E^2}\right)^{-1}\right], \tag{6-9}$$

此处第二项中方括号因子来自 $\partial E/\partial q_{1k}$。

6.2 路径积分表示

薛定谔用微分方程描述量子体系的状态变化。路径积分方法通过传播子用积分变换给出波函数经有限时间后的变化。第 3 章在介绍薛定谔绘景时，曾经提到演化算符 $U(t,t_0)$：

$$U(t,t_0)=\mathcal{T}\left[\exp\left(-\frac{\mathrm{i}}{\hbar}\int_{t_0}^{t}\mathrm{d}t'\,\hat{H}(t')\right)\right],$$

其中 $\mathcal{T}$ 为时间排序算符。它是以时间 t 为参数的与态矢无关的算符，$U(t,t_0)=U(t-t_0,0)$，$U(t_0,t_0)=1$，且和 $|\varPsi(\boldsymbol{r},t)\rangle$ 满足同样的方程：

$$\mathrm{i}\hbar\frac{\partial}{\partial t}|\varPsi(\boldsymbol{r},t)\rangle=\hat{H}|\varPsi(\boldsymbol{r},t)\rangle,$$

$$\mathrm{i}\hbar\frac{\partial U(t,t_0)}{\partial t}=\hat{H}U(t,t_0),\quad |\varPsi(\boldsymbol{r},t)\rangle=U(t,t_0)|\varPsi(\boldsymbol{r},t_0)\rangle, \tag{6-10}$$

演化算符 U 的坐标表象表示是传播子 K：

$$K(q,t;q_0,t_0)=\langle q|U(t,t_0)|q_0\rangle,$$

$$\begin{aligned}\psi(q,t)=\langle q|U(t,t_0)|\psi(q,t_0)\rangle&=\int\mathrm{d}q_0\langle q|U(t,t_0)|q_0\rangle\mathrm{d}q_0\langle q_0|\psi(q,t_0)\rangle\\&=\int\mathrm{d}q_0\,K(q,t;q_0,t_0)\,\psi(q_0,t_0).\end{aligned} \tag{6-11}$$

演化算符满足合成规则：$U(t_1,t_0)=U(t_1,t)\,U(t,t_0)$。相应地，传播子有合成规则：

$$K(q_1,t_1;q_0,t_0)=\int \mathrm{d}q\,K(q_1,t_1;q,t)\,K(q,t;q_0,t_0),$$

体现波函数在位形空间中传播的惠更斯原理，也是其可表成路径积分的原因。将时间区间 $[t_e,t_f]$ 等分为 n 段，分点为 t_j，$j=1,2,\cdots,n$。重复应用合成规则得

$$K(f,e)=\int\cdots\int \mathrm{d}q_1\ldots\mathrm{d}q_n\prod_{j=1}^{n+1}K(j,j-1),$$

此处简化记法 $K(j,j-1)\equiv K(q_j,t_j;q_{j-1},t_{j-1})$，并令 $q_e=q_0,t_e=t_0$，$q_f=q_{n+1},t_f=t_{n+1}$。当 $n\to\infty$ 时，$\epsilon=t_j-t_{j-1}=(t_f-t_e)/(n+1)\to 0$，$K(j,j-1)\approx\langle q_j|\mathrm{e}^{-\mathrm{i}\epsilon\hat{H}(t_j)/\hbar}|q_{j-1}\rangle$。对于 $\hat{H}=\hat{p}^2/2\mu+V(q,t)$，算符 $\epsilon\hat{p}^2$ 和 ϵV 的对易子 $\sim\epsilon^2$。准至 ϵ，有

$$\mathrm{e}^{-\mathrm{i}\epsilon\hat{H}(t_j)/\hbar}=\exp\left[-\frac{\mathrm{i}\epsilon}{\hbar}\left(\frac{\hat{p}^2}{2\mu}+V(q,t)\right)\right]\approx\exp\left[-\frac{\mathrm{i}\epsilon}{\hbar}V(q,t)\right]\exp\left[-\frac{\mathrm{i}\epsilon}{2\mu\hbar}\hat{p}^2\right].$$

$$\begin{aligned}K(j,j-1)\approx&\int_{-\infty}^{\infty}\langle q_j|\mathrm{e}^{-\mathrm{i}\epsilon V(q,t_j)/\hbar}|p_j\rangle\mathrm{d}p_j\langle p_j|\mathrm{e}^{-\mathrm{i}\epsilon\hat{p}^2/2\mu\hbar}|q_{j-1}\rangle\\=&\frac{1}{2\pi\hbar}\int_{-\infty}^{\infty}\mathrm{d}p_j\,\exp\left[\frac{\mathrm{i}p_j}{\hbar}(q_j-q_{j-1})-\frac{\mathrm{i}\epsilon}{\hbar}\left(\frac{{p_j}^2}{2\mu}+V(q_j,t_j)\right)\right]\\=&\sqrt{\frac{\mu}{2\mathrm{i}\pi\hbar\epsilon}}\exp\left\{\frac{\mathrm{i}\epsilon}{\hbar}\left[\frac{\mu}{2}\left(\frac{q_j-q_{j-1}}{\epsilon}\right)^2-V(q_j,t_j)\right]\right\},\end{aligned}$$

此处已用到菲涅耳积分公式：

$$\int_{-\infty}^{\infty}\mathrm{d}x\,\mathrm{e}^{\mathrm{i}(ax-bx^2)}=\sqrt{\frac{\pi}{\mathrm{i}b}}\mathrm{e}^{\mathrm{i}a^2/4b}.$$

考虑在 $t=t_e$ 时刻从 q_e 出发在 t_f 时刻到达 q_f 的一条路径 C，则

$$\lim_{n\to\infty}\epsilon\sum_{j=1}^{n+1}\left[\frac{\mu}{2}\left(\frac{q_j-q_{j-1}}{\epsilon}\right)^2-V(q_j,t_j)\right]=\int_{t_i}^{t_f}\mathrm{d}t\,L\left(\dot{q}(t),q(t),t\right)=S(C),$$

恰好为路径 C 的哈密顿主函数。于是，传播子 $K(f,e)$ 可表作

$$\begin{aligned}K(f,e)=&\lim_{n\to\infty}\sqrt{\frac{\mu}{2\mathrm{i}\pi\hbar\epsilon}}\prod_{j=1}^{n}\left[\int_{-\infty}^{\infty}\sqrt{\frac{\mu}{2\mathrm{i}\pi\hbar\epsilon}}\mathrm{d}q_j\right]\\&\exp\left\{\frac{\mathrm{i}\epsilon}{\hbar}\sum_{j=1}^{n+1}\left[\frac{\mu}{2}\left(\frac{q_j-q_{j-1}}{\epsilon}\right)^2-V(q_j,t_j)\right]\right\}=\int_{\Lambda}\mathcal{D}[C]\,\mathrm{e}^{\mathrm{i}S(C)/\hbar}.\qquad(6\text{-}12)\end{aligned}$$

此处 Λ 记从 (t_e, q_e) 到 (t_f, q_f) 的路径的全体，而记号

$$\int_\Lambda \mathcal{D}[C] \equiv \lim_{n\to\infty} \sqrt{\frac{\mu}{2\mathrm{i}\pi\hbar\epsilon}} \prod_{j=1}^{n} \left[\int_{-\infty}^{\infty} \sqrt{\frac{\mu}{2\mathrm{i}\pi\hbar\epsilon}} \mathrm{d}q_j\right].$$

以上表述是单自由度的形式，对于 N 自由度，则可直接推广如下：

$$q_j \to \boldsymbol{q}_j, \quad \prod_{j=1}^{n} \mathrm{d}q_j \to \prod_{\alpha=1}^{N}\prod_{j=1}^{n} \mathrm{d}q_j^\alpha.$$

从传播子的路径积分表示式 (6-12) 知，路径 C 的贡献依赖于 $\mathrm{e}^{\mathrm{i}S(C)/\hbar}$，小量 $\hbar$ 增强了 $S(C)$ 的相位干涉相消效应，使得主要贡献来自满足 $\delta S(C) = 0$ 的经典轨道 C 及其近邻。量子力学的路径积分表示直接给出了经典力学的哈密顿原理。

传播子以时间 t 为独立变量。独立变量从 t 变为 E，可从传播子得到格林函数。如果体系的哈密顿算符不显含时间，则演化算符为

$$U(t, t_0) = \mathrm{e}^{-\mathrm{i}(t-t_0)\hat{H}/\hbar}.$$

传播子以 $\hat{H}$ 的本征值和本征矢表示为

$$\begin{aligned} K(f,e,t) &= \langle q_f|\mathrm{e}^{-\mathrm{i}(t_f-t_e)\hat{H}/\hbar}|q_e\rangle = \sum_j \langle q_f|\psi_j\rangle\langle\psi_j|q_e\rangle \mathrm{e}^{-\mathrm{i}E_j t/\hbar} \\ &= \sum_j \psi_j^*(q_e)\psi_j(q_f)\mathrm{e}^{-\mathrm{i}E_j t/\hbar}. \end{aligned}$$

其积分变换给出如下的格林函数：

$$G^+(q_f, q_e, E) \equiv \frac{1}{\mathrm{i}\hbar}\int_0^\infty \mathrm{e}^{\mathrm{i}Et/\hbar} K(f,e,t)\mathrm{d}t = \sum_j \frac{\psi_j^*(q_e)\psi_j(q_f)}{E - E_j + \mathrm{i}0^+}. \tag{6-13}$$

它可看作算符 $(E - \hat{H})^{-1}$ 的坐标表示。格林函数的实部和虚部的分解，用到克拉默斯–克容尼希关系

$$\frac{1}{x \pm \mathrm{i}0^+} = \mp\mathrm{i}\pi\delta(x) + \mathcal{P}\left(\frac{1}{x}\right),$$

此处 $\mathcal{P}$ 记柯西主值。令 $a < 0 < b$，此关系可通过下式证明：

$$\int_a^b \mathrm{d}x \frac{f(x)}{x \pm \mathrm{i}0^+} = \mp\mathrm{i}\pi \lim_{\epsilon\to 0^+} \int_a^b \mathrm{d}x \frac{\epsilon}{\pi(x^2+\epsilon^2)} f(x) + \lim_{\epsilon\to 0^+}\int_a^b \mathrm{d}x \frac{x^2}{x^2+\epsilon^2}\frac{f(x)}{x}.$$

于是，格林函数的虚部为

$$\operatorname{Im} G^{+}(q_f, q_e, E) = -\sum_j \psi_j^*(q_e)\psi_j(q_f)\delta(E - E_j) \equiv -\pi\rho(q_f, q_e, E),$$

此处 $\rho(q_f, q_e, E) = -\operatorname{Im} G^{+}(q_f, q_e, E)/\pi$ 称为谱函数。对之求迹，可得态密度：

$$\rho(E) = \int_{-\infty}^{\infty} \rho(q, q, E)\mathrm{d}q = -\frac{1}{\pi}\int_{-\infty}^{\infty} \operatorname{Im} G^{+}(q, q, E)\mathrm{d}q = \sum_j \delta(E - E_j), \qquad (6\text{-}14)$$

此式称为态密度的迹公式。因此，由传播子可得知格林函数，进而得到能谱和本征矢。

6.3 路径积分的半经典近似

第 4 章曾介绍 WKB 半经典近似法。原则上，WKB 法只适于单自由度，所以只可处理可积的多自由度体系，不能对付与经典混沌有关的体系。路径积分的半经典近似采用稳相近似，则不受限制。数学上，稳相近似是渐近分析的一个基本原理，用于振荡积分

$$I(\hbar) = \int g(\boldsymbol{x})\mathrm{e}^{\mathrm{i}f(\boldsymbol{x})/\hbar}\mathrm{d}\boldsymbol{x},$$

此处积分可为 n 维，$g(\boldsymbol{x}), f(\boldsymbol{x})$ 为光滑实函数，$g(\boldsymbol{x})$ 用来确保收敛，$\hbar$ 是实的小参数，将取 $\hbar \to 0$。对于一维情形，设 $f(\boldsymbol{x})$ 在 $[a, b]$ 上有唯一的稳定点 x_c 即满足 $f'(x_c) = 0$，则 $\hbar \to 0$ 时，

$$\frac{1}{\sqrt{2\mathrm{i}\pi\hbar}}\int_a^b \mathrm{d}x\, g(x)\mathrm{e}^{\mathrm{i}f(x)/\hbar} \approx \frac{g(x_c)}{\sqrt{f''(x_c)}}\mathrm{e}^{\mathrm{i}f(x_c)/\hbar}.$$

此处 $f''(x_c)$ 可称为“曲率修正”。一维稳相近似的 n 维推广为

$$\frac{1}{(2\mathrm{i}\pi\hbar)^{n/2}}\int\cdots\int \mathrm{d}^n\boldsymbol{x}\, g(\boldsymbol{x})\mathrm{e}^{\mathrm{i}f(\boldsymbol{x})/\hbar} \approx \frac{g(\boldsymbol{x}_c)}{\sqrt{|\det M|}}\mathrm{e}^{\mathrm{i}f(\boldsymbol{x}_c)/\hbar - \mathrm{i}m\pi/2}.$$

此处 M 为 $f(\boldsymbol{x})$ 在 $\boldsymbol{x}_c$ 处二阶偏导的海森矩阵 $(\partial^2 f/\partial x_j \partial x_k)$，而 m 为 M 的负本征值的个数。

现在证明，将稳相近似用于传播子的路径积分表示式 (6-12)，可得 $K(f, e)$ 的半经典近似

$$K_{\mathrm{sc}}(f, e) = \sqrt{\frac{|D_{e,f}|}{2\mathrm{i}\pi\hbar}}\mathrm{e}^{\mathrm{i}S(C_{ef})/\hbar - \mathrm{i}m\pi/2}, \qquad (6\text{-}15)$$

此处 C_{ef} 为满足 $\delta S(C_{ef})=0$ 的经典轨道，m 为二阶变分 $\delta^2 S(C_{ef})$ 的负本征值个数，而 D_{ef} 是 $\delta^2 S(C_{ef})$ 行列式的倒数，其具体表达式也将在下面推导。路径积分式 (6-12) 可改写成

$$K(f,e)=\lim_{n\to\infty}\frac{1}{\sqrt{2\mathrm{i}\pi\hbar}}\int\frac{\mathrm{d}q_1}{\sqrt{2\mathrm{i}\pi\hbar}}\cdots\int\frac{\mathrm{d}q_n}{\sqrt{2\mathrm{i}\pi\hbar}}\prod_{j=0}^{n}\left[\sqrt{|D_{j,j+1}|}\mathrm{e}^{\mathrm{i}S(j,j+1)/\hbar}\right],$$

此处

$$S(j,j+1)=\epsilon\left[\frac{\mu}{2}\left(\frac{q_{j+1}-q_j}{\epsilon}\right)^2-V(q_{j+1},t_{j+1})\right],\quad D_{j,j+1}=-\frac{\mu}{\epsilon}=\frac{\partial^2 S(j,j+1)}{\partial q_j\partial q_{j+1}}.$$

路径积分中与 q_1 有关的积分为

$$I_1\equiv\int\frac{\mathrm{d}q_1}{\sqrt{2\mathrm{i}\pi\hbar}}\sqrt{|D_{0,1}D_{1,2}|}\,\mathrm{e}^{\mathrm{i}[S(0,1)+S(1,2)]/\hbar}.$$

决定满足稳相条件的 $q_1=q_1^{\mathrm{c}}$ 的方程为

$$\frac{\partial}{\partial q_1}[S(0,1)+S(1,2)]\bigg|_{q_1=q_1^{\mathrm{c}}}=0,$$

所以，q_1^{c} 是 q_0,q_2 的函数。记 $S^c(0,2)\equiv S^c(0,1)+S^c(1,2)$，此处以角标 c 表示在稳相点 $q_1=q_1^{\mathrm{c}}$ 处估值。固定 q_2，再求 q_1 稳相条件对 q_0 的偏导得

$$\left[\frac{\partial}{\partial q_0}\left(\frac{\partial S^c(0,2)}{\partial q_1}\right)\right]_{q_2}=\frac{\partial^2 S^c(0,1)}{\partial q_0\partial q_1}+\frac{\partial q_1^{\mathrm{c}}}{\partial q_0}\frac{\partial^2 S^c(0,2)}{\partial q_1^2}=0,\quad\rightarrow\ D_{0,1}^{\mathrm{c}}=-\frac{\partial q_1^{\mathrm{c}}}{\partial q_0}\frac{\partial^2 S^c(0,2)}{\partial q_1^2}.$$

另一方面，

$$D_{0,2}^{\mathrm{c}}=\frac{\partial^2 S^c(0,2)}{\partial q_0\partial q_2}=\frac{\partial}{\partial q_0}\frac{\partial S^c(1,2)}{\partial q_2}=\frac{\partial q_1^{\mathrm{c}}}{\partial q_0}D_{1,2}^{\mathrm{c}}.$$

于是，在稳相近似下，路径积分中对 $\mathrm{d}q_1$ 的积分，即 I_1 为

$$I_1\approx\left(\sqrt{|D_{0,1}^{\mathrm{c}}D_{1,2}^{\mathrm{c}}|}\bigg/\sqrt{\frac{\partial^2 S^c(0,2)}{\partial q_1^2}}\right)\mathrm{e}^{\mathrm{i}S^c(0,2)/\hbar}=(-\mathrm{i})^{m_1}\sqrt{|D_{0,2}^{\mathrm{c}}|}\mathrm{e}^{\mathrm{i}S^c(0,2)/\hbar}.$$

此处 m_1 按上式中间系数因子分母根式的符号取 0 或 1。依类似步骤，可逐一积分 $\mathrm{d}q_j$，最后得式 (6-15)，其中 $D_{e,f}=\partial^2 S^c(C_{e,f})/\partial q_e\partial q_f$。对于自由度为 N 且经典轨道 $C_{ef,r}\in\Lambda$ 不止一条的情形，以 r 记轨道标，则

$$K_{\mathrm{sc}}(f,e)=(2\mathrm{i}\pi\hbar)^{-N/2}\sum_r\sqrt{|D_{ef,r}|}\mathrm{e}^{\mathrm{i}S(C_{ef,r})/\hbar-\mathrm{i}m_r\pi/2},\quad D_{ef,r}=\det\left[\frac{\partial^2 S^c(C_{ef,r})}{\partial q_{ej}\partial q_{fk}}\right].\tag{6-16}$$

值得注意，此式右边除 $\hbar$ 外所有量均为经典量，完全用经典力学语言表述量子力学。

半经典传播子式 (6-16) 的确能反映量子本质。首先，对于自由粒子，不难验证式 (6-16) 是准确的，与量子式完全一致：

$$K_{\rm sc}(\boldsymbol{q}_1,t_1;\boldsymbol{q}_0,t_0)=K(\boldsymbol{q}_1,t_1;\boldsymbol{q}_0,t_0)=\left(\frac{\mu}{2{\rm i}\pi\hbar(t_1-t_0)}\right)^{N/2}\exp\left[\frac{{\rm i}\mu|\boldsymbol{q}_1-\boldsymbol{q}_0|^2}{2\hbar(t_1-t_0)}\right].$$

其次，半经典传播子满足合成规则，即波传播的惠更斯原理：

$$K_{\rm sc}(\boldsymbol{q}_2,t_2;\boldsymbol{q}_0,t_0)\approx\int{\rm d}\boldsymbol{q}_1K_{\rm sc}(\boldsymbol{q}_2,t_2;\boldsymbol{q}_1,t_1)\,K_{\rm sc}(\boldsymbol{q}_1,t_1;\boldsymbol{q}_0,t_0).$$

当然，半经典传播子也不是没有缺陷。量子传播子在位形空间不存在奇点，但半经典传播子在焦散面上 $D_{ef}=\left|\delta\boldsymbol{q}_e/\delta\boldsymbol{q}_f\right|$ 发散。另外，它在经典禁戒区内也不能用。一种补救手段是将实路径延拓至复路径。

从半经典传播子可以得到半经典格林函数：

$$\begin{aligned}G^+(\boldsymbol{q}_f,\boldsymbol{q}_e,E)&\approx\frac{1}{{\rm i}\hbar}\int_0^\infty{\rm d}t\,{\rm e}^{{\rm i}Et/\hbar}K_{\rm sc}(\boldsymbol{q}_f,\boldsymbol{q}_e,t)\\&=\frac{1}{{\rm i}\hbar(2{\rm i}\pi\hbar)^{N/2}}\sum_r\int_0^\infty{\rm d}t\sqrt{|D_{ef,r}|}\,{\rm e}^{{\rm i}[S(C_{ef,r})+Et]/\hbar-{\rm i}m_r\pi/2}.\end{aligned}\tag{6-17}$$

再次采用稳相近似计算上式中对 t 的积分。为此，首先由下式求出作为 $\boldsymbol{q}_e,\boldsymbol{q}_f,E$ 的函数的稳相点 t_c：

$$\left.\frac{\partial S(\boldsymbol{q}_f,\boldsymbol{q}_e,t)}{\partial t}\right|_{t=t_c}=-E,$$

然后引入作用量函数 $W^c(\boldsymbol{q}_f,\boldsymbol{q}_e,E)=S(\boldsymbol{q}_f,\boldsymbol{q}_e,t_c)+Et_c$。于是，半经典格林函数可表成

$$G^+_{\rm sc}(\boldsymbol{q}_f,\boldsymbol{q}_e,E)=\frac{2\pi}{(2{\rm i}\pi\hbar)^{(N+1)/2}}\sum_r\sqrt{|\Delta_{ef,r}|}\,{\rm e}^{{\rm i}W^c_{ef,r}(\boldsymbol{q}_e,\boldsymbol{q}_f,E)/\hbar-{\rm i}m'_r\pi/2},\tag{6-18}$$

此处角标 r 标记在特定能量 E 下联结 $\boldsymbol{q}_e$ 和 $\boldsymbol{q}_f$ 的各条经典轨道，m'_r 未必与前面的 m_r 相同，而

$$\begin{aligned}\Delta_{ef}&=\left(\frac{\partial^2S^c_{ef}}{\partial t^2}\right)^{-1}D^c_{ef}=\left(\frac{\partial}{\partial t}\frac{\partial S^c_{ef}}{\partial t}\right)^{-1}D^c_{ef}=-\left(\frac{\partial E}{\partial t}\right)^{-1}D^c_{ef}\\&=-\frac{\partial^2W^c_{ef}}{\partial E^2}\det\left(\frac{\partial^2S^c_{ef}}{\partial q_{ej}\partial q_{fk}}\right),\end{aligned}$$

再利用式 (6-9)，进而得

$$\Delta_{ef}=-\left(\frac{\partial^2 W_{ef}^c}{\partial E^2}\right)^{1-N}\det\left[\frac{\partial^2 W_{ef}^c}{\partial E^2}\frac{\partial^2 W_{ef}^c}{\partial q_{ej}\partial q_{fk}}-\frac{\partial^2 W_{ef}^c}{\partial E\partial q_{ej}}\frac{\partial^2 W_{ef}^c}{\partial E\partial q_{fk}}\right]$$

$$=-\det\begin{pmatrix}\dfrac{\partial^2 W_{ef}^c}{\partial q_{ej}\partial q_{fk}} & \dfrac{\partial^2 W_{ef}^c}{\partial E\partial q_{ej}}\\[2ex] \dfrac{\partial^2 W_{ef}^c}{\partial E\partial q_{fk}} & \dfrac{\partial^2 W_{ef}^c}{\partial E^2}\end{pmatrix}.$$

另外，由 $H(\boldsymbol{q}_f,\boldsymbol{p}_f)=E$，并根据式 (6-7)，有

$$0=\left.\frac{\partial H}{\partial q_{ej}}\right|_{\boldsymbol{q}_f,E}=\sum_k\frac{\partial H}{\partial p_{fk}}\frac{\partial p_{fk}}{\partial q_{ej}}=\sum_k\frac{\partial H}{\partial p_{fk}}\frac{\partial^2 W_{ef}}{\partial q_{ej}\partial q_{fk}},\quad j=1,\cdots,N.$$

表明矩阵 $(\partial^2 W_{if}^c/\partial q_{ej}\partial q_{fk})$ 列相关，导致 $\det(\partial^2 W_{if}^c/\partial q_{ej}\partial q_{fk})=0$，所以，右下对角元可用任意值替代，如写 0：

$$\Delta_{ef}=-\det\begin{pmatrix}\dfrac{\partial^2 W_{ef}^c}{\partial q_{ej}\partial q_{fk}} & \dfrac{\partial^2 W_{ef}^c}{\partial E\partial q_{ej}}\\[2ex] \dfrac{\partial^2 W_{ef}^c}{\partial E\partial q_{fk}} & 0\end{pmatrix}.$$

当 $|\boldsymbol{q}_f-\boldsymbol{q}_e|\equiv\boldsymbol{\varepsilon}$ 和 t_c 趋于零时，对 t 积分的稳相近似不再适用，不过此时可用一致逼近法计算积分。由第一节末尾的讨论知，超短轨道唯一且 $m_r'=0$。运用式 (6-17) 时涉及时间 t 的函数 S_{ef}，D_{ef}，对照式 (6-18) 时涉及能量 E 的函数 W_{ef}，Δ_{ef}，它们的超短轨道估计为

$$S_{ef}\sim\frac{\mu\varepsilon^2}{2t},\quad W_{ef}\sim p\varepsilon,\quad p\sim\sqrt{2\mu(E-V)},\quad |D_{ef}|\sim\left(\frac{\mu}{t}\right)^N,$$

$$\frac{\partial^2 W_{ef}}{\partial q_{ej}\partial q_{fk}}\sim\frac{p}{\varepsilon^3}(\varepsilon_j\varepsilon_k-\varepsilon^2\delta_{jk}),\quad \frac{\partial^2 W_{ef}}{\partial E\partial q_{ej}}\sim\frac{\partial^2 W_{ef}}{\partial E\partial q_{fj}}\sim-\frac{\mu\varepsilon_j}{p\varepsilon},$$

$$\Delta_{ef}\sim(-1)^N\mu^2p^{N-3}\varepsilon^{1-N},\quad |\Delta_{ef}W_{ef}|\sim\mu^2p^{N-2}\varepsilon^{2-N}.\tag{6-19}$$

利用第一类汉克函数的如下积分表示：

$$H_\nu^{(1)}(xz)=\frac{\mathrm{i}^{-\nu-1}}{\pi}z^\nu\int_0^\infty\exp\left[\frac{\mathrm{i}x}{2}\left(t+\frac{z^2}{t}\right)\right]t^{-\nu-1}\mathrm{d}t\quad\xrightarrow{|z|\to\infty}\sqrt{\frac{2}{\pi xz}}\mathrm{e}^{\mathrm{i}(xz-\nu\pi/2-\pi/4)},$$

直接从式 (6-17) 计算积分超短轨道贡献，可得

$$G_{\mathrm{sc}}^{+}(\boldsymbol{q}_f,\boldsymbol{q}_e,E)=\frac{\pi}{\mathrm{i}\hbar(2\pi\hbar)^{N/2}}\sum_r\sqrt{|\Delta_{ef,r}W_{ef,r}|}\,H_{N/2-1}^{(1)}(W_{ef,r}/\hbar-m_r'\pi/2). \quad (6\text{-}20)$$

此处已根据汉克函数的渐近行为将结果写成与大 $|W_{ef,r}|$ 下的稳相近似式 (6-18) 一致的形式，亦即此结果对于大的和小的 $|W_{ef,r}|$ 均成立。

6.3.1 从 WKB 近似到半经典传播子

推导半经典传播子的另一方式是借助WKB近似。记$\psi(q,t)=A(q,t)\mathrm{e}^{\mathrm{i}S(q,t)/\hbar}$，则

$$\frac{\partial S}{\partial t}+\frac{1}{2m}\left(\frac{\partial S}{\partial q}\right)^2+V(q)-\frac{\hbar^2}{2mA}\frac{\partial^2 A}{\partial q^2}=0,\quad \frac{\partial A}{\partial t}+\frac{1}{m}\sum_i\frac{\partial A}{\partial q_i}\frac{\partial S}{\partial q_i}+\frac{A}{2m}\frac{\partial^2 S}{\partial q^2}=0.$$

在 $\hbar\to 0$ 的极限下，前一方程为哈密顿–雅可比方程：$\partial S/\partial t+H(q,\partial S/\partial q)=0$。记 $p_i=p_i(q,t)\equiv\partial S(q,t)/\partial q_i$，则 $\mathrm{d}S/\mathrm{d}t=\partial S/\partial t+\dot q\cdot\partial S/\partial q=-H(q,p)+\dot q\cdot p$，于是

$$S(q,t)=S(q',t_0)+S(q,t;q',t_0),\quad S(q,t;q',t_0)=\int_{t_0}^{t}\mathrm{d}\tau\,[\dot q(\tau)\cdot p(\tau)-H(q(\tau),p(\tau))],$$

其中，被积函数 $\dot q\cdot p-H(q,p)\equiv L(q,\dot q,t)$ 是拉格朗日量，为 H 的勒让德变换，S 为哈密顿主函数。令 $t_0=0$，记 $S(q,t)=S(q,q_0,t)=S(q,t;q_0,t_0)$。作用量 $W(q,E)$ 是主函数 S 的勒让德变换：

$$W(q,E)=S(q,t)+Et,\quad \frac{\partial}{\partial E}W(q,E)=t,\quad \frac{\partial}{\partial t}S(q,t)=-E.$$

假定势缓变，波函数振幅变化远小于相位，记定态波函数 $\psi(q)=A(q)\,\mathrm{e}^{\mathrm{i}W(q,E)/\hbar}$，$p^2(q)=2\mu[E-V(q)]\equiv\hbar^2k^2(q)$，WKB 近似得

$$W=\int_{q_0}^{q}\mathrm{d}\xi\,p(\xi),\quad A(q)=\frac{C}{\sqrt{|p(q)|}},\quad C=\sqrt{|p(q_0)|}\psi(q_0),$$

$$\psi_{\mathrm{sc}}(q,E)=\frac{C}{\sqrt{|p(q)|}}\mathrm{e}^{\mathrm{i}W(q,E)/\hbar}=\frac{\sqrt{|p(q_0)|}}{\sqrt{|p(q)|}}\psi(q_0)\mathrm{e}^{\mathrm{i}W(q,E)/\hbar},$$

其中，q_0 为初始点，W 是作用量。半经典近似基于稳相近似，相位快变，只有稳相点附近才对积分有贡献。在稳相近似下，半经典波函数 $\psi_{\mathrm{sc}}(q)=\psi_{\mathrm{sc}}(q,E)$ 的动量表示 $\tilde\psi_{\mathrm{sc}}(p)$ 为

$$\tilde\psi_{\mathrm{sc}}(p)=\frac{1}{\sqrt{2\pi\hbar}}\int\mathrm{d}q\,\mathrm{e}^{-\frac{\mathrm{i}}{\hbar}qp}\psi_{\mathrm{sc}}(q)\approx\frac{C}{\sqrt{|p(q^*)p'(q^*)|}}\mathrm{e}^{\frac{\mathrm{i}}{\hbar}[W(q^*)-q^*p]+\frac{\mathrm{i}\pi}{4}\mathrm{sgn}[W''(q^*)]}, \quad (6\text{-}21)$$

此处 q^* 满足 $W'(q^*)-p=p(q^*)-p=0$，指数中出现的 $W(q)-qp\equiv\tilde{W}(p)$ 是 $W(q)$ 的勒让德变换。借助 $\tilde{W}(p)$，可将独立变量由 q 换成 p，有

$$q^*=q(p),\quad \frac{\mathrm{d}}{\mathrm{d}q}q=1=\frac{\mathrm{d}p}{\mathrm{d}q}\frac{\mathrm{d}q(p)}{\mathrm{d}p}=q'(p)\,p'(q^*). \tag{6-22}$$

考虑相空间的一条顺时针方向的周期轨道，初始点在左下方某处 A，过左方转捩点 q_l 后到左上方某处 B。在 q_l 处，WKB 失效，但由 q 空间转到 p 空间，仍可在 p 空间作类似近似。在转捩点处 $p(q_l)p'(q_l)=\left(p^2(q_l)\right)'/2=-\mu V'(q_l)$ 为有限，不再为零。并且，对于左下方轨道，$W''(q^*)=p'(q^*)<0$，贡献拓扑相位 $-\pi/4$。由式 (6-21)，波函数 $\tilde{\psi}_{\mathrm{sc}}(p)$ 为

$$\tilde{\psi}_{\mathrm{sc}}(p)=\frac{1}{\sqrt{|p'(q^*)|}}\psi_{\mathrm{sc}}(q^*)\mathrm{e}^{\frac{\mathrm{i}}{\hbar}[\tilde{W}(p)-\pi/4]}.$$

过转捩点后，再由 p 空间返回到 q 空间。借助正则变换 $(q,p)\to(-p,q)$，直接改写上式可得在 B 处波函数 $\psi_{\mathrm{sc}}(q)$ 为

$$\psi_{\mathrm{sc}}(q)=\frac{1}{\sqrt{|q'(p^*)|}}\tilde{\psi}_{\mathrm{sc}}(p^*)\mathrm{e}^{\frac{\mathrm{i}}{\hbar}[W(q)-\pi/4]}=\frac{C}{\sqrt{|p(q)|}}\mathrm{e}^{\frac{\mathrm{i}}{\hbar}[W(q)-\pi/2]}.$$

此处用到勒让德变换性质式 (6-22)。对于一个从 q_0 到 q 的完整周期，由波函数的单值性，可得量子化条件：

$$\psi(q)=\frac{\psi(q_0)\sqrt{|p(q_0)|}}{\sqrt{|p(q)|}}\mathrm{e}^{\frac{\mathrm{i}}{\hbar}\oint p(q)\mathrm{d}q-\mathrm{i}\pi}=\psi(q_0),\quad\to\quad \oint p(q)\mathrm{d}q=2\pi\hbar\left(n+\frac{m_r}{4}\right),$$

此处 m_r 为沿轨道的转捩点总数，对于单自由度，$m_r=2$。最终结果仅与经典不变量即周期轨道的作用量 W 和拓扑指数 m_r 有关，而与坐标系无关。

因为 $A^2=\psi^*\psi\equiv\rho(q,t)$ 相当于概率密度，$\rho(q,t)=\left|\det\left(\partial q_0/\partial q\right)\right|\rho(q_0,0)$。在充分短的时间内，$S(q,t)$ 仍为单值，半经典近似下有波函数

$$\psi_{\mathrm{sc}}(q,t)=A(q,t)\mathrm{e}^{\mathrm{i}S(q,t)/\hbar}=\sqrt{\det\frac{\partial q_0}{\partial q}}\,A(q_0,0)\,\mathrm{e}^{\mathrm{i}S(q,0)/\hbar}$$

$$=\sqrt{\det\frac{\partial q_0}{\partial q}}\,\mathrm{e}^{\mathrm{i}S(q,t)/\hbar}\psi(q_0,0).$$

对照 $\psi_{\mathrm{sc}}(q,t)=\int\mathrm{d}q'\,K_{\mathrm{sc}}(q,q',t)\psi(q',0)$，考虑在 t 时间内从 q' 到 q 的所有轨道之和，半经典近似的传播子为

$$K_{\mathrm{sc}}(q,q',t)=\sum_r\left|\det\frac{\partial q'}{\partial q}\right|_r^{\frac{1}{2}}\mathrm{e}^{\frac{\mathrm{i}}{\hbar}S_r(q,q',t)-\frac{\mathrm{i}\pi}{2}m_r(q,q',t)}, \tag{6-23}$$

此处 r 为轨道指标，$m_r(q,q',t)$ 记雅可比行列式变号的总次数，即轨道的拓扑指数。

对于无穷小时差 δt，$S(q,q',\delta t)\approx\frac{\mu}{2\delta t}(q-q')^2-V(q)\delta t$，$\partial p'_i/\partial q_j=\frac{\mu}{\delta t}\delta_{ij}$，于是

$$\begin{aligned}K_{\mathrm{sc}}(q,q',\delta t)&=A(q,q',\delta t)\mathrm{e}^{\frac{\mathrm{i}}{\hbar}S(q,q',\delta t)}\approx\left(\frac{\mu}{2\pi\mathrm{i}\hbar\delta t}\right)^{\frac{N}{2}}\mathrm{e}^{\frac{\mathrm{i}}{\hbar}\left(\frac{\mu}{2\delta t}(q-q')^2-V(q)\delta t\right)}\\&=\frac{1}{(2\pi\mathrm{i}\hbar)^{\frac{N}{2}}}\left|\det\frac{\partial p'}{\partial q}\right|^{\frac{1}{2}}\mathrm{e}^{\frac{\mathrm{i}}{\hbar}S(q,q',\delta t)},\end{aligned}$$

此处 N 为自由度数，在得到近似时未直接估计 $A(q,q',\delta t)$，而只是对略去 $V(q)\delta t$ 后的高斯函数直接写出正确的归一因子。利用

$$S(q,q'',t)+S(q'',q',\delta t)=S(q,q',t+\delta t),$$

$$\det\left.\frac{\partial q''}{\partial q}\right|_t\det\left.\frac{\partial p'}{\partial q''}\right|_{q',\delta t}=\det\left.\frac{\partial p'}{\partial q}\right|_{q',t+\delta t},\quad \left.\frac{\partial p'_i}{\partial q_k}\right|_{q',t}=-\frac{\partial^2S(q,q',t)}{\partial q_k\partial q'_i},$$

由 $K(q,q',t+\delta t)=\displaystyle\int\mathrm{d}q''\,K(q,q'',t)K(q'',q',\delta t)$，并利用式 (6-23)，可得

$$\begin{aligned}K_{\mathrm{sc}}(q,q',t+\delta t)&=\sum_r\left|\det\frac{\partial q''}{\partial q}\right|_r^{\frac{1}{2}}\mathrm{e}^{\frac{\mathrm{i}}{\hbar}S_r(q,q'',t)-\frac{\mathrm{i}\pi}{2}m_r(q,q'',t)}K(q'',q',\delta t)\\&=\sum_r\frac{1}{(2\pi\mathrm{i}\hbar)^{\frac{N}{2}}}\left|\det\frac{\partial^2S_r(q,q',t+\delta t)}{\partial q_k\partial q'_i}\right|^{\frac{1}{2}}\mathrm{e}^{\frac{\mathrm{i}}{\hbar}S_r(q,q',t+\delta t)-\frac{\mathrm{i}\pi}{2}m_r(q,q',t+\delta t)}.\end{aligned}$$

取 $t+\delta t\to t$，表明此处得到的传播子与式 (6-16) 完全一致。

6.4 量子态密度的迹公式

依据式 (6-13)，格林函数在实轴上的极点与留数分别给出量子本征值和本征矢。原则上可借助半经典格林函数式 (6-17) 处理量子本征问题，但 G^+ 很难计算，只好退而求其次，转而依据式 (6-14)，通过迹公式即对格林函数求迹，处理能级密度：

$$\rho(E)=\sum_j\delta(E-E_j)\approx-\frac{1}{\pi}\int_{-\infty}^{\infty}\mathrm{Im}\,G^+_{\mathrm{sc}}(\boldsymbol{q},\boldsymbol{q},E)\mathrm{d}\boldsymbol{q}.$$

上式中的 $G^+_{\mathrm{sc}}(\boldsymbol{q},\boldsymbol{q},E)$ 来自两类闭合轨道：零长度轨道和有限长度轨道。于是，G^+ 和 $\rho(E)$ 有相应的分解：

$$G^+_{\mathrm{sc}}(\boldsymbol{q}',\boldsymbol{q},E)=G^+_{l=0}(\boldsymbol{q}',\boldsymbol{q},E)+G^+_{l\neq0}(\boldsymbol{q}',\boldsymbol{q},E),\quad\to\ \rho(E)=\rho_0(E)+\rho_{\mathrm{osc}}(E),$$

此处，$\boldsymbol{q}' = \boldsymbol{q} + \boldsymbol{0}^+$。

计算零长度轨道的贡献，可用式 (6-20) 并结合式 (6-19) 及汉克函数在小 $|z|$ 下的行为：

$$H_\nu^{(1)}(z) = J_\nu(z) + \mathrm{i}N_\nu(z), \quad \mathrm{Re}H_\nu^{(1)}(z) \approx \frac{1}{\Gamma(\nu+1)}\left(\frac{z}{2}\right)^\nu,$$

计算结果为

$$\begin{aligned}
&\mathrm{Im}G_{l=0}^+(\boldsymbol{q}', \boldsymbol{q}, E) \\
&\approx -\frac{\pi}{\hbar(2\pi\hbar)^{N/2}}\mu^{N/2}\left(\frac{2(E-V)}{\mu\varepsilon^2}\right)^{(N-2)/4}\frac{1}{\Gamma(N/2)}\left(\frac{\sqrt{2\mu(E-V)}\varepsilon}{2\hbar}\right)^{(N-2)/2} \\
&= -\pi\left(\frac{1}{4\pi\hbar^2}\right)^{N/2}\frac{p^{N-2}}{\Gamma(N/2)}.
\end{aligned}$$

此处用了 $p^2 = 2\mu(E-V)$。上式可直接得到 $\rho_0(E)$。为求得能量小于 E 的总量子态数 $N_0(E)$，须将态密度对 E 积分。注意到 $\mu\,\mathrm{d}E = p\,\mathrm{d}p$，$\mathrm{d}\boldsymbol{p} = p^{N-1}\,\mathrm{d}p\,\mathrm{d}\Omega_N = \left(2\pi^{N/2}/\Gamma(N/2)\right)p^{N-2}\,\mathrm{d}E/\mu$，此处 Ω_N 为 N 维立体角，最终得

$$N_0(E) = \int_{\Theta(E-V)}\rho_0(E')\mathrm{d}E' = \frac{1}{(2\pi\hbar)^N}\int_{\Theta(E-V)}\mathrm{d}\boldsymbol{q}\mathrm{d}\boldsymbol{p},$$

此处 $\Theta(E-V)$ 为阶跃函数，所以上式中的积分是由能量面 $H(\boldsymbol{q},\boldsymbol{p}) = E$ 所围的经典相空间的体积。零长度轨道的总量子态数结果表明每个量子态占据的经典相空间的体积元为 $(2\pi\hbar)^N = h^N$。此结果即为平均态密度魏耳展开的主导项。

由式 (6-18)，有限长度轨道对应的 ρ_{osc} 可写作

$$\rho_{\mathrm{osc}}(E) = \frac{2}{(2\mathrm{i}\pi\hbar)^{(N+1)/2}}\sum_{r,l\neq 0}\int\mathrm{d}\boldsymbol{q}\sqrt{|\Delta_{ef,r}|}\cos\left[\frac{1}{\hbar}W_r^c(\boldsymbol{q},\boldsymbol{q},E) - \frac{\pi}{2}\left(m_r' + \frac{N-1}{2}\right)\right]. \tag{6-24}$$

以稳相近似计算上式对 $\boldsymbol{q}$ 积分，稳相条件为

$$\frac{\partial W_{ef}^c}{\partial\boldsymbol{q}} = \left(\frac{\partial W_{ef}^c}{\partial\boldsymbol{q}_e} + \frac{\partial W_{ef}^c}{\partial\boldsymbol{q}_f}\right)_{\boldsymbol{q}_e=\boldsymbol{q}_f=\boldsymbol{q}} = \boldsymbol{p}_f - \boldsymbol{p}_e = 0.$$

所以，全体闭合轨道中只有周期轨道有贡献。

对于一条特定的周期轨道 Q，选择适当的坐标系，使得变量 $\boldsymbol{q}$ 的 q_1 沿 Q，而其他 q_j 沿轨道法向，所以，$q_j \equiv 0$，$j = 2,\cdots,N$。在此坐标系下，

$$W(\boldsymbol{q}_e,\boldsymbol{q}_f,E) = \int_{\boldsymbol{q}_e}^{\boldsymbol{q}_f}p_1\mathrm{d}q_1; \quad \frac{\partial p_{ej}}{\partial q_{f1}} = -\frac{\partial^2 W_{ef}}{\partial q_{ej}\partial q_{f1}} = 0, \ \frac{\partial^2 W_{ef}}{\partial q_{e1}\partial q_{fj}} = 0, \ j\neq 1;$$

$$1=\left(\frac{\partial H}{\partial E}\right)_{\boldsymbol{q}_e,E}=\sum_i \dot{q}_{ei}\frac{\partial p_{ei}}{\partial E}=\dot{q}_{e1}\frac{\partial p_{e1}}{\partial E}=-\dot{q}_{e1}\frac{\partial^2 W_{ef}}{\partial q_{e1}\partial E},\quad\rightarrow$$

$$\frac{\partial^2 W_{ef}}{\partial q_{e1}\partial E}=-\frac{1}{\dot{q}_{e1}},\quad \frac{\partial^2 W_{ef}}{\partial q_{f1}\partial E}=\frac{1}{\dot{q}_{f1}},$$

可得

$$\Delta(\boldsymbol{q}_e,\boldsymbol{q}_f,E)=\frac{(-1)^N}{\dot{q}_{e1}\dot{q}_{f1}}\det{}'\left(\frac{\partial^2 W_{ef}}{\partial q_{ej}\partial q_{fk}}\right).$$

此处 $\det'$ 为不计第一行和第一列的行列式值，其对应矩阵为 $\partial \boldsymbol{p}_{f\perp}/\partial \boldsymbol{q}_{e\perp}$。为计算对 $\boldsymbol{q}$ 积分的稳相近似，须推导相应的海森矩阵。考虑 Q 附近的闭合轨道的作用量函数的泰勒展开

$$\begin{aligned}W(\boldsymbol{q}+\delta\boldsymbol{q},\boldsymbol{q}+\delta\boldsymbol{q},E)\approx &W(E)+\frac{1}{2}\sum_{j,k=2}^{N}\left[\frac{\partial^2 W_{ef}}{\partial q_{ej}\partial q_{ek}}+\frac{\partial^2 W_{ef}}{\partial q_{ej}\partial q_{fk}}\right.\\&\left.+\frac{\partial^2 W_{ef}}{\partial q_{ek}\partial q_{fj}}+\frac{\partial^2 W_{ef}}{\partial q_{fj}\partial q_{fk}}\right]_{\boldsymbol{q}_e=\boldsymbol{q}_f=\boldsymbol{q}}\delta q_j\delta q_k.\end{aligned}$$

上式方括号中的四个矩阵分别记为 $\hat{a},\hat{b},\hat{b}^T,\hat{c}$，且记 $\beta_r=m_r'+(N-1)/2$，进一步可得 $\rho_{\rm osc}$ 的稳相近似为

$$\rho_{\rm osc}(E)=\frac{1}{\pi\hbar}\sum_{r,l\neq 0}\oint\frac{\mathrm{d}q_1}{|\dot{q}_1|}\sqrt{\frac{|\det\hat{b}|}{|\det(\hat{a}+\hat{b}+\hat{b}^T+\hat{c})|}}\Bigg|_{\boldsymbol{q}_e=\boldsymbol{q}_f=\boldsymbol{q}}\cos\left[\frac{1}{\hbar}W_r(E)-\frac{\pi}{2}\beta_r\right].$$

根据矩阵 $\hat{a},\hat{b},\hat{c}$ 的定义及式 (6-7)，可得

$$\delta\boldsymbol{p}_e=-\hat{a}\delta\boldsymbol{q}_e-\hat{b}\delta\boldsymbol{q}_f,\ \delta\boldsymbol{p}_f=\hat{b}^T\delta\boldsymbol{q}_e+\hat{c}\delta\boldsymbol{q}_f,\quad\rightarrow$$

$$\begin{pmatrix}\delta\boldsymbol{q}_f\\ \delta\boldsymbol{p}_f\end{pmatrix}=M\begin{pmatrix}\delta\boldsymbol{q}_e\\ \delta\boldsymbol{p}_e\end{pmatrix},\quad M\equiv\begin{pmatrix}-\hat{b}^{-1}\hat{a} & -\hat{b}^{-1}\\ \hat{b}^T-\hat{c}\hat{b}^{-1}\hat{a} & -\hat{c}\hat{b}^{-1}\end{pmatrix}.$$

如果在能量面 $H(\boldsymbol{q},\boldsymbol{p})=E$ 内作 $q_1=0$ 庞卡莱截面，则 $(2N-2)\times(2N-2)$ 矩阵 M 描述沿周期轨道 Q 走单圈返回截面的线性化庞卡莱映射。因而，M 可称为单巡矩阵。注意到

$$\det(M-\boldsymbol{1})=\det(\hat{b}^{-1})\det\begin{pmatrix}\hat{a}+\hat{b} & \hat{1}\\ \hat{b}^T-\hat{c}\hat{b}^{-1}\hat{a}+(\hat{c}\hat{b}^{-1}+\hat{1})(\hat{a}+\hat{b}) & \hat{0}\end{pmatrix}=\frac{|\det(\hat{a}+\hat{b}+\hat{b}^T+\hat{c})|}{|\det\hat{b}|},$$

再注意到 $\oint \mathrm{d}q_1/|\dot{q}_1|$ 为周期轨道的周期，以 $T(E)$ 记单圈周期，最后，

$$\rho_{\mathrm{osc}}(E)=\frac{1}{\pi\hbar}\sum_{r,l\neq 0}\frac{T_r(E)}{\sqrt{|\det(M_r-\boldsymbol{1})|}}\cos\left[\frac{1}{\hbar}W_r(E)-\frac{\pi}{2}\beta_r\right]. \tag{6-25}$$

此式称为古兹维勒迹公式。(迹公式，其实指的是处理渐近行为的手段。) 应该特别指出，单个周期轨道 Q 对上式中的求和贡献其实有无穷多项，每项可记作 Q^n, $n=\pm1,\pm2,\cdots$，表示沿正反方向绕 n 圈，相对于单圈，例如，此时 $W_r(E)\to nW_r(E)$。

附录一　关于参考文献

本讲义是为 2017 年本人在中国科学院大学物理学院讲授量子力学课程撰写的，内容尽可能自给自足。第 1 章的 1.3.1 节 “经典物理学回顾”，在于从物理学各分支的横向比较中看量子力学，尤其是将量子力学与统计力学类比。建议学生在学完整个课程后再回头读一遍这一小节。本讲义的许多素材取自美国麻省理工学院的公共课件，可参阅网页`http://ocw.mit.edu/`，包括 8.04 *Quantum Physics* Ⅰ，8.05 *Quantum Physics* Ⅱ，8.06 *Quantum Physics* Ⅲ，5.73 *Introductory Quantum Mechanics* Ⅰ，22.51 *Quantum Theory of Radiation Interactions*。本讲义只设六章，分章较少，希望突出粗线条。量子路径积分对于理解量子力学本质至关重要，多数本科生教材中不介绍，实属缺陷，所以特别设第 6 章 “量子路径积分”。该章特别参考了顾雁的《量子混沌》，一本非常值得一读的小书 (顾雁，量子混沌，上海科技教育出版社，1996 年)。

不可能给量子力学讲义列出稍完整的参考文献。这里特别推荐 Griffiths 的 *Introduction to Quantum Mechanics*，该书已有中译本：

Griffiths，量子力学概论，贾瑜、胡行、李玉晓译，机械工业出版社，2009 年。

作为该书的配套学习指导书*Solution Manual to Introduction to Quantum Mechanics by Griffiths*，也有中译本：

Griffiths，量子力学概论学习指导与习题解答，胡行、贾瑜译，机械工业出版社，2012 年。

国内出版的中文量子力学教科书中，曾谨言的书似乎比较流行：

曾谨言，量子力学 I，量子力学 II，科学出版社，2007 年 (4 版)。

本人当学生时用的是周世勋的书，就是今天看来也仍然不错：

周世勋，量子力学，上海科学技术出版社，1961 年。

说到量子力学名著，不能不提

朗道、栗弗席兹，量子力学，高等教育出版社，2008 年 (6 版)。

狄拉克，量子力学原理，科学出版社，1965 年。

这两部经典显然不很适合本科生，但学生哪怕只看目录和个别章节也会有好处，“没吃过猪肉，也见过猪跑”是也。

附录二　常用物理常数

普朗克常数	$h = 6.63 \times 10^{-34}\text{J}\cdot\text{s}$
	$\hbar = 6.58 \times 10^{-22}\text{MeV}\cdot\text{s}$
精细结构常数	$\alpha = e^2/4\pi\epsilon_0 m_e \hbar c = 1/137$
玻尔兹曼常数	$k_B = 1.38 \times 10^{-23}\text{J/K}$
	$= 8.62 \times 10^{-5}\text{eV/K}$
里德伯能量	$hcR = m_e c^2 \alpha^2/2 = 13.6\text{eV}$
真空介电常数	$\epsilon_0 = 8.85 \times 10^{-12}\text{C}^2/(\text{J}\cdot\text{m})$
真空光速	$c = 3.00 \times 10^8\text{m/s}$
电子电荷	$e = 1.60 \times 10^{-19}\text{C}$
电子质量	$m_e c^2 = 0.511\text{MeV}$
质子质量	$m_p c^2 = 938\text{MeV}$
玻尔半径	$a = 4\pi\epsilon_0 \hbar^2/m_e e^2$
	$= 5.29 \times 10^{-11}\text{m}$
玻尔磁子	$\mu_B = e\hbar/2m_e$
	$=5.79\times10^{-11}\text{MeV/T}$

附录三　常 用 公 式

相对论：　$p=\eta mv$,　$E=\eta mc^2$,　$E^2=p^2c^2+m^2c^4$,　$\eta=1/\sqrt{1-\beta^2}$,　$\beta=v/c$.

光子：　$E=h\nu=\hbar\omega$,　$p=h/\lambda=\hbar k$.

德布罗意波长：　$\lambda=h/p$.

波包群速度：　$v_{\mathrm{gr}}=\mathrm{d}\omega/\mathrm{d}k$.

动量–位置对易子：　$p=-\mathrm{i}\hbar\dfrac{\mathrm{d}}{\mathrm{d}x}$,　$[x,p]=\mathrm{i}\hbar$,　$[p,f(x)]=-\mathrm{i}\hbar f'(x)$,

$\boldsymbol{p}=-\mathrm{i}\hbar\nabla$,　$[x_i,p_j]=\mathrm{i}\hbar\delta_{ij}$.

对易子：　$[A,BC]=[A,B]C+B[A,C]$.

薛定谔方程：

$$\mathrm{i}\hbar\frac{\partial}{\partial t}\Psi(\boldsymbol{x},t)=\left[-\frac{\hbar^2}{2m}\nabla^2+V(\boldsymbol{x},t)\right]\Psi(\boldsymbol{x},t).$$

$$\rho(\boldsymbol{x},t)=|\Psi(\boldsymbol{x},t)|^2,\quad \frac{\partial}{\partial t}\rho(\boldsymbol{x},t)+\nabla\cdot\boldsymbol{J}(\boldsymbol{x},t)=0,\quad \boldsymbol{J}(\boldsymbol{x},t)=\frac{\mathrm{i}\hbar}{m}\mathrm{Im}[\Psi^*\nabla\Psi].$$

傅里叶积分：

$$\Psi(x)=\frac{1}{\sqrt{2\pi}}\int_{-\infty}^{+\infty}\mathrm{d}k\,\Phi(k)\mathrm{e}^{\mathrm{i}kx},\ \Phi(k)=\frac{1}{\sqrt{2\pi}}\int_{-\infty}^{+\infty}\mathrm{d}x\,\Psi(x)\mathrm{e}^{-\mathrm{i}kx},\ \frac{1}{2\pi}\int_{-\infty}^{+\infty}\mathrm{e}^{\mathrm{i}kx}\mathrm{d}k=\delta(x).$$

高斯积分：

$$\int_{-\infty}^{+\infty}\mathrm{d}x\,\mathrm{e}^{-ax^2+bx}=\sqrt{\frac{\pi}{a}}\mathrm{e}^{b^2/4a},\quad \mathrm{Re}(a)>0.$$

算符期望值：　$\langle Q\rangle=\langle\Psi|Q|\Psi\rangle/\langle\Psi|\Psi\rangle$,　$\mathrm{i}\hbar\mathrm{d}\langle Q\rangle/\mathrm{d}t=\langle[Q,H]+\mathrm{i}\hbar\partial Q/\partial t\rangle$.

不确定性关系：　$\sigma_A\sigma_B\geqslant\left|\dfrac{1}{2\mathrm{i}}\langle[A,B]\rangle\right|$,　$\sigma_x\sigma_p\geqslant\hbar/2$.

定态：　$\Psi(x,t)=\psi(x)\mathrm{e}^{-\mathrm{i}Et/\hbar}$,　$-\dfrac{\hbar^2}{2m}\psi''(x)+V(x)\psi(x)=E\psi(x)$.

谐振子：

$$H=\frac{1}{2m}p^2+\frac{1}{2}m\omega^2x^2=\hat{N}+\frac{1}{2},\quad \hat{N}=\hat{a}^\dagger\hat{a},$$

$$\hat{a}=\sqrt{\frac{m\omega}{2\hbar}}\left(x+\frac{\mathrm{i}p}{m\omega}\right),\quad \hat{a}^\dagger=\sqrt{\frac{m\omega}{2\hbar}}\left(x-\frac{\mathrm{i}p}{m\omega}\right),\quad [\hat{a},\hat{a}^\dagger]=1.$$

$$\hat{a}\phi_0 = 0, \quad \phi_0(x) = \pi^{-\frac{1}{4}} e^{-x^2/2},$$

$$\phi_n = \frac{1}{\sqrt{n!}}(\hat{a}^\dagger)^n\phi_0, \quad H\phi_n = \left(n+\frac{1}{2}\right)\phi_n, \quad \hat{a}^\dagger\phi_n = \sqrt{n+1}\phi_{n+1}, \quad \hat{a}\phi_n = \sqrt{n}\phi_{n-1}.$$

角动量: $\boldsymbol{L} = \boldsymbol{r}\times\boldsymbol{p}, \quad L_x = yp_z - zp_y, \quad [\boldsymbol{J},\boldsymbol{J}] = \mathrm{i}\hbar\boldsymbol{J},$

$$L^2 = L_x^2 + L_y^2 + L_z^2, \quad [L^2, L_z] = 0.$$

$$L^2 = -\left(\frac{\partial^2}{\partial\theta^2} + \cot\theta\frac{\partial}{\partial\theta} + \frac{1}{\sin^2\theta}\frac{\partial^2}{\partial\phi^2}\right), \quad \nabla^2 = \frac{1}{r}\frac{\partial^2}{\partial r^2}r - \frac{L^2}{r^2},$$

$$L_z = -\mathrm{i}\hbar\frac{\partial}{\partial\phi}, \quad L_\pm = e^{\pm\mathrm{i}\phi}\left(\pm\frac{\partial}{\partial\theta} + \mathrm{i}\cot\theta\frac{\partial}{\partial\phi}\right).$$

球谐函数: $Y_{\ell,m}(\theta,\phi) = \mathcal{N}_{\ell,m}P_\ell^m(\cos\theta)e^{\mathrm{i}m\phi},$

$$L_zY_{\ell,m} = mY_{\ell,m}, \quad L^2Y_{\ell,m} = \ell(\ell+1)Y_{\ell,m}.$$

$$Y_{0,0}(\theta,\phi) = \frac{1}{\sqrt{4\pi}}, \quad Y_{1,\pm1}(\theta,\phi) = \mp\sqrt{\frac{3}{8\pi}}\sin\theta e^{\pm\mathrm{i}\phi}, \quad Y_{1,0}(\theta,\phi) = \sqrt{\frac{3}{4\pi}}\cos\theta.$$

有心势:

$$V(\boldsymbol{r}) = V(r), \ \psi(r,\theta,\phi) = \frac{u(r)}{r}Y_{\ell,m}(\theta,\phi), \ \left(-\frac{\hbar^2}{2m}\frac{\mathrm{d}^2}{\mathrm{d}r^2} + V(r) + \frac{\hbar^2\ell(\ell+1)}{2mr^2}\right)u(r) = Eu(r).$$

氢原子:

$$H = \frac{p^2}{2m_e} - \frac{k_eZe^2}{r}, \quad k_2 = \frac{1}{4\pi\varepsilon_0}, \quad E_n = -\frac{k_eZ^2e^2}{2a_0}\frac{1}{n^2}, \quad a_0 = \frac{\hbar^2}{k_em_ee^2}.$$

$$\psi_{n,\ell,m}(\boldsymbol{r}) = \frac{u_{n\ell}(r)}{r}Y_{\ell m}(\theta,\phi), \quad u_{10}(r) = \frac{2r}{a_0^{3/2}}e^{-r/a_0},$$

$$n = 1,2,\cdots,\ell = 0,1,\cdots,n-1, m = -\ell,\cdots,\ell.$$

泡利矩阵

$$\sigma_x = \begin{pmatrix} 0 & 1 \\ 1 & 0 \end{pmatrix}, \quad \sigma_y = \begin{pmatrix} 0 & -i \\ 1 & 0 \end{pmatrix}, \quad \sigma_z = \begin{pmatrix} 1 & 0 \\ 0 & -1 \end{pmatrix},$$

$$\sigma_i\sigma_j = \delta_{ij}I + \mathrm{i}\varepsilon_{ijk}\sigma_k.$$

中英文人名对照

艾里 Airy

艾立祖尔 Elitzur

埃伦费斯特 Ehrenfest

埃万斯 Evans

爱因斯坦 Einstein

安格 Anger

奥本海默 Oppenheimer

巴耳末 Balmer

贝尔 Bell

贝里 Berry

贝克 Baker

贝塞 Bessel

波多尔斯基 Podolsky

玻尔 Bohr

玻尔兹曼 Boltzmann

玻恩 Born

玻色 Bose

博赫纳 Bochner

泊松 Poisson

布里渊 Brillouin

达维荪 Davisson

戴荪 Dyson

德布罗意 de Broglie

德拜 Debye

狄拉克 Dirac

多姆 Domb

厄米 Hermite

费曼 Feynman

伏见 Husimi

弗兰克 Franck

弗洛凯 Floquet

福勒 Fowler

盖根堡 Gegenbauer

盖拉赫 Gerlach

戈登 Gordan

格劳伯 Glauber

格里菲斯 Griffiths

格林 Green

格容瓦尔 Grönwall

革末 Germer

古德施密特 Goudsmit

古兹维勒 Gutzwiller

哈密顿 Hamilton

海尔曼 Hellman

海森 Hessian

海森伯 Heisenberg

海特勒 Heitler

亥姆霍兹 Helmholtz

亥维赛 Heaviside

汉克 Hankel

豪斯多夫 Hausdorff

赫兹 Hertz

霍恩伯 Hohenberg
基尔霍夫 Kirchhoff
吉布斯 Gibbs
伽利略 Galileo
金斯 Jeans
卡尔丹 Cardan
开尔文 Kelvin
开普勒 Kepler
康普顿 Compton
科恩 Kohn
科恩–塔努吉 Cohen-Tannoudji
克拉默斯 Kramers
克莱布希 Clebsch
克龙尼希 Kronig
柯西 Cauchy
库仑 Coulomb
库默尔 Kummer
库塔 Kutta
拉盖尔 Laguerre
拉姆绍尔 Ramsauer
拉普拉斯 Laplace
兰德 Landé
兰姆 Lamb
朗道 Landau
朗斯基 Wronski
勒让德 Legendre
勒维–契维塔 Levi-Civita
雷德 Reid
里德伯 Rydberg
李普希茨 Lipschitz
刘维尔 Liouville
龙格 Runge
卢瑟福 Rutherford
伦敦 London
罗森 Rosen
洛巨各 Rodrigues
洛伦兹 Lorentz
麦克斯韦 Maxwell
密立根 Millikan
莫塞莱 Moseley
穆斯堡尔 Mössbauer
牛顿 Newton
诺贝尔 Nobel
帕塞瓦 Parseval
庞卡莱 Poincaré
泡利 Pauli
皮克林 Pickering
普朗克 Planck
普朗歇尔 Plancherel
普吕弗 Prüfer
切比雪夫 Chebyshev
瑞利 Rayleigh
塞曼 Zeeman
施密特 Schmidt
施图姆 Sturm
施瓦茨 Schwarz
斯莱特 Slate
斯塔克 Stark
斯特恩 Stern
斯特藩 Stefan
斯托克斯 Stokes
索尔维 Solvay

索末菲 Sommerfeld
汤姆孙 Thomson
汤森德 Townsend
特洛忒 Trotter
外德曼 Vaidman
维恩 Wien
维格纳 Wigner
维纳 Wiener
魏耳 Weyl
温策尔 Wentzel
乌伦贝克 Uhlenbeck
席弗 Schiff
谢乐 Scherrer
雅可比 Jacobi
樱井 Sakurai
尤里 Urey

Airy 艾里
Anger 安格
Baker 贝克
Balmer 巴耳末
Bell 贝尔
Berry 贝里
Bessel 贝塞
Bochner 博赫纳
Bohr 玻尔
Boltzmann 玻尔兹曼
Born 玻恩
Bose 玻色
Brillouin 布里渊
Cardan 卡尔丹
Cauchy 柯西
Chebyshev 切比雪夫
Clebsch 克莱布希
Cohen-Tannoudji 科恩 - 塔努吉
Compton 康普顿
Coulomb 库仑
Davisson 达维荪
de Broglie 德布罗意
Debye 德拜
Dirac 狄拉克
Domb 多姆
Dyson 戴荪
Ehrenfest 埃伦费斯特
Einstein 爱因斯坦
Elitzur 艾立祖尔
Evans 埃万斯
Feynman 费曼
Floquet 弗洛凯
Fowler 福勒
Franck 弗兰克
Galileo 伽利略
Gegenbauer 盖根堡
Gerlach 盖拉赫
Germer 革末
Gibbs 吉布斯
Glauber 格劳伯
Gordan 戈登
Goudsmit 古德施密特
Green 格林

Griffiths 格里菲斯
Grönwall 格容瓦尔
Gutzwiller 古兹维勒
Hamilton 哈密顿
Hankel 汉克
Hausdorff 豪斯多夫
Heaviside 亥维赛
Heisenberg 海森伯
Heitler 海特勒
Hellman 海尔曼
Helmholtz 亥姆霍兹
Hermite 厄米
Hertz 赫兹
Hessian 海森
Hohenberg 霍恩伯
Husimi 伏见
Jacobi 雅可比
Jeans 金斯
Kelvin 开尔文
Kepler 开普勒
Kirchhoff 基尔霍夫
Kohn 科恩
Kramers 克拉默斯
Kronig 克龙尼希
Kummer 库默尔
Kutta 库塔
Lamb 兰姆
Laguerre 拉盖尔
Landau 朗道
Landé 兰德
Laplace 拉普拉斯
Legendre 勒让德
Levi-Civita 勒维–契维塔
Liouville 刘维尔
Lipschitz 李普希茨
London 伦敦
Lorentz 洛伦兹
Maxwell 麦克斯韦
Millikan 密立根
Moseley 莫塞莱
Mössbauer 穆斯堡尔
Newton 牛顿
Nobel 诺贝尔
Oppenheimer 奥本海默
Parseval 帕塞瓦
Pauli 泡利
Pickering 皮克林
Plancherel 普朗歇尔
Planck 普朗克
Podolsky 波多尔斯基
Poincaré 庞卡莱
Poisson 泊松
Prüfer 普吕弗
Ramsauer 拉姆绍尔
Rayleigh 瑞利
Reid 雷德
Rodrigues 洛巨各
Rosen 罗森
Runge 龙格
Rutherford 卢瑟福
Rydberg 里德伯
Sakurai 樱井

Scherrer 谢乐

Schiff 席弗

Schmidt 施密特

Schwarz 施瓦茨

Slate 斯莱特

Solvay 索尔维

Sommerfeld 索末菲

Stark 斯塔克

Stefan 斯特藩

Stern 斯特恩

Stokes 斯托克斯

Sturm 施图姆

Thomson 汤姆孙

Townsend 汤森德

Trotter 特洛忒

Uhlenbeck 乌伦贝克

Urey 尤里

Vaidman 外德曼

Wentzel 温策尔

Weyl 魏耳

Wien 维恩

Wiener 维纳

Wigner 维格纳

Wronski 朗斯基

Zeeman 塞曼

索　　引